SQL Server

Transact-SQLプログラミング

実践開発
ガイド

五十嵐貴之
IKARASHI Takayuki

技術評論社

はじめに

　本書は、Microsoft社のリレーショナルデータベースシステム、SQL Serverに特化した解説書です。

　SQLは、ANSI（American National Standards Institute: 米国国家規格協会）によって標準化が進められており、異なるリレーショナルデータベースシステム間であっても、おおむね共通した文法や関数が利用できます。しかし、いくらSQLが標準化されているとは言え、データベースシステム自体がベンダー独自の固有の概念に立脚したものであり、他のデータベースシステムの経験者が何のためらいもなくSQL Serverを使いこなせるわけではありません。むしろ、異なるデータベースシステム間におけるさまざまな考え方の違いに戸惑うことも多いでしょう。

　本書は、SQL Serverデータベースを新たに学ぶ方から実務経験3年程度の知識を持つ方までを対象としています。

　第1部「SQL Server導入編」では、まずSQL Serverを他のリレーショナルデータベースと比較した場合の特徴や、SQL Server独自のツール、データベースオブジェクト等に関して解説します。

　次に第2部「SQL基礎編」では、一部SQL Serverに特化した文法や関数を利用しますが、おおむねSQL92標準に則ったSQLのテクニックを紹介します。SQL Serverを学習すると言っても、今後別の機会に別のデータベースシステムに携わることがあるかも知れません。わかりやすいSQLの記述を目指すなら、ベンダーによって差別化された記述ではなく、標準化された記述を用いたほうがよいでしょう。

　標準SQLの後は、第3部「Transact-SQL（拡張SQL）編」において、ストアドプロシージャやストアドファンクション、トリガーを用いたSQL Server独自の拡張SQLを学びま

す。拡張SQLでは、構造化されたSQLを作成することができます。SQLは、非手続き型言語に分類され、命令は単発で終了します。そのため、複雑なデータ操作を行う場合、パズルのような集合論の論理を解かなくてはなりません。順次処理や条件分岐といった流れ（フロー）を伴う手続き型言語に慣れ親しんだプログラマーには、この集合論による考え方に慣れていない場合が多く、必然的にSQLが不得意であることを自称するプログラマーが多く見受けられるのが現状です。しかし、拡張SQLは流れを伴う処理を作成できます。この拡張SQLに関しては、とくにベンダーによる独自仕様が強く見受けられます。本書では、拡張SQLを用いていくつかのデータベースオブジェクトを生成するところから始め、動的にSQLを組み立てる方法、初学者がつまずきやすいポイント、特殊な環境下におけるSQL Serverの導入方法などについて、説明します。

　第4部「実践サンプル編」では、実業務における実践的なサンプルを数多く紹介します。紹介するサンプルは、データベース設計に則した例題とデータベース運用に則した例題に大分します。データベース設計のサンプルにはデータベースに接続している端末とそのプロセスの取得と強制切断等、データベース運用のサンプルには祝日を考慮した営業日の判別方法等を紹介します。

　最後となる第5部「データベースアプリケーション開発編」では、データベースアプリケーションの開発手法と、サンプルプログラムを紹介します。本書では、Microsoft社の開発したアプリケーションの実行環境である.NET Framework上で動作するデータベースアプリケーションをVisual C#で開発します。

　本書が、あなたがSQL Serverのスペシャリストになるための手助けとなれれば、これに越した喜びはありません。

東京情報大学校友会信越ブロック支部長　五十嵐貴之

目次

はじめに 2
サンプルファイルのダウンロード 8

第1部 SQL Server 導入編 　　　　　9

第1章 SQL Server の特徴
10

1-1　SQL Server のバージョンとエディションの比較 11
1-2　SQL Server におけるユーザーとインスタンス 20
1-3　SQL Server のサービス 26
1-4　SQL Server のツール 31
コラム　SQL Server 2008 で「SQL Server 構成マネージャー」を起動できない場合 … 34

第2章 SQL Server の データベースオブジェクト
37

2-1　データベースオブジェクトの種類 38
2-2　SQL Server のデータ型 45
2-3　SQL Server のキーと制約 55
コラム　浮動小数点とは 52
コラム　主キーとして適切なもの 58
コラム　やっかいな存在「NULL」 60
コラム　正規化とは 63

第3章 SQL Server の運用と管理
66

3-1　SQL Server 2017 のインストール 67
3-2　SQL Server Management Studio の使い方 72
3-3　SQL Server のセキュリティ管理 86
3-4　データベースのバックアップ 98
3-5　データベースの監視 108
3-6　データのインポート／エクスポート 110
3-7　データベースの公開 123

4

| 3-8 | Azure SQL Databaseの利用 | 128 |

| コラム | クエリでテーブルを操作 | 81 |
| コラム | パスワードをクエリで変更する | 97 |

第2部 SQL基礎編 139

第4章 データ型とデータオブジェクトに関する SQLコマンド例 140

4-1	文字列型に関するテクニック	141
4-2	数値型に関するテクニック	152
4-3	日付型に関するテクニック	175
4-4	データベースオブジェクトに関するテクニック	185

| コラム | 2000年問題とは | 178 |

第5章 データ操作に関するSQLコマンド例 200

5-1	データ抽出に関するテクニック	201
5-2	データ追加／更新／削除に関するテクニック	229
5-3	データ結合に関するテクニック	240

コラム	SQLは3つの種類に分けられる	227
コラム	もっと高速にテストデータを作成する	237
コラム	*は使うな!?	252

第3部 Transact-SQL（拡張SQL）編 255

第6章 Transact-SQLの基本 256

6-1	Transact-SQLを使用するメリット	257
6-2	Transact-SQLを使用するデメリット	261
6-3	Transact-SQLの仕様	265
6-4	変数の定義	266
6-5	コメントの付け方	269

目次

6-6	例外処理	270
6-7	構造化プログラミング	272
コラム	ムーアの法則	263
コラム	ビッグデータとNoSQL	275

第7章 Transact-SQLを使用するデータベースオブジェクト
278

7-1	ストアドプロシージャ	279
7-2	ストアドファンクション	288
7-3	トリガー	296
コラム	DMLトリガーとDDLトリガー	304

第8章 実践的Transact-SQL
306

8-1	カーソル	307
8-2	動的SQL（組み立てSQL）	314
8-3	CTE	321
8-4	クライアントアプリケーションからストアドプロシージャを実行	324
8-5	テーブル変数	332
8-6	動的SQLとテンポラリテーブルの関係	337
コラム	ストアドプロシージャ内でSET NOCOUNT ONを記述するメリット	330

第9章 特殊な環境下におけるTransact-SQLの実装
341

9-1	同一サーバー内の複数のデータベースからデータを抽出	342
9-2	複数のサーバーからデータを抽出	351
9-3	データベースのセキュリティ	357
9-4	データベースのデタッチとアタッチ	359
9-5	自動採番（IDENTITY列）	365
9-6	第三・第四水準漢字の扱い	372
9-7	パフォーマンスチューニング	382

第 4 部　実践サンプル編　　389

第10章　業務に則したサンプル　　390

10-1	消費税関連	391
10-2	日付操作	396
10-3	祝日を考慮した営業日と定休日の判定	407
10-4	データが入力されていない日を取得	421

第11章　データベース設計に則したサンプル　　432

11-1	自動採番された値を取得	433
11-2	ストアドプロシージャ内での例外処理	439
11-3	データベースオブジェクトの操作	445
11-4	高度なテーブル構造変更	450
コラム	Microsoftという会社	457

第 5 部　データベースアプリケーション開発編　　459

第12章　C#による.NET FrameworkからのSQL Server接続　　460

12-1	C#からSQL Serverに接続	461
12-2	パスワードをデータベースに保存	467
12-3	ODBC経由でSQL Serverデータベースに接続	473

Appendix　SQL Serverのサービスが停止している場合の対処　　480

索引	491

■サンプルファイルのダウンロード

　本書で掲載しているリストの一部は、サンプルファイルとして本書のサポートページからダウンロードすることができます。

https://gihyo.jp/book/2019/978-4-297-10835-9/support

　ダウンロードしたファイルはZIP形式で圧縮されているので、展開してから使用してください。

本書をお読みになる前に

・本書に記載された内容は、情報の提供のみを目的としています。したがって、本書を用いた運用は、必ずお客様自身の責任と判断によって行ってください。ソフトウェアの操作や掲載されているプログラム等の実行結果など、これらの運用の結果について、技術評論社および著者、ソフトウェア／サービス提供者はいかなる責任も負いません。

・本書記載の情報は、2019年8月現在のものを掲載しています。ご利用時には変更されている場合もあります。ソフトウェア等はバージョンアップされる場合があり、本書での説明とは機能内容や画面図などが異なってしまうこともあり得ます。本書ご購入の前に、必ずSQL Serverのバージョンをご確認ください。

・本書の内容はSQL Server 2005以降を対象にしていますが、以下の環境で動作を検証しています。
　Windows 10
　SQL Server 2017

・本文中の会社名、製品名は各社の商標、登録商標です。

以上の注意事項をご承諾いただいた上で、本書をご利用願います。これらの注意事項をお読みいただかずにお問い合わせいただいても、技術評論社および著者、ソフトウェア／サービス提供者は対処しかねます。あらかじめ、ご承知おきください。

SQL Server 導入編

第 1 章	SQL Serverの特徴
第 2 章	SQL Serverのデータベースオブジェクト
第 3 章	SQL Serverの運用と管理

　本書最初の部となる第1部では、SQL Serverの導入に関する内容を取り扱います。
　第1章では、SQL Serverのバージョンと機能の比較や、SQL ServerのEditionと機能の比較、SQL Serverのユーザーアカウントやインスタンスの考え方、SQL Serverが提供するツールの説明などを行います。
　第2章では、SQL Serverで使用可能なデータベースオブジェクトの種類やデータ型について説明します。
　第3章では、SQL Serverのインストール方法やデータベースオブジェクトの作成方法、SQL Serverのセキュリティ管理の方法、データベースのバックアップ／リストアの手順、他のデータベースやフラットファイルに対してのデータインポート／エクスポートの方法などについて説明します。

第 1 章

SQL Serverの特徴

本章では、SQL Serverの特徴について説明します。本章は、以下の4つの節によって構成されています。

1-1　SQL Serverのバージョンとエディションの比較
1-2　SQL Serverにおけるユーザーとインスタンス
1-3　SQL Serverのサービス
1-4　SQL Serverのツール

1-1では、SQL Serverのバージョンとエディションについて説明します。SQL Serverは、数年ごとにメジャーバージョンアップが行われています。そのたびに新たな機能が追加され、不要となった機能が削除されています。バージョンごとにどのような違いがあるのかをリスト形式で比較します。

また、SQL Serverにはエディション（Edition）という機能の違いがあります。たとえば、もっとも機能が少ないExpress Editionでは、無償で利用できるかわりに機能が限定されており、作成可能なデータベースのサイズにも制限があります。エディションの違いによって機能がどのように違ってくるのか、こちらも各エディションをリスト形式で比較します。

1-2では、SQL Serverのユーザーとインスタンスの考え方を説明します。ユーザーとインスタンスの考え方は、データベースシステムごとに違いがあります。他のデータベースシステムの経験者は、この考え方の違いを十分に理解する必要があります。

1-3では、SQL Serverのサービスについて説明します。SQL Serverの各種設定を変更した場合や、SQL Serverが起動しなかった場合に手動で起動するときに必要となる知識です。

1-4では、SQL Serverが提供するツールについて、説明します。SQL Serverに接続してクエリを実行するためのツール、ネットワーク環境を整備するためのツールなど、さまざまです。

SQL Serverのバージョンと エディションの比較

本節では、SQL Serverのバージョンによる機能の比較と、エディションによる機能の比較を行います。Microsoft社は数年に一度、新しいバージョンのSQL Server製品を提供しています。また、同一バージョンでもエディションという分類によって、機能と価格に違いがあります。その各々を、リスト形式で比較してみましょう。

SQL Serverのバージョンによる機能比較

2019年7月現在、SQL Serverの発売年とバージョンは以下のようになります。

■SQL Serverのバージョンの歴史

発売年	バージョン	内部バージョン
1993	SQL Server 4.21	4.21
1995	SQL Server 6.0	6
1996	SQL Server 6.5	6.5
1998	SQL Server 7.0	7
2000	SQL Server 2000	8
2005	SQL Server 2005	9
2008	SQL Server 2008	10
2010	Azure SQL Database	10.25
2010	SQL Server 2008 R2	10.5
2012	SQL Server 2012	11
2014	SQL Server 2014	12
2016	SQL Server 2016	13
2017	SQL Server 2017	14

　SQL Serverは、Sybase社のSybase SQL Server 4.2を元にMicrosoft社とSybase社が共同開発した、SQL Server 4.2 for OS/2が始まりです。そのためSQL Serverには、Microsoft社のSQL Serverと、Sybase社のSQL Serverが存在します。

　Sybase社との提携はSQL Server 6.5までで、SQL Server 7.0ではデータベースの第一人者であるJim Gray（ジム・グレイ）氏をMicrosoft社に招き入れ、6.5のソースコード

の大半を書き換えてデータベースのアーキテクチャを一新させました。

筆者はSQL Server 6.5もSQL Server 7.0も使用経験がありますが、バージョンはたったの0.5しか上がっていないものの、製品としてはまったくの別物とも言える代物でした。また、Microsoft社との提携解消後のSybase社のデータベースシステムも使用経験があります。当時、筆者が勤めていた会社が開発中のシステムでは、そのデータベースとして、Microsoft社のSQL ServerとSybase社のSQL Anywhereを使用していました。双方を比較した場合、やはりWindows OSにおいては、Microsoft SQL ServerのほうがSybase SQL Anywhereよりも高速で、ツールの使い勝手もはるかにすぐれていました。

SQL Server 2000からSQL Server 2005への変換点も、大きな違いと言えます。SQL Serverが提供するツール群において、大きく刷新されました。2000までは、データベースに対してクエリを発行するのは「クエリ アナライザ」、データベースを管理するのは「Enterprise Manager」と使い分けていましたが、これらの機能が統合され、現在では「SQL Server Management Studio」という1つのツールとしてが提供されています。

・SQL Serverの世代

SQL Serverは、バージョンによって次のように世代で分類することができます。

■SQL Serverの世代とバージョン

世代	バージョン
第1世代	SQL Server 4.2 ／ 6.0 ／ 6.5
第2世代	SQL Server 7.0 ／ 2000
第3世代	SQL Server 2005 ／ 2008 ／ 2008 R2
第4世代	SQL Server 2012 ／ 2014 ／ 2016 ／ 2017

第1世代がSybase社との共同開発、第2世代がJim Grayによるアーキテクチャの刷新、第3世代がBIの強化、第4世代がAlways Onによる可用性の向上などといった特徴があります。

第3世代に強化されたBI（Business Intelligence：ビジネスインテリジェンス）とは、企業組織がこれまでに蓄えてきた売上データや顧客データなど、ありとあらゆるさまざまなデータを経営戦略にかかわる意思決定のために分析する手法のことを言います。また、それらのデータのことを、「データウェアハウス」と言います。

第4世代のAlways Onという機能は、拠点の異なるデータベースサーバーにデータを冗長化することにより、メインで使用しているサーバーに障害が発生した場合でも、待機していたデータベースサーバーにて通常どおり業務を続けることができる機能です。

1-1　SQL Server のバージョンとエディションの比較

・SQL Server のバージョンアップごとの変更点

　バージョンによって何が変更となったのかもう少し詳しく見てみましょう。次の表は、バージョンアップごとの変更点をリストアップしたものです。

■ SQL Server のバージョンアップごとの変更点

分類	機能	SQL Server 2017	SQL Server 2016	SQL Server 2014	SQL Server 2012	SQL Server 2008 R2
パフォーマンス	インメモリOLTP	○	○	○		
	インメモリ列ストア	○	○	○	○	
	リアルタイムの運用分析	○	○			
	SSDへのバッファープール拡張機能	○	○	○		
	アダプティブクエリ処理	○				
可用性	Always On	○	○	○	○	
	基本可用性グループ	○	○			
セキュリティ	Transparent Data Encryption	○	○	○	○	○
	バックアップ暗号化サポート	○	○	○		
	データの保管時および稼働時の暗号化	○				
	動的データマスキングおよび行レベルセキュリティ	○	○			
	権限の分離	○	○	○	○	
クラウド対応	Azureへのバックアップ	○	○	○	○	
	Microsoft Azureでの障害復旧	○	○	○	○	
	Azureギャラリーの最適化された仮想マシンイメージ	○	○	○	○	
	Stretch Database	○	○			
管理とプログラミング	LinuxおよびDockerコンテナでの実行	○				
	テンポラルテーブル	○	○			
	JSONのサポート	○	○			
	グラフデータのサポート	○				
ビジネスインテリジェンスとデータ利活用	サーバーとして管理された統合サービス	○	○	○	○	
	Hadoop 全体にわたるT-SQLクエリに対応したPolyBase	○	○			
	Tabular BIセマンティックモデル	○	○	○	○	○
	マスターデータサービス	○	○	○	○	○
	Data Quality Services	○	○	○		
	データベース内のアドバンスドアナリティクス	○	○			
	あらゆるデバイスでエンドツーエンドのモバイルBIを提供	○	○			

※引用元：Microsoft SQL Server バージョン比較
https://www.microsoft.com/ja-jp/sql-server/sql-server-2017-comparison

第1章 SQL Serverの特徴

　セキュリティ面においては、データファイルやバックアップファイルの暗号化のサポート、JavaScriptでのデータのやりとりに利用されるJSONファイルのサポート、Azureデータベースとの連携など、バージョンが上がるにつれて、高機能になっています。

　今後、クライアント／サーバーシステムにおいても、クラウドサービスとの連携が引き続き重視されていくので、Microsoft社が提供するクラウドデータベースであるAzure SQL Databaseや、クライアントサイドにおいてブラウザのユーザーインターフェイス構築に利用されるJavaScriptとの連携が容易になるのは、時代に沿った機能拡張と言えます。

　また、BIに関しても、バージョンアップのたびに機能強化されているのも見逃せません。たとえば、Hadoopのようなビッグデータを取り扱うための技術仕様に対し、SQL Serverの連携が強化されています（ビッグデータについてはP.275のコラム参照）。

　さらにSQL Server 2017からはLinux対応版も発売され、Windows以外のOSでもSQL Serverが利用できるようになりました。Windows OSとセットという印象が強かったSQL Serverですが、今後さらに多くのプラットフォームに対応していくようになるかもしれません。選択可能なOSによってデータベースシステムの種類が決まるのではなく、まずはSQL Serverありきの考え方ができるようになれば、SQL Server利用者にとって非常に有用な方向性と言えます。

SQL Server 2017でのエディションによる機能比較

　今度は同一バージョンでのエディションの違いを見てみましょう。エディションとは、機能と価格によって分類した製品の呼び名です。同じSQL Serverのバージョンでも、さまざまなエディションが存在します。

　エディションの存在意義として、たとえば、システム構築をコスト面から見た場合、推測される同時アクセス数の最大値がそれほど高くないシステムを構築するなら、機能を限定させてその分の価格を抑えることを考慮します。その場合、エディションごとに機能を比較して、要望する機能を満たした最低額のエディションを導入することになります。

　また、無償で利用できるエディションも存在します。有償版と比較すると、多くの面で機能の制限がありますが、スタンドアロンで動作するような小さなシステムを構築する場合は、無償版のSQL Serverで十分と言えるでしょう。

　では、本書執筆時点で最新のバージョンであるSQL Server 2017における各エディションの違いについて、見てみましょう。

　まず、SQL Server 2017のエディションには、次の5種類が存在します。

・Enterprise Edition

　もっとも高性能かつ高額なプレミアムエディションです。搭載メモリの上限をOSの上限まで最大に引き出すことができるため、他のエディションと比較してもパフォーマンスにもすぐれています。前述のBIについても、メモリを最大限に活用することができます。

・Standard Edition

　標準的なエディションです。中小企業のシステムを構築するのに妥当です。データベースの最大サイズの限界もEnterpriseエディションと同じく524PB（PBはPetaByte。1PBは、1GBの1024×1024倍）までです。利用可能なメモリの上限に制限があります。同時にデータベースへ接続する最大数や、処理されるクエリ等を考慮し、Standard Editionのメモリ上限に達していなければ、Enterprise EditionよりもStandard Editionを選択したほうがリーズナブルです。

・Web Edition

　Web Editionは、大小を問わないさまざまなWebアプリケーションを提供するための選択肢と言えます。

・Developer Edition

　システム開発者（Developer）のためのEditionです。Enterprise Editionとほぼ同様の高機能バージョンですが、無料で使用することができます。ただし、あくまでシステム開発者のためだけであり、Developer Editionを商用で利用することができません。商用でDeveloper Editionを利用することはライセンス違反となります。

・Express Edition

　無償版のSQL Serverです。商用利用することも可能ですが、小規模システム向けです。使用可能なメモリの最大数や、データベースの容量等の上限が低いですが、たとえばスタンドアロンで動作するシステムの構築は、Express Editionでも十分と言えます。たとえ導入当初にExpress Editionを選択したとしても、他の有償版のEditionへのアップグレードすることができます。

　SQL Server 2017における各エディションの違いを表にまとめると、次のようになります（Web Editionを除く）。

第1章　SQL Serverの特徴

■ SQL Server 2017における各エディションの違い

分類	分類説明	機能
スケール	SQL Serverエディションごとのスケーリング機能の比較	コアの最大数
		メモリ：インスタンスあたりの最大バッファープールサイズ
		メモリ：インスタンスあたりの最大Columnstoreセグメントキャッシュサイズ
		メモリ：データベースあたりの最大メモリ最適化データ容量
		最大データベースサイズ
		運用環境での使用権
		無制限の仮想化（ソフトウェアアシュアランス特典）
プログラミング	SQL Serverエディションごとのプログラミング機能の比較	プログラミングと開発者ツール：T-SQL、SQL CLR、Service Broker、JSON、XML、グラフデータサポート
OLTPのパフォーマンス	SQL ServerエディションごとのOLTPパフォーマンス機能の比較	高度なOLTP：インメモリOLTP、運用分析
		管理のしやすさ：Management Studio、ポリシーベースの管理
		基本的な高可用性：2ノードの単一データベースのフェールオーバー、セカンダリの読み取り不可
		高度な高可用性：Always On可用性グループ、複数データベースのフェールオーバー、セカンダリの読み取り可能
セキュリティ	SQL Serverエディションごとのセキュリティ機能の比較	セキュリティの強化：Always Encrypted、行レベルのセキュリティ、データマスキング
		SQL Serverの監査によるコンプライアンスレポート
		透過的なデータ暗号化
データ統合	SQL Serverエディションごとのデータ統合機能の比較	高度なデータ統合：あいまいグループ化と参照
データウェアハウジング	SQL Serverエディションごとのデータウェアハウジング機能の比較	データマートおよびデータウェアハウジング：パーティション分割、データ圧縮、変更データキャプチャ、データベーススナップショット
		インメモリ列ストア
		アダプティブクエリ処理
		PolyBase
		エンタープライズデータ管理：マスターデータサービス、Data Quality Services
ビジネスインテリジェンス	SQL Serverエディションごとのビジネスインテリジェンス機能の比較	Analysis Servicesのインスタンスあたりの最大利用メモリ容量
		Reporting Servicesのインスタンスごとの最大利用メモリ
		基本的なレポート作成と分析
		基本的なデータ統合：SQL Server Integration Services、搭載されたコネクタ
		基本的な企業ビジネスインテリジェンス：基本的な多次元モデル、基本的な表形式モデル、インメモリストレージモード
		モバイルレポートとKPI
		高度な企業ビジネスインテリジェンス：高度な多次元モデル、高度な表形式モデル、DirectQueryストレージモード、高度なデータマイニング
		Power BIレポートサーバーへのアクセス（ソフトウェアアシュアランス特典）
アドバンスドアナリティクス	SQL Serverエディションごとのアドバンスドアナリティクス機能の比較	基本的なMachine Learning統合：オープンソースPythonおよびRへの接続、限定的な並列化
		高度なMachine Learning統合：RおよびPythonによる分析の完全な並列化と、GPUでの実行能力
		Hadoop/Spark向けMachine LearningおよびLinux向けMachine Learning（ソフトウェアアシュアランス特典）
ハイブリッドクラウド	SQL Serverエディションごとのハイブリッドクラウド機能の比較	Stretch Database

※引用元：SQL Server 2017のエディションの比較
https://www.microsoft.com/ja-jp/sql-server/sql-server-2017-editions

1-1　SQL Server のバージョンとエディションの比較

	SQL Server 2017 Enterprise	SQL Server 2017 Standard	SQL Server 2017 Express	SQL Server 2017 Developer
	無制限	24コア	4コア	無制限
	オペレーティングシステムの最大値	128GB	1410MB	オペレーティングシステムの最大値
	オペレーティングシステムの最大値	32GB	352MB	オペレーティングシステムの最大値
	オペレーティングシステムの最大値	32GB	352MB	オペレーティングシステムの最大値
	524PB	524PB	10GB	524PB
	○	○	○	
	○			
	○	○	○	○
	○	○	○	○
	○	○	○	○
	○	○		○
	○			○
	○	○	○	○
	○	○	○	○
	○			○
	○			○
	○	○	○	○
	○	○	○	○
	○			○
	○	○	○	○
	○			○
	オペレーティングシステムの最大値	Tabular : 16GB MOLAP : 64GB		
	オペレーティングシステムの最大値	64GB	Express with Advanced Services : 4GB	
	○	○	○	○
	○	○		○
	○	○		○
	○			○
	○			○
	○			
	○	○	○	○
	○			○
	○			
	○			

さらに細かな比較が必要であれば、以下のMicrosoft Docsのサイトも有用です。

・SQL Server 2017 の各エディションとサポートされている機能
https://docs.microsoft.com/ja-jp/sql/sql-server/editions-and-components-of-sql-server-2017?view=sql-server-2017

さらに、SQL Serverのライセンスモデルについては、

・コアベースモデル（コアライセンス）
・サーバー／ CAL モデル（サーバーライセンス）

の2つがあります。このあたりがSQL Serverの料金体系を複雑にしているのですが、上記のエディションの違いだけでなく、要はクライアントからの同時接続数を考慮して適切なライセンスモデルを選択することで、導入コストを減らすことができます。

「コアベースモデル」とは、サーバーが搭載するコア（CPUの中心部分）の数にライセンスを割り当てる方式です。データベースに接続するクライアント数は無制限です。

「サーバー／ CALモデル」は、クライアント数にライセンスを割り当てる方式です。CALとは、Client Access Licenseの略で、データベースに対して接続するアクセス権利を意味します。このCALを購入することで、データベースに対して同時に接続するクライアントの数を決定します。

つまり、不特定多数のユーザーがアクセスするような大規模なシステムの構築についてはコアライセンスを、中規模から小規模なシステムの構築については、サーバーライセンスを購入し、クライアント数に応じてCALを追加購入することとなるでしょう。

SQL Server 2017 でのサポートハードウェア要件

最後に、SQL Serverをインストールするのに必要なハードウェア要件を見てみましょう。Microsoft Docsのサイトでは、Express Editionを除き、すべてのエディションに適用されるハードウェア要件が掲載されています。

1-1 SQL Serverのバージョンとエディションの比較

■ SQL Server 2017のハードウェア要件

項目	要件
最小メモリ	Express Edition：512MB その他すべてのエディション：1GB
推奨メモリ	Express Edition：1GB以上 他のすべてのエディション：4GB以上
プロセッサの最小速度	すべてのエディション：x64プロセッサ：1.4GHz
プロセッサの推奨速度	すべてのエディション：2.0GHz以上
プロセッサの種類	すべてのエディション：x64プロセッサのAMD Opteron、AMD Athlon 64、Intel EM64T対応のIntel Xeon、EM64T対応のIntel Pentium IV

※引用元：SQL Server のインストールに必要なハードウェアおよびソフトウェア
https://docs.microsoft.com/ja-jp/sql/sql-server/install/hardware-and-software-requirements-for-installing-sql-server?view=sql-server-2017

　ちなみに、SQL Server 2016以降は、x64プロセッサ（64ビットOS）のみイントールできます。X86プロセッサ（32ビットOS）には、SQL Server 2014以前のバージョンしかインストールすることができません。

　サーバー機の選別には、設計するシステムの規模を十分に考慮する必要があります。サーバー機の処理速度が遅いとシステム全体の処理速度が遅くなり、サーバー機の性能がシステムの評価と直結しているといっても過言ではありません。データの最大トラフィックを想定し、それに耐えられるスペックを選別するのはもちろんのこと、クライアント数を考慮したライセンス体系の決定、サーバー機の設置場所、データベースのバックアップ方法等をすべて念入りに考慮する必要があります。

第1章 SQL Server の特徴

1-2 SQL Serverにおける ユーザーとインスタンス

SQL Serverにおけるユーザーとインスタンスの考え方について、説明します。これは、リレーショナルデータベースの種類によって、さまざまな考え方があります。たとえばOracle社のOracleデータベースにおけるユーザーとインスタンスの考え方は、SQL Serverにおけるユーザーとインスタンスの考え方と異なります。その違いについても、本節後半に説明します。

SQL Serverのインスタンス

SQL Serverのデータベースに接続する際に、クライアントアプリケーション側から見れば、サーバー名として指定するデータベースそのものの実体名のことを、「インスタンス」と言います。オブジェクト指向プログラミングでは、クラスから生成したオブジェクトをインスタンスと言いますが、オブジェクト指向プログラミングにおいて1つのクラスから複数のインスタンスを生成するのと同じように、SQL Serverのインスタンスは物理的な（もしくは仮想的な）サーバー機1台につき、複数のインスタンスを持つことが可能です。

「仮想的」とは、仮想化技術によって実在しないコンピューターを実在するコンピューター上に作り出した環境のことを意味します。これにより、物理的な1つのコンピューターに対して複数の仮想的なコンピューターを作り出すことができます。

また、1つのインスタンスは、複数のデータベースを持つことができます。後述しますが、クライアントアプリケーションはSQL Serverデータベースに接続する際、「サーバー名」「データベース名」「ユーザー」「パスワード」の4つを指定します。SQL Serverの場合、この「サーバー名」に該当する部分が「インスタンス」の名前です。

このSQL Serverのインスタンスには、2つの種類があります。1つが「既定のインスタンス」、もう1つが「名前付きインスタンス」です。

1つ目の「既定のインスタンス」は、サーバー機1台につき、1つしか生成することができないインスタンスです。「既定のインスタンス」として生成したインスタンスは、データベースに接続する際に指定するサーバーとして、サーバー機のコンピューター名そのものを指定します。つまり、「MyComputer」という名前のコンピューターにインストールしたSQL Serverのインスタンスは、そのインスタンスのデータベースに対し、サーバー名を「MyComputer」と指定します。もしくは、自分自身のコンピューターのIPアドレスを

20

指定することもできます。

2つ目の「名前付きインスタンス」は、サーバー機1台につき、複数生成することができるインスタンスです。「名前付きインスタンス」は、たとえば「MyComputer」という名前のコンピューターに対し、「MyComputer¥A」や「MyComputer¥B」といった名前のインスタンスを生成することができます。前述のとおり、クライアントアプリケーションがデータベースに接続する際は、この「MyComputer¥A」や「MyComputer¥B」といったインスタンスの名前を指定します。名前付きインスタンスを利用することにより、複数のバージョンのデータベースを1つのサーバー機にインストールすることも可能です。

これらをまとめて図で表すと、次のようになります。

■ 名前付きインスタンスの例

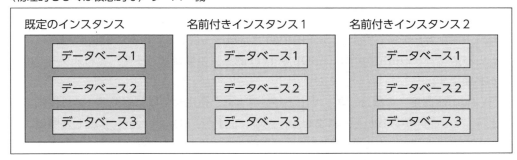

もっとも外側の枠が、物理的もしくは仮想的なサーバー機です。サーバー機1台につき、「既定のインスタンス」は1つだけ、そして「名前付きインスタンス」は複数生成できることを意味します。クライアントアプリケーションからSQL Serverデータベースに接続する際は、このインスタンス名を指定します。

また、1つのインスタンスにつき、複数のデータベースを持つことができます。同一のサーバー機のなかであっても、インスタンスが違えば、同じ名前のデータベースを構築することが可能です。

SQL Serverのユーザー

次はSQL Serverのユーザーという概念の考え方について、説明します。

SQL Serverには、2種類のユーザーという概念が存在します。まず1つ目は「SQL Serverデータベースにログインするためのユーザー」で、2つ目は「データベースを利用

するユーザー」です。それぞれについて、説明します。

・SQL Serverデータベースにログインするためのユーザー

1つ目の「SQL Serverデータベースにログインするためのユーザー」は、インスタンスに接続するためのユーザーのことです。インスタンスに接続するためのユーザーについても、その接続認証の方法によって違いがあります。インスタンスに接続する際の認証方法には、「Windows認証」と「SQL Server認証」の2種類が存在します。

まず「Windows認証」とは、Windows OSのログインアカウントユーザーでSQL Serverに接続する認証方法です。Windows OSにログインしたユーザーは、そのユーザーのままSQL Serverに接続できます。Windows OSに接続したログインアカウントユーザーを「信頼」してSQL Serverに接続することを許可するところから、「信頼関係接続」とも呼ばれています。

次に「SQL Server認証」とは、ユーザーとパスワードを指定することでSQL Serverに接続する認証方法です。つまり、SQL Serverに接続する際、「Windows認証」の場合はユーザーとパスワードの指定が不要、「SQL Server認証」の場合はユーザーとパスワードの指定が必要です。

「Windows認証」の場合、ユーザーとパスワードを指定せずにデータベースに接続できると言うと、語弊があるかもしれません。後述しますが、SQL Serverに接続した際のユーザーの権限によって、たとえば閲覧できるデータや編集できるデータに違いを持たせることができます。「Windows認証」も、実際にはWindows OSにログインしたユーザーをもってSQL Serverに接続するので、たとえば営業部に所属するユーザーでWindows OSにログインした場合、総務部で管理している給与データを閲覧するといったことができないように、SQL Serverのユーザー設定を構築することができます。

また、Windows ServerのActive Directoryで構築された企業内の環境においては、たとえば営業部グループや総務部グループのようなグループ単位で権限を設定することができるため、ユーザーと権限の管理が容易です。

逆に言えば、Windows OSにログインするユーザーとデータベースに接続するユーザーに関連性が持たれないような場合においては、SQL Server認証のほうが便利です。

SQL Serverのインストール時、SQL Serverのインスタンスに接続する方法を2種類から選択することができます。まず1つは、「Windows認証モード」です。もう1つは「混合モード」です。「混合モード」を選択すると、「Windows認証」と「SQL Server認証」の2つの認証方法を利用することができます。

・データベースを利用するユーザー

2つ目の「データベースを利用するユーザー」は、データベースごとに紐づくユーザーのことです。これはたとえば、SQL Serverデータベースに「A」というユーザーでログインした場合、そのユーザーが「test」データベースに接続する際には「α」というユーザーの権限を持ってデータベース内のオブジェクトを参照したり、変更できるという意味です。図で表すと、次のようになります。

■データベースを利用するユーザー

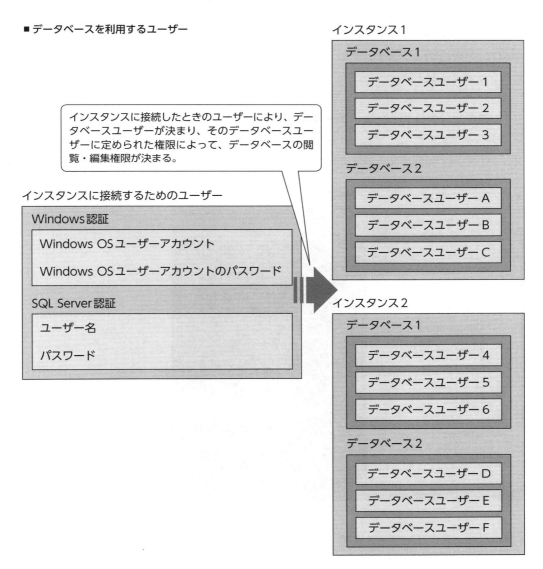

第1章 SQL Serverの特徴

　SQL Serverをインストールした直後は、「sa」という管理者権限を持ったインスタンスのログインユーザーが作成されています。この「sa」でインスタンスにログインしたユーザーは、データベースを作成したり、新たなユーザーを作成することができます。また、データベースを作成したユーザーは、そのデータベースにおいて、「dbo」という管理者権限を持ったデータベースユーザーが紐づけられます。「dbo」はDatabase Owner、つまりデータベースの所有者であり、そのデータベースに対し、テーブルやビュー、ストアドプロシージャなどのさまざまなデータベースオブジェクトの作成や削除の権限が与えられます。

　後述するSQL Serverデータベースの管理用ツール「SQL Server Management Studio」でSQL Serverのインスタンスのログインユーザーとデータベースのユーザーを確認するには、次のようにします。

・インスタンスのログインユーザーの確認

　インスタンスのログインユーザーは、左側のツリーペインより、［セキュリティ］→［ログイン］の順に展開すると表示されます。

■インスタンスのログインユーザーを表示

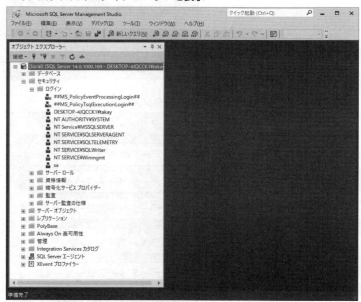

・データベースのユーザーの確認

　データベースのユーザーは、左側のツリーペインより、［データベース］→［(閲覧した

24

いデータベース名）］→［セキュリティ］→［ユーザー］の順に展開すると表示されます。

■データベースのユーザーを表示

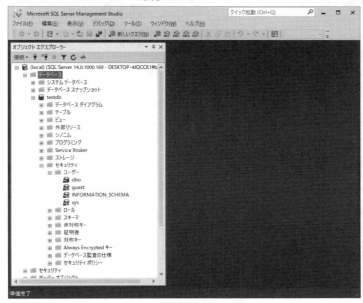

　ここまで、本節で説明してきた内容は、すべてSQL Server独自の仕様です。SQL Serverと同様、商用データベースのなかでも高いシェアを誇るOracle社のOracleデータベースでは、このSQL Serverのユーザーとインスタンスの考え方とは、まったく違うものとなります。また、Oracle社に限らず、メインフレームの主要データベースであるDB2の場合においても、ユーザーとインスタンスの考え方においては、さらにSQL ServerともOracleデータベースとも違った仕様となっています。

　ほかのデータベースからの乗り換えでSQL Serverを選択した場合は、ユーザーとインスタンスの考え方について、まずは最初に確認しておきたいところです。その考え方の違いを知らないとほかのデータベースシステムからSQL Serverに乗り換えた場合に非常に困惑する要因となります。

第1章 SQL Serverの特徴

1-3 SQL Serverのサービス

本節は、SQL Serverのサービスについて説明します。SQL Serverのサービスについては、知識があればいざという場合の障害対応に役立ちます。SQL Serverの各種設定を変更した後に変更内容を反映するためにサービスを再起動したり、何らかの原因によってSQL Serverのサービスが自動起動しなかった場合、手動でサービスを起動する必要があります。

SQL Serverのサービスの確認

まずは、サービス(Service)について、説明します。サービスとは、Windows OSにおいて、バックグラウンドで動作するプログラムのことを言います。サービスにはさまざまなものが存在し、たとえばWindows Updateもサービスとしてバックグラウンドで動作しています。Windows Updateは、サービスとして提供されることによって、バックグラウンドでインストールに必要なファイルを自動的にダウンロードし、ダウンロードが完了したらインストールしてもよいかの確認メッセージを表示することができます。また、Windows Updateのサービスが自動的に更新ファイルの有無を確認するため、あえてWindowsユーザーが手動で確認する必要もありません。

SQL Serverの場合、Windows OSの起動と同時にSQL Serverのサービスが起動するようになっています。このサービスが起動することにより、SQL Serverのデータベースを利用することができるようになります。逆に言えば、SQL Serverのサービスが停止していると、SQL Serverのデータベースが利用することができなくなります。

サービスを確認するには、次のようにします。まずは「コントロールパネル」を開きます。コントロールパネルは、Windows 10の場合、CortanaやWindowsエクスプローラのアドレスバーに「control」と入力して開くことができます。コントロールパネルが表示されたら、画面右上の「表示方法」を「大きいアイコン」にして、[管理ツール]をクリックします。

26

1-3 SQL Serverのサービス

■ コントロールパネルで[管理ツール]をクリック

続いて、[サービス]をダブルクリックして開きます。

■ [サービス]をダブルクリック

第1章 SQL Serverの特徴

すると、次のようなサービスの一覧画面が表示されます。

■サービスの一覧画面

この画面にて、SQL Serverのサービスの状態を確認したり、サービスを実行／停止することができます。このウィンドウは、SQL Server以外にも数多くのサービスが表示されます。たとえば、前述のWindows Updateのサービスもこのウィンドウで確認することができます。サービス名も、そのまま「Windows Update」です。

■「Windows Update」もサービスとして表示

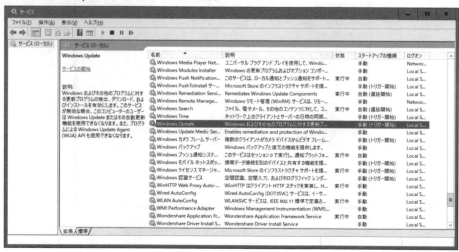

1-3 SQL Serverのサービス

SQL Serverのサービス名は、既定のインスタンスでは「SQL Server (MSSQLSERVER)」です。名前付きインスタンスでは「SQL Server(＜インスタンス名＞)」、SQL Server Express Editionでは「SQL Server (SQLEXPRERSS)」と表示されます。

■SQL Serverのサービスの表示

サービスの状態を変更するには、変更したいサービス名を右クリックしてメニューを表示します。

■変更したいサービス名を右クリックしてメニューを表示

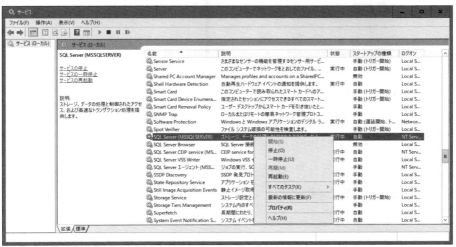

第1章 SQL Serverの特徴

　SQL Serverの各種設定を変更した場合など、いったんサービスを再起動しなければ変更した内容が反映されない場合があります。その場合、この画面からSQL Serverのサービスを「再起動」しましょう。サービスが「停止」している場合は、[開始] をクリックします。

　また、P.480のAppendixでも詳しく解説していますが、Windows 10の場合、Windows Updateの直後にSQL Serverのサービスが停止中となっている場合があります。そのような場合も同様に、この画面からサービスを開始する必要があります。

　SQL Serverのサービスは、「タスクマネージャ」からも確認することができます。「タスク マネージャ」は、タスクバーを右クリックして [タスクマネージャの起動] をクリックすることで起動できます。「タスクマネージャ」からサービスを確認した場合、SQL Serverのサービスは、既定のインスタンスでは「MSSQLSERVER」と表示されています。名前付きインスタンスでは「MSSQL$＜インスタンス名＞」、SQL Server Express Editionでは「MSSQL$SQLEXPRERSS」と表示されます。

■タスクマネージャでのSQL Serverのサービス表示

　また、SQL Serverのサービスは、「SQL Server構成マネージャ」からも確認することができます。「SQL Server構成マネージャ」については、次節で解説します。

1-4 SQL Serverのツール

SQL Serverには、データベース管理やデータベースアプリケーションの開発に役立つツールが提供されています。SQL Serverのツール群は、Windows OSの開発元と同じMicrosoft社の製品なので、Windows上におけるユーザーインターフェイスについては、他のデータベースシステムと比較すると、各段に使い勝手のよいものとなっています。ここでは、おもなツールを取り上げます。

SQL Server Management Studio

「SQL Server Management Studio」は、クエリの発行、データベースのバックアップと復元、データベースオブジェクトの生成など、SQL Serverに関する大半の操作を行うことができるツールです。データベース管理者、データベースアプリケーション開発者ともに、おそらくもっとも使用頻度が高いツールの1つです。

SQL Server 2000まで使用されていた、クエリ発行ツールの「クエリアナライザ」、データベースオブジェクトの管理ツール「Enterprise Manager」は、このSQL Server Management Studioに統合されたと言ってよいでしょう。

■ SQL Server Management Studio

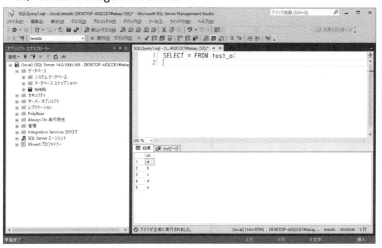

SQL Server Profiler

「SQL Server Profiler」は、SQL Serverに対して実行されたクエリを履歴として閲覧することができるツールです。そのため、障害調査のときに重宝します。また、どのクエリに時間がかかっているのかを調査することもできるため、データベースアプリケーションのパフォーマンス改善に役立ちます。

■ SQL Server Profiler

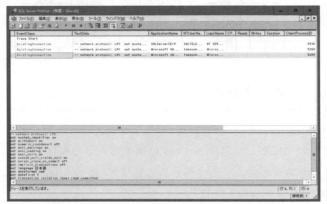

SQL Server構成マネージャ

「SQL Server構成マネージャ」は、SQL Serverのデータベースを他の端末にも公開するための手段として使う必要があります。その方法については3-7で述べます。

また、SQL Serverのサービスを開始したり停止することができます。

■ SQL Server構成マネージャ

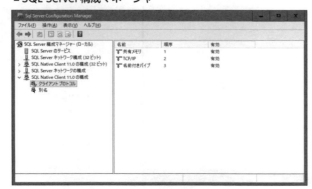

Azure Data Studio

「Azure Data Studio」は、Transact-SQL（SQL Serverの拡張SQL）専用のコードエディタです。キーワードやデータベースオブジェクトの入力補完機能（インテリセンス機能）や、ソース管理システムとの連動、また出力結果をJSONファイルとして出力する機能も持っています。Azure Data Studioは以下のサイトからダウンロードできます。

・Azure Data Studio

　https://docs.microsoft.com/ja-jp/sql/azure-data-studio/download

■ Azure Data Studio

SQL Server Data Tools

「SQL Server Data Tools」は、.NET Framework上で動作するアプリケーションを開発するためのツール「Visual Studio」と統合し、SQL Serverのデータベースを構築したり、テーブルを設計したりすることができます。

　Visual Studioを利用したアプリケーションの開発を行っているのであれば、SQL Server Management Studioと切り替えて使用する必要がないのもメリットの1つと言えるでしょう。SQL Server Data Toolsは以下のサイトからダウンロードできます。

・SQL Server Data Tools

　https://docs.microsoft.com/ja-jp/sql/ssdt/download-sql-server-data-tools-ssdt

■ SQL Server Data Tools

| Column | SQL Server 2008で「SQL Server構成マネージャー」を起動できない場合 |

　SQL Server 2008で「SQL Serve 構成マネージャー」を起動しようとすると、以下のエラーが表示されてしまう場合があります。

■エラーメッセージ

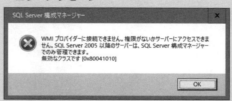

　このエラーメッセージは、同一端末に64ビット版SQL Server 2008と32ビット版SQL Server 2008をインストール後、そのいずれかをアンインストールした場合に発生します。また、

C:¥Windows¥SysWOW64¥SQLServerManager10.msc

を直接実行した場合だけでなく、「コンピューターの管理」から「SQL Server構成マネージャー」を選択した場合も、同様のエラーメッセージが表示されてしまいます。

1-4　SQL Serverのツール

■エラーメッセージ

これを解決するには、コマンドプロンプトを管理者権限で起動し、以下のコマンドを実行します。

```
mofcomp "C:¥Program Files (x86)¥Microsoft SQL Server¥100¥Shared¥sqlmgmproviderxpsp2up.mof"
```

実行結果は、以下のようになります。

■実行結果

```
Microsoft (R) MOF Compiler Version 10.0.16299.15
Copyright (c) Microsoft Corp. 1997-2006. All rights reserved.
MOF ファイルの解析中: C:¥Program Files (x86)¥Microsoft SQL Server¥100¥Shared¥sqlmgmproviderxpsp2up.mof
MOF ファイルが解析されました
データベースにデータを格納しています...
完了
```

Microsoft Docsによれば、SQL Server 2008で32ビット版SQL Serverを64ビットOSにインストールすることは、サポートされていないためです。詳しくは以下のサイトに書かれています。

・SQL Server 2008 で SQL Server 構成マネージャを開く際にエラー メッセージ "WMI プロバイダに接続できません。権限がないかサーバーにアクセスできません" が表示される
https://support.microsoft.com/ja-jp/help/956013/error-message-when-you-open-sql-server-configuration-manager-in-sql-se

初回インストール時に間違って32ビット版をインストールし、それに気付いて64ビット版を入れ直した場合などに、このような現象が発生する可能性があります。注意してください。

35

本章では、SQL Serverの特徴について説明しました。

SQL Serverは、数年ごとにバージョンアップしており、バージョンごとに時代に即したさまざまな機能が追加されています。SQL Serverのバージョンとエディションの違い、ライセンス体系などは、今後新たにSQL Serverを利用したデータベースアプリケーションを開発・導入する際に、その規模に応じて適切な選択を行なわなければなりません。

また、他のデータベースシステムからの乗り換えでSQL Serverを選択した場合、ユーザーとインスタンスの考え方の違いに戸惑うことでしょう。SQL Serverのインスタンスには「既定のインスタンス」と「名前付きインスタンス」の2種類があります。

SQL Serverに接続する方法には「Windows認証」と「SQL Server認証」の2種類があります。利用目的に合わせて使い分けることが可能です。

また、SQL Serverに接続できない場合、SQL Serverのサービスが停止している可能性が考えられるので、「コントロールパネル」や「タスクマネージャ」で確認し、SQL Serverのサービスを手動で開始させる必要があります。とくに、SQL Serverのインストール直後は、たとえ同一LAN環境にあっても、データベースを公開する設定にはなっていません。同一LAN環境においてデータベースを他端末に公開するには、SQL Serverの設定およびWindowsファイアウォールの設定を変更する必要があります。適切なツールで、ネットワークの設定を変更しましょう。

SQL Serverを管理するツールは多数用意されており、「SQL Server Management Studio」はもっとも使用頻度が高いツールです。クエリ発行、データベースのバックアップ、テーブルの作成などの操作を行うことができます。「SQL Server Profiler」はクエリ分析、障害調査やパフォーマンス改善に役立ちます。「SQL Server構成マネージャ」はネットワークの設定、サービスの開始などの操作を行うことができます。

これらの知識は、SQL Serverを導入する際に必要となります。次章では、SQL Serverの運用と管理のために必要となる知識について説明します。

第2章 SQL Serverのデータベースオブジェクト

本章では、SQL Serverのデータベースオブジェクトについて説明します。本章の構成は、次のとおりです。

2-1　データベースオブジェクトの種類
2-2　SQL Serverのデータ型
2-3　SQL Serverのキーと制約

データベースオブジェクトとは、「テーブル」や「ビュー」、「ストアドプロシージャ」といったデータベース内で生成される「モノ」のことを言います。そもそも「テーブル」や「ビュー」、「ストアドプロシージャ」とは何なのでしょうか。また、SQL Serverにはどのようなデータベースオブジェクトがあるのしょうか。2-1では、そういったSQL Serverで利用するデータベースオブジェクトの種類について説明します。

2-2では、SQL Serverのデータ型について説明します。テーブルを設計する際に適切なデータ型をカラムに設定するため、SQL Serverのデータ型について詳しく知る必要があります。

2-3では、SQL Serverのキーと制約について説明します。驚くべきことですが、筆者の体験上、独学でデータベースを学んだプログラマーにはリレーショナルデータベースの基本である「外部キー」の存在すら知らない人が意外にいるのです。データベースシステムをデータの格納庫としてしか使っていない人が多く、「主キー」が設定されていればまだよい方、というずさんなテーブル設計が散見されます。本節でSQL Serverのキーと制約を学び、テーブルの役割に応じた適切な設計を心掛けたいものです。

第2章　SQL Serverのデータベースオブジェクト

2-1 データベースオブジェクトの種類

本節では、SQL Serverのデータベースオブジェクトについて、説明します。SQL Serverと同じくリレーショナルデータベースと呼ばれる種類のデータベースシステムであれば、おおむね共通的な内容です。ただし、データ型の定義は他のデータベースシステムとは異なる場合がありますので、注意が必要です。

テーブル

　「テーブル」（Table）は、リレーショナルデータベースにおいて、もっとも重要なデータベースオブジェクトです。

　リレーショナルデータベースでは、データを二次元の表で表します。この表のことを、「テーブル」と言います。テーブルの行項目のことを「レコード」（Record）、列項目のことを「カラム」（Column）と言います。

■社員テーブル

コード	名前	ふりがな	性別	年齢	誕生日	部署コード
101	立石 沙知絵	たちいし さちえ	女	55	1963/3/14	10
102	水田 米蔵	みずた よねぞう	男	54	1964/7/7	20
103	菅井 亮	すがい りょう	男	46	1971/9/8	10
104	三木 圭	みき けい	男	38	1979/12/2	30
105	八木 慶太	やぎ けいた	男	21	1996/11/2	30

列項目をカラムと言います

行項目をレコードと言います

　レコードとカラムが1つに特定できれば、値を1つだけ取得することができます。Excelで、縦軸と横軸が1つに決まれば、セルを1つだけ取り出せるのと同じです。

　たとえば上記のテーブルにおいて、「コード」列が「101」の「名前」列は、「立石 沙知絵」です。

　また、次のような部署テーブルがあるとします。

■ 部署テーブル

コード	名称
10	総務部
20	営業部
30	開発部

　社員テーブルにて、コード「101」の社員の部署コードは「10」です。つまり、この社員は部署テーブルのコード「10」、「総務部」の社員であることを示します。社員テーブルを見ると、ほかにも「103」の社員コード、「菅井 亮」が総務部に属していることがわかります。

　このように、各テーブルは関係性を持たせることができます。これが、リレーショナル（関係性）データベースと呼ばれるゆえんです。

ビュー

　「ビュー」（View）は、1つもしくは複数のテーブルから任意のデータを取得しやすくするために作成された、仮想的なテーブルのことを言います。たとえば、テーブルの説明の際に使用した社員テーブルと部署テーブルにおいて、この2つのテーブルを利用して、次のような所属部署一覧ビューを作成することができます。

■ 所属部署一覧ビュー

部署	社員コード	社員名
総務部	101	立石 沙知絵
総務部	103	菅井 亮
営業部	102	水田 米蔵
開発部	104	三木 圭
開発部	105	八木 慶太

　社員テーブルには部署名がありませんし、部署テーブルには所属社員に関する情報が一切ありません。所属部署一覧ビューの項目は、それぞれ、参照先が次のようになっています。

・部署 …………部署テーブル

・社員コード …社員テーブル

・社員名 ………社員テーブル

第2章　SQL Serverのデータベースオブジェクト

そのため、ビューを使わなかった場合は、社員テーブルと部署テーブルの2つを同時に参照しなくてはなりません。この例では参照するテーブルが2つだけですが、多数のテーブルにまたがって必要なデータが分散している場合、すべてのテーブルをいちいち参照していては面倒です。そこで、ビューの登場となります。ビューは、このように複数のテーブルにまたがった項目であっても、あたかも1つのテーブルから取得したかのように使用することができます。

ストアドプロシージャ

SQLは、非手続き型言語です。つまり、言語に流れはなく、命令は単発で終わります。単発であるがゆえ、1回のSQL実行では希望するデータ操作を行えないという事態が発生してしまいます。そのため、データベース側にてまとまった処理をSQLで行いたい場合、拡張SQL（第3部参照）である「ストアドプロシージャ」（Stored Procedure）を使用します。

ストアドプロシージャとは、データ操作のみならず、「命令の順次実行」、「分岐」、「繰り返し」など、データベースに対する一連のデータ処理命令をまとめたものです。

ストアドプロシージャは、データベースに保存されます。ストアドプロシージャの実行時に「引数」（プログラムを実行するときに渡す固定値）や「パラメータ」（プログラムを実行するときに渡す可変値）を指定することによって、データ処理の内容を分岐したりデータ処理の実行結果をアプリケーション側に戻したりすることができます。

また、複雑なデータ処理をSQLで行う場合、ストアドプロシージャを用いたほうが処理速度が速くなる場合があります。その理由として、ストアドプロシージャを使わなかった場合、目的とするデータ処理を達成するためにはアプリケーションからデータベースに対して複数回にわたりSQLを発行することになり、その都度アプリケーションはデータベースに接続する必要があるからです。

しかし、ストアドプロシージャを使えば、アプリケーションがストアドプロシージャを実行するためにデータベースに接続する回数は1回だけで済みます。その分、データベースに接続するための時間を短縮することができるのです。

そのほかにも、ストアドプロシージャを使ったほうが、データ処理の仕様が変更になったときなどの修正がかんたんに済む場合があります。アプリケーション側で修正を行った場合、すでに配布済みのアプリケーションをすべてのユーザーに再配布する必要があるからです。

2-1 データベースオブジェクトの種類

■ストアドプロシージャの利点①

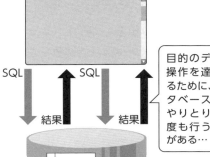
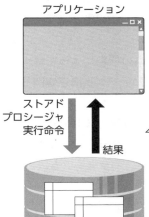

■ストアドプロシージャの利点②

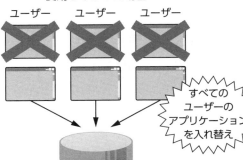
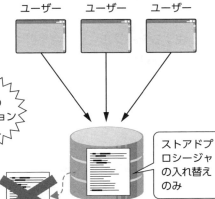

ストアドファンクション

「ストアドファンクション」(Stored Function) は、データベースに格納される「関数」のことです。関数とは、受け取ったデータを処理して結果を返す（戻り値）、一連の命令群です。ストアドプロシージャと同じように、複雑なSQL命令を行いたい場合に便利です。データベースシステムの種類によっては、単一の値を関数の戻り値として返す（スカラー値関数）だけでなく、テーブル構造を関数の戻り値として返す（テーブル値関数）こともできます。

ストアドファンクションもストアドプロシージャと同様、命令の順次実行、分岐、繰り返しを行うことができますが、呼び出し元に必ず値を返すところがストアドプロシージャとは異なります。また、パラメータも入力のみです。

トリガー

SQL Serverには、「トリガー」(Trigger) という機能があります。トリガーとは、日本語で（銃の）引き金を意味します。銃のトリガーは、引き金を引くことがきっかけで銃口から弾丸を発射します。データベースのトリガーは、テーブルに対してデータの追加や削除、更新といった何らかのデータ変更が行われたことをきっかけに、あらかじめ用意してあったSQLを実行します。トリガーを作成するには、

・トリガーを作成するテーブル（引き金を引くテーブル）
・トリガーによって作動するSQLの対象となるテーブル（銃口が向けられるテーブル）
・トリガーを作動する条件（引き金を引く条件）

を決める必要があります。

効果的なトリガーの例として、あるテーブルのデータが変更されたとき、変更前のデータを別のテーブルに変更履歴として保存しておくためのしくみを挙げることができます。

トリガーを使わずに実装する場合、データを更新するアプリケーション側であらかじめ変更前のデータを取得し、それを別のテーブルに保存してから目的のテーブルのデータを更新する必要があります。

しかし、トリガーを使って実装すれば、変更前のデータを別のテーブルに保存する処理はデータベースが勝手にやってくれるので、アプリケーション側では目的のテーブルを更新するところだけを意識すればよいことになります。

システムオブジェクト

データベースオブジェクトには、SQL Serverが自動的に生成するものがあります。これを、「システムオブジェクト」と言います。システムオブジェクトには、SQL Serverに接続中のユーザー情報やバックアップに関する情報、データベースオブジェクトの従属関係など、さまざまなデータベースに関する情報が格納されています。これらの情報は、SQL Serverによって自動的に更新されます。

システムオブジェクトには、次のような種類があります。

・システムデータベース
・システムテーブル
・システムビュー
・システム関数
・システムストアドプロシージャ

それぞれについて説明します。

・システムデータベース

「システムデータベース」は、SQL Serverをインストールした直後からあらかじめ用意されているデータベースです。システムデータベースのおもな役割は、次の表をご覧ください。

■ システムデータベースのおもな役割

システムデータベース	説明
master	SQL Serverのインスタンスのシステムレベルの情報をすべて記録
msdb	警告やジョブのスケジュールを設定するためにSQL Serverエージェントにより使用される
model	SQL Serverのインスタンスで作成されたすべてのデータベースのテンプレートとして使用される。データベースサイズ、照合順序、復旧モデル、およびその他のデータベースオプションなどのmodelデータベースに変更を加えると、その変更内容は、それ以降に作成されるすべてのデータベースに適用される
Resource	SQL Serverに装備されているシステムオブジェクトを格納する読み取り専用のデータベース。システムオブジェクトは、物理的にはResourceデータベースに保存されているが、すべてのデータベースのsysスキーマに論理的に表示される
tempdb	一時オブジェクトや生成途中の結果セットを保存するためのワークスペース

※引用元：Microsoft Docs - システムデータベース
https://docs.microsoft.com/ja-jp/sql/relational-databases/databases/system-databases?view=sql-server-2017

第2章　SQL Serverのデータベースオブジェクト

・システムテーブル

「システムテーブル」は、システムデータベースに含まれるテーブルや、新たなデータベースを作成すると自動的にそのデータベース内に生成されるテーブルです。システムテーブルは、データを参照することはできますが、レコードの追加／更新／削除はお勧めできません。Microsoft Docsでは、システムテーブルを直接参照するのではなく、後述するシステムビューやシステム関数、システムストアドプロシージャを使い、システムテーブルを間接的に参照することを推奨しています。

・システムビュー

システムビューも通常のビューと同様、関連する情報を閲覧しやすいようにした仮想的なテーブルです。また、システムテーブルはSQL Serverの今後のバージョンによってカラム名が変更になったり、そもそもシステムテーブル自体が削除される可能性があるため、システムテーブルを参照するのではなく、可能であればシステムビューを利用するようにしましょう。

ちなみに、実際にSQL Server 2000から存在していたシステムテーブルが削除され、それらは現在、互換性を保つために同一オブジェクト名のシステムビューとして存在するものがあります。

・システム関数

システム関数は、システムテーブルが保持する情報を関数として提供します。6-6や11-1で解説する「@@error」や「@@identity」もシステム関数に分類されます。

・システムストアドプロシージャ

システムストアドプロシージャは、データの参照だけでなく、SQL Serverに関する設定の変更にも使用されます。

44

2-2 SQL Server のデータ型

SQL Serverのデータ型

本節では、SQL Serverで使用するデータ型について、説明します。データベースシステムに限らず、データ型は大きく分けて「文字列型」「数値型」「日付型」の3種類が存在します。SQL Serverのデータ型について、この3種類に分けて説明します。

SQL Serverのデータ型

テーブルの列項目（カラム）にはデータの型を指定する必要があります。テーブルには、どんなデータでも追加できるわけではありません。たとえば、前節で扱った社員テーブルに対し、「生年月日」カラムに「あいうえお」のような文字列や「0123456789」のような、日付とはまったく無関係のデータが保存されていても意味がありません。「生年月日」のカラムには、日付のみが扱えるようになっていたほうが便利です。

リレーショナルデータベースは、テーブルを作成するときにカラムごとに使用できるデータの種類を指定します。これを「データ型」と呼びます。データベースシステムの種類によって取り扱えるデータ型は多少の違いがありますが、基本的には以下の3種類に分類することができます。

■ データ型の大分類

データ型	内容
文字列型	文字列のデータを取り扱う
数値型	数値のデータを取り扱う
日付型	日付のデータを取り扱う

では、SQL Serverで使用できるデータ型を詳しく見てみましょう。まずMicrosoft Docsでは、SQL Serverで使用できるデータ型を次のように分類しています。

・真数
・概数
・日付と時刻
・文字列

45

第 2 章　SQL Serverのデータベースオブジェクト

・Unicode 文字列
・バイナリ文字列
・その他のデータ型

　先ほどリレーショナルデータベース共通として、「文字列型」「数値型」「日付型」の3つにデータ型を分類しましたが、このSQL Serverの分類に当てはめると、

・文字列型 … 「文字列」「Unicode 文字列」「バイナリ文字列」
・数値型 …… 「真数」「概数」
・日付型 …… 「日付と時刻」

となります。
　上記にいずれにも分類しなかった「その他のデータ型」については、SELECTコマンドの結果セットが格納された「TABLE型」や、後述するカーソルを格納する「CURSOR型」が該当します。

文字列型

　まずは、文字列型から見てみましょう。

■ SQL Serverの文字列型

データ型		説明
文字列	CHAR [(n)]	nバイトのUnicodeではない固定長の文字列データ（1 ～ 8,000バイト）
	VARCHAR [(n | max)]	nバイトのUnicodeではない可変長の文字列データ（1 ～ 8,000バイト） maxは最大値で2^{31}-1バイト（2GB）
	TEXT	2^{31}-1バイト（2GB）以内のUnicodeではない可変長の文字列データ
Unicode 文字列	NCHAR [(n)]	nバイトのUnicodeの固定長の文字列データ（1 ～ 4,000バイト）
	NVARCHAR [(n | max)]	nバイトのUnicodeの可変長の文字列データ（1 ～ 4,000バイト） maxは最大値で2^{31}-1バイト（2GB）
	NTEXT	2^{30}-1バイト（1GB）以内のUnicodeの可変長の文字列データ
バイナリ 文字列	BINARY [(n)]	nバイトの固定長のバイナリデータ（1 ～ 8,000バイト）
	VARBINARY [(n | max)]	nバイトの可変長のバイナリデータ（1 ～ 8,000バイト） maxは最大値で2^{31}-1バイト（2GB）
	IMAGE	0 ～ 2^{31}-1バイト（2GB）の可変長のバイナリデータ。画像ファイルに使用

文字列のリテラル値（固定値）は、シングルクォーテーション「'」で囲います。

データ型がCHAR型のカラムは、1～8,000バイトの固定長の文字列データを格納できます。固定長とは、登録できるデータのサイズが固定されていることを意味します。もし固定長文字列のサイズが10バイトであれば、そのカラムには必ず10バイトの文字列が入ります。また、VARCHAR型の可変長とは、データのサイズが可変であることを意味します。可変長文字列のサイズが10バイトであれば、そのカラムには最大10バイトの文字が入ります。

Unicode文字列は、Unicodeの文字列を格納する際に使用します。Unicodeのデータ型は、先頭に「N」が付いています。NCHAR型やNVARCHAR型、NTEXT型です。第9章でSQL Sererで第三・第四水準文字を扱う方法について述べますが、これにはUnicodeの文字列型しか対応できません。Unicode文字列の扱いについては、そこで詳しく述べることにします。

バイナリ文字列は、データをバイナリ（2進数）で扱います。つまり、0か1のビットデータを文字列としてデータベースに保存します。

IMAGE型は、JPEGやPNGなどの画像ファイルをデータベースに保存する際に使用されますが、SQL Serverの将来のバージョンでは廃止される予定のデータ型です。IMAGE型の代わりに、VARBINARY(MAX)を使います。同様に、TEXT型やNTEXT型も、将来は廃止される予定です。桁数に「max」を指定した場合、最大格納サイズは$2^{31}-1$バイト（2GB）です。

■ 廃止される予定のデータ型

廃止される予定のデータ型	代替データ型
TEXT	VARCHAR(max)
NTEXT	NVARCHAR(max)
IMAGE	VARBINARY(max)

数値型

続いて、数値型です。

数値のリテラル値は、シングルクォーテーション「'」で囲いません。数値をシングルクォーテーションで囲うと、文字列として認識されてしまいます。

「真数」と「概数」の2つに分類していますが、まず「真数」は、誤差が発生しない数値型です。整数部のみを扱うデータ型と、小数部を扱うことができるデータ型の2種類があります。真数に分類されたデータ型の場合、小数部の有効桁数をあらかじめ定義してお

第2章 SQL Serverのデータベースオブジェクト

く必要があります。

■ SQL Server の数値型

	データ型	説明
真数	BIGINT	-2^{63} (–9,223,372,036,854,775,808) ～ 2^{63}–1 (9,223,372,036,854,775,807) の範囲の整数
	INT	-2^{31} (–2,147,483,648) ～ 2^{31}–1 (2,147,483,647) の範囲の整数
	SMALLINT	-2^{15} (–32,768) ～ 2^{15}–1 (32,767) の範囲の整数
	TINYINT	0 ～ 255の範囲の整数
	BIT	1、0またはNULL
	DECIMAL [(p[,s])]	-10^{38} +1 ～ 10^{38}–1の範囲の固定長の有効桁数と小数点以下桁数を持つ数値 pは整数と小数部を合せた1 ～ 38の有効桁数（既定値18） sは小数部桁数（既定値0）
	NUMERIC [(p[,s])]	DECIMALと同じ
	MONEY	–922,337,203,685,477.5808 ～ 922,337,203,685,477.5807の範囲の金額
	SMALLMONEY	–214,748.3648 ～ 214,748.3647の範囲の金額
概数	FLOAT [(n)]	–1.79E+308 ～ –2.23E–308、0、および2.23E–308 ～ 1.79E+308の範囲の浮動小数点数 nは1 ～ 53までの有効桁数（既定値53）
	REAL	–3.40E+38 ～ –1.18E–38、0、および1.18E–38 ～ 3.40E+38の範囲の浮動小数点数

　「概数」は、誤差が発生する可能性がある数値型です。「浮動小数点」と呼ばれる方法で数値を表現します。極めて小さな値から大きな値までを格納することができますが、反面、値が近い2つの数を引き算すると「桁落ち」と呼ばれる誤差が発生したり、絶対値の差が大きい2つの値を加算した場合、絶対値の小さいほうの値が丸められてしまう「情報落ち」と呼ばれる誤差が発生します。また、浮動小数点の場合、数値をバイナリで保持するため、小数点以下を正確な値で保持できないものもあります。これを、「丸め誤差」と言います（詳しくは、P.52のコラム「浮動小数点とは」を参照）。

日付型

　最後に、日付型について説明します。日付のリテラル値も、シングルクォーテーション「'」で囲います。

2-2 SQL Server のデータ型

■ SQL Server の日付型

データ型		説明
日付と時刻	DATE	0001-01-01 ～ 9999-12-31 の範囲の日付
	TIME [(p)]	00:00:00.0000000 ～ 23:59:59.9999999 の範囲の時間 p は 0 ～ 7 までの秒の小数点以下の有効桁数（既定値 7）
	DATETIME	日付が 1753-01-01 ～ 9999-12-31、時刻が 00:00:00 ～ 23:59:59.997 の範囲の日付と時刻
	DATETIME2 [(p)]	日付が 0001-01-01 ～ 9999-12-31、時刻が 00:00:00.0000000 ～ 23:59:59.9999999 の範囲の日付と時刻 p は 0 ～ 7 までの秒の小数点以下の有効桁数（既定値 7）
	SMALLDATETIME	日付が 1900-01-01 ～ 2079-06-06、時刻が 00:00:00 ～ 23:59:59 の範囲の日付と時刻
	DATETIMEOFFSET [(p)]	タイムゾーンを認識する日付が 0001-01-01 ～ 9999-12-31、時刻が 00:00:00 ～ 23:59:59.9999999 の範囲の日付と時刻 タイムゾーンの範囲は –14:00 ～ +14:00、p は 0 ～ 7 までの秒の小数点以下の有効桁数（既定値 7）

　SQL Server 2005 以前では、日付型は DATETIME 型、SMALLDATETIME 型しかありませんでした。SQL Server 2008 以降、DATE 型と TIME 型などが加わりました。DATETIME 型では日付と時刻が必ずセットとなって 1 つのデータ型を成していましたが、DATE 型と TIME 型は、日付と時刻を別々のデータ型として保持することができるようになりました。

　DATETIME 型は、時刻要素が含まれていることをしっかり意識しておかないと、思わぬところでバグを出す要因になりかねません。例を見てみましょう。次のような Transact-SQL（第 3 部参照）を利用したクエリを実行します。

```
--比較対象となる日付を定義します。
DECLARE @hiduke DATETIME;
SET @hiduke = '2019-01-01';

--今日の日付と比較します。
IF (@hiduke = GETDATE())
BEGIN
    PRINT 'この条件文は真です。';
END
ELSE
BEGIN
    PRINT 'この条件文は偽です。';
END
```

49

第 2 章　SQL Serverのデータベースオブジェクト

　PRINTステートメントは、指定した文字列を表示します。このクエリは、今日の日付が「2019年1月1日」であれば「この条件文は真です。」という文字が表示されそうですが、実際には違います。

■実行結果

この条件文は偽です。

　GETDATE()関数は、現在の日時を返すシステム関数なのですが、戻り値がDATETIME型のため、時刻要素を含めた結果が返ります。そのため、前述のクエリはたとえば次のような解釈となります。

```
IF ('2019-01-01 00:00:00' = '2019-01-01 18:13:53.513')
```

　これでは、等号が成り立たないのは明白です。このような場合の対処方法については、11-2を参照してください。

演算時に優先されるデータ型

　SQL Serverには、演算時に優先されるデータ型があります。たとえば、数値型のINT型とNUMERIC型を加算すると、結果はNUMERIC型になります。Transact-SQL（第3部参照）で次のようなクエリを実行してみましょう。

```
--INT型で数値を定義します。
DECLARE @number1 INT;
SET @number1 = 10;

--NUMERIC型で数値を定義します。
DECLARE @number2 NUMERIC(7, 2);
SET @number2 = 10;

--数値を合算します。
PRINT @number1 + @number2;
```

　実行結果は、次のように小数点第2桁まで表示されています。

2-2 SQL Serverのデータ型

■実行結果

```
20.00
```

つまり、@number2を定義したNUMERIC型で結果が表示されているのがわかります。INT型よりもNUMERIC型が優先されていることになります。

これはよくよく考えてみれば当然で、もしNUMERIC型よりもINT型のほうが優先されてしまったらどうなるでしょうか。せっかくNUMERIC型で小数点以下を指定していても、演算結果がINT型に変換されてしまったら、結果として小数点以下が勝手に丸められてしまうことになり、正確な演算結果ではなくなってしまいます。SQL Serverでの演算時のデータ型の優先順位については、右の表を参照してください。

NULL

データ型に限らず、カラムにデータがまったく入力されていないという状態がテーブル上に存在します。これを、「NULL」（ヌル、もしくはナルと読みます）と言います。少しややこしいのですが、これはたとえば文字列型のカラムに空の文字列が入っているという状態ではありません。なぜならば、「空の文字列というデータが入っている」からです。そうではなく、完全にデータが何も入っていない状態がNULLです。

データベースシステムでは、カラムごとにNULLが存在することを許可するかどうかを設定することができます。2-1の社員テーブルを例にすると、社員コードがNULLという状態は許可せず、社員名がNULLという状態は許可するという設定が可能です（NOT NULL制約）。これについては、2-3で改めて説明します。

■優先されるデータ型

高い

SQL_VARIANT
XML
DATETIMEOFFSET
DATETIME2
DATETIME
SMALLDATETIME
DATE
TIME
FLOAT
REAL
DECIMAL（NUMERIC）
MONEY
SMALLMONEY
BIGINT
INT
SMALLINT
TINYINT
BIT
NTEXT
TEXT
IMAGE
TIMESTAMP
UNIQUEIDENTIFIER
NVARCHAR
NCHAR
VARCHAR
CHAR
VARBINARY
BINARY

低い

51

第 2 章　SQL Server のデータベースオブジェクト

■NULL と空の文字列の違い

コード	名前	ふりがな	性別	年齢	誕生日	部署コード
101	立石 沙知絵	たちいし さちえ	女	55	1963/3/14	10
102	水田 米蔵	みずた よねぞう	男	54	1964/7/7	20
103	(NULL)	すがい りょう	男	46	1971/9/8	10
104	三木 圭	みき けい	男	38	1979/12/2	30
105		やぎ けいた	男	21	1996/11/2	30

データがまったく入力されていない状態の「NULL」

空の文字列が入力されているので「NULL」ではない

Column ● 浮動小数点とは

　浮動小数点とは、非常に大きな数から非常に小さな数まで扱うことができる、数値の表現方法です。DECIMAL 型や NUMERIC 型は小数点以下の桁数を指定してデータ型を定義しますが、浮動小数点型（FLOAT 型／ REAL 型）の場合、小数点の位置が固定されていません。

　浮動小数点は、数値を「符号部」「指数部」「仮数部」の 3 つに分類します。符号部は、数値がプラスかマイナスかを表します。指数部は、小数点の位置を表し、仮数部は、小数点を移動した後の小数部の値を表します。

　浮動小数点のしくみに関してはこれ以上詳しく説明しませんが、なぜ誤差が発生してしまうかについては、これから説明します。

　コンピューターにおける浮動小数点は、2 進数によって表現されます。2 進数表記は、実数の場合はとくに問題がないのですが、小数の場合は誤差が発生してしまうケースがあるのです。

　たとえば、0 から 10 までの数を 2 進数で表現すると、次のようになります。

■0 から 10 までの 2 進数

10 進数	0	1	2	3	4	5	6	7	8	9	10
2 進数	0	1	10	11	100	101	110	111	1000	1001	1010

　10 進数の場合、「0」から「9」は 1 桁で表現できますが、「10」になると 2 桁で表現します。2 進数の場合、「0」と「1」は 1 桁で表現できますが、「2」になると 2 桁で表現します。

　10 進数の場合、1 桁目に 1 が立っていると 10 進数で「1」、2 桁目に 1 が立っていると 10 進数で「10」、3 桁目に 1 が立っていると 10 進数で「100」です。

　2 進数の場合、1 桁目に 1 が立っていると 10 進数で「1」、2 桁目に 1 が立っていると 10 進

数で「2」、3桁目に1が立っていると10進数で「4」、4桁目に1が立っていると10進数で「8」なのです。これを基に変換表を作ってみます。

■ 実数の変換表

2進数		10進数
1	→	1
10	→	2
100	→	4
1000	→	8
10000	→	16

10進数には0から9までの数値がありますが、2進数は0と1しかありません。0と1だけで数値を表現します。

次に、小数を2進数で表現してみます。上記の実数の変換表のように、小数点の桁数を1桁ずらした場合の該当する10進数の値を見てみましょう。

■ 小数の変換表

2進数		10進数
0.1	→	0.5
0.01	→	0.25
0.001	→	0.125
0.0001	→	0.0625
0.00001	→	0.03175

2進数の場合、小数点が1桁ずれると、10進数では左の表のような値を取ります。

実数の変換表の場合、2進数を10進数に変換する場合の公式は、

$$2^{n-1}$$
※nは桁数

となります。たとえば「100」の場合、$2^{3-1}=2^2$となり、10進数では「4」です。「10000」の場合、$2^{5-1}=2^4$となり、10進数では「16」です。

これが小数の変換表の場合、2進数を10進数に変換する場合の公式は、

$$\frac{1}{2^n}$$
※nは桁数

となります。たとえば、

- 2進数で「0.1」の場合 ……… $\dfrac{1}{2^1} = \dfrac{1}{2}$、つまり10進数で「0.5」

- 2進数で「0.01」の場合 …… $\dfrac{1}{2^2} = \dfrac{1}{4}$、つまり10進数で「0.25」

- 2進数で「0.001」の場合 … $\dfrac{1}{2^3} = \dfrac{1}{8}$、つまり10進数で「0.125」

となります。これらをふまえて、小数を含んだ10進数の数値を2進数に変換する方法を考えてみましょう。

　たとえば、10進数の「9.4」で考えてみると、整数部の「9」については問題ありません。10進数の「9」は、2進数で「1001」です。では、「0.4」はどのようになるでしょうか？次のように順に考えてみます。

①2進数の「0.1」が10進数の「0.5」なので、2進数にした場合の小数第1位は「0」と考えられる

②2進数で小数第2位に「1」が立つと、10進数で「0.25」なので、小数第2位は「1」と考えられる

③2進数で小数第3位に「1」が立つと、10進数で「0.125」なので、0.25+0.125=0.375となり、小数第3位も「1」と考えられる

④2進数で小数第4位に「1」が立つと、10進数で「0.0625」なので、0.25+0.125+0.0625＝0.4375となってオーバーしてしまい、小数第4位は「1」ではなく「0」と考えられる

⑤2進数で小数第5位に「1」が立つと、10進数で「0.03125」なので、0.25+0.125+0.03125＝0.40625となってオーバーしてしまい、小数第5位は「1」ではなく「0」と考えられる

　このように計算を続けて、本当に0.4になるのでしょうか。実はならないのです。小数の場合、2進数で10進数を正確に表現することはできないのです。これが、誤差の原因です。

　説明が長くなってしまいましたが、浮動小数点のデータ型であるFLOAT型とREAL型は、前述のとおり、非常に大きな数や非常に小さな数を扱うために使用します。その場合でも、むろん小数の扱いの際には誤差が発生します。

　これらのデータ型は、科学技術計算の分野で使われることが多いようです。会計システムなどの金額を扱う処理では、1円単位の誤差が発生するため使わないようにしましょう。

2-3 SQL Server のキーと制約

> 現在の主流となるデータベースは、二次元の表にデータを格納するリレーショナルデータベースです。SQL Server もリレーショナルデータベースです。本節では、リレーショナルデータベース共通のしくみとして、キーと制約について見てみましょう。

主キーと主キー制約

リレーショナルデータベースの特徴は、その名のとおり、あるテーブルのレコードを他のテーブルのレコードと関連付けできるところにあります。

あるテーブルのレコードと他のテーブルのレコードを関連付けするには、テーブルの中でそのレコードを唯一の存在にするためのカラムと関連付けする必要があります。そうでないと、関連付けする側のテーブルのレコードを、1件に絞り込むことができないからです。

たとえば、次の図をご覧ください。

■社員テーブルと部署テーブルの関連

社員テーブル

コード	名前	ふりがな	性別	年齢	誕生日	部署コード
101	立石 沙知絵	たちいし さちえ	女	55	1963/3/14	10
102	水田 米蔵	みずた よねぞう	男	54	1964/7/7	**20**
103	菅井 亮	すがい りょう	男	46	1971/9/8	10
104	三木 圭	みき けい	男	38	1979/12/2	30
105	八木 慶太	やぎ けいた	男	21	1996/11/2	30

部署テーブル

コード	名称
10	総務部
20	営業部
30	開発部

この図は、2-1で紹介した社員テーブルと部署テーブルです。社員テーブルには、各社員が所属する部署の部署コードが格納されています。「水田 米蔵」さんは「部署コード」が「20」なので、部署テーブルの「部署コード」が「20」の行を探すと「営業部」に所属していることがわかります。

このような、テーブルのレコードを1件に絞り込むためのカギとなるカラムのことを、「主キー」または「プライマリーキー」(Primary Key)と言います。部署テーブルで言えば、「コード」が主キーです。

55

第2章　SQL Server のデータベースオブジェクト

　主キーが設定されているカラムには、重複するデータを格納することはできません。な
ぜなら、たとえば部署テーブルの開発部の「コード」が「20」に設定されていたら、所属
が営業部か開発部かわからなくなってしまうからです。また、主キーは1つのテーブルに
1つしか設定できず、主キーに設定したカラムにはNULLを格納できません。こういった
制約をまとめて「主キー制約」と言います。

外部キーと外部キー制約

　社員テーブルの「部署コード」には、それぞれの社員が所属する部署の部署コードが格
納されています。つまり、社員テーブルの部署コードは、部署テーブルと関連付けするた
めのカギであると言えます。
　このように、他のテーブルと関連付けするためのカギとなるカラムを、「外部キー」
（Foreign Key）と言います。
　外部キーとして設定できるカラムは、参照される側のテーブルの主キーのみです。社員
テーブルと部署テーブルの例で言えば、社員テーブルの外部キーとして設定できるカラム
は、参照される側の部署テーブルの主キーである「部署コード」のみとなります。

■ 主キーと外部キー

社員テーブル

コード	名前	ふりがな	性別	年齢	誕生日	部署コード
101	立石 沙知絵	たちいし さちえ	女	55	1963/3/14	10
102	水田 米蔵	みずた よねぞう	男	54	1964/7/7	**20**
103	菅井 亮	すがい りょう	男	46	1971/9/8	10
104	三木 圭	みき けい	男	38	1979/12/2	30
105	八木 慶太	やぎ けいた	男	21	1996/11/2	30

部署テーブル

コード	名称
10	総務部
20	営業部
30	開発部

外部キー　　主キー

　また、外部キーに設定したカラムには、参照される側のテーブルに存在するデータしか
登録できません。そのため、他のテーブルで外部キーとして使用されているデータは、削
除することが不可能です。これを、「外部キー制約」と言います。
　つまり、社員テーブルと部署テーブルの場合、社員テーブルの「部署コード」には部署テー
ブルに存在しない値を格納することができませんし、社員テーブルの「部署コード」で使
用されている部署を、部署テーブルから削除することはできません。

複数のカラムを組み合わせた主キー

主キーは1つのテーブルに1つしか設定できませんが、複数のカラムを指定して1つの主キーとすることができます。たとえば、次のように郵便番号を上3桁のカラムと下4桁のカラムに分けて格納するテーブルがあるとします。

郵便番号は、上3桁だけでは重複しますし、下4桁だけでも重複します。しかし、上3桁と下4桁を合わせた7桁で見た場合、テーブルの中で唯一の存在となることができます。このような場合は、上3桁と下4桁の2つを1つの主キーとして設定します。

■複数のカラムを組み合わせた主キー
郵便番号辞書テーブル

〒1	〒2	住所1	住所2	カタカナ
940	1105	新潟県長岡市	摂田屋	セッタヤ
940	1104	新潟県長岡市	摂田屋町	セッタヤマチ
940	2473	新潟県長岡市	芹川町	セリカワマチ
940	0082	新潟県長岡市	千歳	センザイ
940	2108	新潟県長岡市	千秋	センシュウ

〒1と〒2を組み合わせて主キーとすることでテーブルの中で唯一の存在となる

ユニークキー

主キーでなくても、カラムに重複したデータを格納できないようにすることができます。重複したデータを格納できないように設定したカラムのことを、「ユニークキー」（Unique Key）と言います。もちろん、主キーもカラムに重複したデータを格納できませんので、主キーであると言うことはユニークキーでもあります。ただし、ユニークキーだからといって主キーだとは限りません。

ちょっとややこしいですが、かんたんな例を挙げると、「人」は「ほ乳類」ですが「ほ乳類」は「人」ではありません。「ネコ」や「イヌ」も「ほ乳類」だからです。「人」を主キーに、「ほ乳類」をユニークキーに置き換えてみると、わかりやすくなるのではないでしょうか。

主キーは、1つのテーブルに1つしか設定することができませんが、ユニークキーは、1つのテーブルに複数指定することができます。また、主キーに設定したカラムにはNULLを格納することができませんが、主キーではないユニークキーに設定したカラムにはNULLを格納することができます。

第 2 章　SQL Server のデータベースオブジェクト

　ユニークキーの例を見てみましょう。次の図は、ある会社の顧客テーブルを表しています。

■ ユニークキー

顧客テーブル

顧客コード	顧客名	会員番号	誕生日	住所
101	顧客 A	(NULL)	1979 年 10 月 25 日	東京都
102	顧客 B	10001	1980 年 12 月 24 日	神奈川県
103	顧客 C	(NULL)	1981 年 11 月 23 日	千葉県
104	顧客 D	10002	1982 年 5 月 16 日	大阪府
105	顧客 E	(NULL)	1982 年 7 月 29 日	新潟県

ユニークキー

　この会社の顧客には、一般顧客と会員顧客がおり、会員顧客は会員番号で管理されています。顧客データを管理する顧客テーブルでは、会員顧客の場合、「会員番号」カラムには重複しない数値が格納されます。一般顧客の場合、「会員番号」カラムには NULL が格納されています。

　このような場合、カラムに重複したデータを格納できないようにするには、会員番号カラムを主キーではなく、ユニークキーに設定するのが適切だと言えます。

Column ● 主キーとして適切なもの

　データベース技術者のなかでも、主キーとして最も適切なカラムについては意見が分かれるところです。このコラムでは、主キーとして適切なカラムというものはどういうものなのか、筆者の考えを述べたいと思います。

　まず、「文字列型は主キーに適さない」という意見を多くの技術者から聞きますが、この意見については「(例外なく) 文字列型は主キーに適さない」と思っている方が多いようです。しかし、主キーとして不適切な文字列型は、姓名や住所のような可変長の文字列型であり、固定長の文字列型は主キーに適していると言えます。たとえば、社員コードや顧客コードのようなコード列です。名前や住所のような可変長の文字列型は、たとえば結婚して名字が変わる可能性がありますし、市町村合併により住所表記が変わる可能性もあります。主キーは、他のテーブルとの関連付けで重要な役割を担っており、値を容易に変更することはできないのは言うまでもありません。

　また、ユニークな値ならば何でもよいのかと言うとそうではありません。モデリングの際

にデータが持つ属性としては、実世界に存在する属性のみで構成するのが理想と言われています。そうでないと、モデリングする時点で本来は不要な属性を付けなくてはなりません。それが、ID属性です。ただ、これはあくまでも理想です。実世界では意味を持たないID属性を設けて主キーとする行為は、場合によっては必要と言えるのではないかと思います。実際、SQL ServerにもIDENTITYという機能があります。レコードを自動的に一意にするキーを付番する機能ですが、「モデリング以前に存在しなかった属性をモデリングに持ち込むことが悪」と考えるのであれば、IDENTITY列は悪です。しかし、実世界のモデリングが変更されることを視野に入れれば、実世界に存在する属性のみでモデリングすることだけが正しいとは言い切れないのではないでしょうか。

NOT NULL制約

　SQL Serverでは、カラムごとにNULLが存在することを許可するかどうかを設定することができます。社員テーブルを例にすると、社員コードがNULLという状態は許可せず、社員名がNULLという状態は許可するという設定が可能です。NULLという状態を許可しない設定のことを、「NOT NULL制約」と言います。

　当然、主キーにはNULLを許可することができませんので、主キーはNOT NULL制約であると言えます。また、社員は必ずいずれかの部署に所属しなければならないとした場合、部署コードにNOT NULL制約を付けておくのがよいでしょう。

■NOT NULL制約

社員テーブル

コード	名前	ふりがな	性別	年齢	誕生日	部署コード
101	立石 沙知絵	たちいし さちえ	女	55	1963/3/14	10
102	水田 米蔵	みずた よねぞう	男	54	1964/7/7	**20**
103	菅井 亮	すがい りょう	男	46	1971/9/8	10
104	三木 圭	みき けい	男	38	1979/12/2	30
105	八木 慶太	やぎ けいた	男	21	1996/11/2	30

部署テーブル

コード	名称
10	総務部
20	営業部
30	開発部

必ずどこかの部署に所属しなければならないとしたら、NULLを許可してはならない

第 2 章　SQL Serverのデータベースオブジェクト

DEFAULT制約

　DEFAULT制約とは、指定したカラムに初期値を設定するための制約です。たとえば、NOT NULL制約の説明のときに使用した社員テーブルをご覧ください。社員名にはNULLを許可するようになっていますが、あらかじめ社員名に初期値を設けておくことによって、NULLの代わりにその初期値を代入しておくことができます。つまり、社員データを追加する際、社員名を入力しなかった場合は初期値が適用されます。

■DEFAULT制約
社員テーブル

> DEFAULT制約で、未入力の場合は"名無しの権兵衛"が初期値として代入されるようにしておくと…

コード	名前	ふりがな	性別	年齢	誕生日	部署コード
101	立石 沙知絵	たちいし さちえ	女	55	1963/3/14	10
102	水田 米蔵	みずた よねぞう	男	54	1964/7/7	20
103	名無しの権兵衛	すがい りょう	男	46	1971/9/8	10
104	三木 圭	みき けい	男	38	1979/12/2	30
105		やぎ けいた	男	21	1996/11/2	30

> NULLの代わりに、初期値を代入することができる。この場合"名無しの権兵衛"という文字が代入された。

> 空の文字列は、空の文字列が名前として指定されたため、"名無しの権兵衛"にはならない。

　ちなみに、次のコラムでも述べるようにNULLというのは非常にやっかいな存在です。データのなかにNULLが存在すると、いろいろと直観的に理解しがたいクエリ結果となります。

Column ● やっかいな存在「NULL」

　「やっかいなことに、値がNULLのレコードがあってさ、…」

などという言葉が開発の現場から聞こえてくることがあります。
　この「値がNULL」という表現は、リレーショナルデータベースの世界においては、実は間違いです。リレーショナルデータベースの世界において、NULLとは値がないことを意味しており、つまり「値がNULL」という表現は間違いなのです。

60

これは、リレーショナルデータベースの世界における論理が、二値論理（真か偽か）ではなく三値論理（真か偽か、もしくは不明か）が適用されたことによります。二値論理は、「神の論理」とも呼ばれています。神ならば、それが常に正しいか正しくないか、真か偽かを知っているからです。これに対し、「わからない」という概念を持ち込んだのが、三値論理です。

たとえば「10年後、今の会社に勤めているか？」との命題に対し、あなたは真か偽かで答えることができるでしょうか？　たとえあなたが「いかなる理由をもってしても、会社を絶対に辞めない」という意思があったとして、会社が潰れるかもしれません。この命題に対し、二値論理であれば「神であれば常に真実を知っている」という前提がありますが、我々は神ではありません。これに対し、三値論理は「わからない」という答えを出します。それが、NULLなのです。

実はこのNULLという存在、結構やっかいな場合があります。たとえば、「あなたが所属する部署において、社員の平均年齢を求めよ」という命題があります。これに対し、たった一人、鈴木さんという方の年齢が不詳だとします。つまり、年齢がNULLです。そうすると、たった一人の年齢が不詳だったために、その部署の平均年齢を求めることができません。結果は「わからない」。つまり、その部署の平均年齢はNULLです。

さらに「では、会社全体での平均年齢を求めよ」という命題があります。いろんな部署からの平均年齢が集められてきました。さて、ではあなたの部署はどうでしょうか。鈴木さんの年齢がわからなかったため、あなたの部署の平均年齢はNULLでした。では、会社全体で見たときはどうでしょう？　あなたの部署の平均年齢がわからなかったため、結果「わからない」。つまり、会社全体の平均年齢も「NULL」です。

さらに、「この会社のグループ会社を含めた平均年齢を求めよ」という命題に対し、…と、きりがありません。あなたの部署の鈴木さんの年齢が不詳だったばっかりに、会社全体の平均年齢もすべて不詳になってしまいました。

幸いSQL Serverは、集計関数の対象にNULLが含まれている場合、NULLは自動的に排除されて集計されます。これはSQL Serverの独自仕様であり、リレーショナルデータベースにおいては、上記のようにNULLが伝播する仕様になっているものがあります。

三値論理が適用されたリレーショナルデータベースの世界においても、できればテーブルの各列の制約には可能な限り、NOT NULL制約やDEFAULT制約を用いてNULLを排除できるようなデータベース設計を心掛けましょう。

第2章　SQL Serverのデータベースオブジェクト

CHECK制約

CHECK制約とは、指定したカラムに挿入できる値に条件を指定して、値が妥当かどうかのチェックを行うための制約です。値が妥当ではない場合、そのレコードをテーブルに追加することはできません。

例を見てみましょう。社員テーブルにて、「年齢」というカラムがありますが、その会社の社員として適切な年齢が18歳から65歳までだとしたら、それ以外の年齢は入力できないようにしておいたほうがよいでしょう。

■CHECK制約

社員テーブル

コード	名前	ふりがな	性別	年齢	誕生日	部署コード
101	立石 沙知絵	たちいし さちえ	女	55	1963/3/14	10
102	水田 米蔵	みずた よねぞう	男	54	1964/7/7	20
103	名無しの権兵衛	すがい りょう	男	46	1971/9/8	10
104	三木 圭	みき けい	男	38	1979/12/2	30
105		やぎ けいた	男	21	1996/11/2	30

> この会社では、18歳から65歳までが社員として適切な値の範囲だとすると、CHECK制約によって、それ以外の値は入力させないようにする。

インデックス

辞書を使って調べものをするとき、先頭のページから1ページずつ探していったのではあまりにも効率が悪すぎます。そのため、辞書には「索引」（インデックス：index）が設けられており、索引を利用することですばやく目的のページを探し出すことができます。

データベースの場合も同様に、レコード件数の多いテーブルにインデックスを設定することで、目的のデータをすばやく取得できるようになります。インデックスはテーブルとは別に管理されているため、テーブルを作成したあとにインデックスを追加したり削除したりすることが可能です。

インデックスを設定することでデータの検索が高速になるのであれば、すべてのテーブルにインデックスを設定すればよいのでしょうかと言うと、実はそういうわけではありません。たとえば、レコードが頻繁に追加されたり削除されたりするテーブルの場合、インデックスを設定したことによって、レコードの追加や削除にかかる時間がインデックスを設定する前よりも遅くなってしまいます。なぜならば、レコードが追加されたり削除され

たりするたびに、その都度インデックスを書き直さなければならないからです。

また、レコード数が少ないテーブルにインデックスを設定した場合も逆効果となります。見るところが少ない、薄っぺらなパンフレットに索引が付いていても、紛らわしいだけでしょう。それと同じです。

■ インデックス

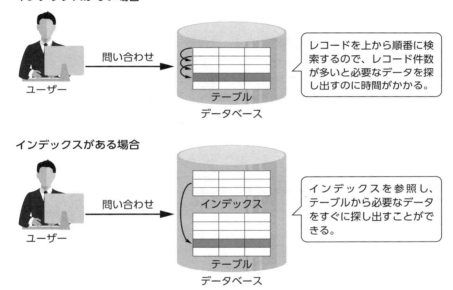

Column ▶ 正規化とは

「正規化」とは、データベース設計手法の1つで、関連するデータ項目ごとにテーブルとして独立させる作業のことを言います。

正規化の目的は、データの一貫性を保つことです。たとえば、あるデータを修正することになった場合、そのデータが複数のレコードにまたがって存在していたら、それらすべてのデータを修正しなければデータの一貫性を保つことができません。同じデータであれば、修正は1ヶ所だけで済ませたいものです。

具体的な例を見てみましょう。正規化を行わなかった場合と正規化を行った場合を比較し、データの修正がどれほど大変になってしまうのかを比較してみることにします。

次のテーブルは、社員データが格納されている正規化前のテーブルです。

■ 正規化前

旧社員テーブル

コード	名前	ふりがな	性別	年齢	誕生日	部署名
101	立石 沙知絵	たちいし さちえ	女	55	1963/3/14	総務部
102	水田 米蔵	みずた よねぞう	男	54	1964/7/7	営業部
103	菅井 亮	すがい りょう	男	46	1971/9/8	総務部
104	三木 圭	みき けい	男	38	1979/12/2	開発部
105	八木 慶太	やぎ けいた	男	21	1996/11/2	開発部

　このテーブルは、正確には第一正規形と言います。このテーブルを旧社員テーブルとしましょう。これまでに紹介した社員テーブルや部署テーブルと見比べてみてください。
　ここで、部署名の「総務部」が「総務人事部」に変更になったとしましょう。これまでに紹介した社員テーブルと部署テーブルの例では、部署テーブルにて部署コード「10」の部署名を「総務部」から「総務人事部」に変えるだけで済みます。

■ 正規化後

社員テーブル

コード	名前	ふりがな	性別	年齢	誕生日	部署コード
101	立石 沙知絵	たちいし さちえ	女	55	1963/3/14	10
102	水田 米蔵	みずた よねぞう	男	54	1964/7/7	20
103	菅井 亮	すがい りょう	男	46	1971/9/8	10
104	三木 圭	みき けい	男	38	1979/12/2	30
105	八木 慶太	やぎ けいた	男	21	1996/11/2	30

部署テーブル

コード	名称
10	総務人事部
20	営業部
30	開発部

　しかし、旧社員テーブルでは、社員コード「101」と「103」の2ヶ所の部署名を「総務部」から「総務人事部」に変更する必要があります。つまり、総務部に所属している社員の数だけ、データを変更する必要があるのです。データの変更が一ヶ所だけで済むほうが、データを保守しやすいのは言うまでもないでしょう。
　正規化は、データベース設計を行ううえでとても重要です。正規化を理解せずにいい加減なデータベース設計を行うと、あとでデータの修正が大変になってしまいます。
　正規化は、SQL Serverに限らず、リレーショナルデータベース設計の必須となる知識です。本書ではこれ以上詳しく述べませんが、データが冗長化しないように、美しいデータベース設計にこだわるのであれば、必然的に正規化されたテーブル構造となっていくことでしょう。

第2章 まとめ

　データベースシステムが異なっても、基本的にはデータベースオブジェクトの種類にそれほど違いはありませんが、一部のデータベースシステムでは、SQL99以降の規格で追加された機能が実装されていないものもあります。

　SQL Serverはさすが商用データベースであるがゆえ、多機能です。ストアドプロシージャとストアドファンクションで流れのあるプログラムを作成したり、トリガーでデータ変更が行われた直後に自動的に決められた処理を実行したりすることができます。

　SQL Serverのデータ型についても、データベースシステムによる違いが多少あります。SQL Serverの文字列型にはUnicode文字列専用のデータ型があり、バイナリデータはバイナリ値を文字列として扱います。日付型のデータ型はSQL Serverでもバージョンによって若干の違いがあります。そのほか、推奨されないデータ型についても説明しました。また、会計システムなどで金額を扱う場合、浮動小数点型のFLOAT型やREAL型は誤差が発生するおそれがあるため絶対に使わないようにしましょう。

　SQL Serverのキーと制約について、これについてもデータベースシステムでおおむね共通化されている内容なのですが、とくに重要なのが主キーと外部キーです。また、NULLは非常にやっかいな存在なので、NOT NULL制約やDEFAULT制約を使い、テーブルになるべくNULLという存在が発生しないようにしましょう。これらに関しては、意外なほど無知な技術者が多いことも説明しました。主キーが存在しないテーブルが多数存在したり、外部キーやNOT NULL制約の存在を知らないものがデータベースを設計すべきではありません。

　また、インデックスは、一般的にデータ検索は早くなるがデータ追加や更新が遅くなるので注意が必要です。

SQL Serverの運用と管理

　本章では、実際にSQL Serverをインストールし、データベースの作成からテーブルの作成までを説明します。その後、データベース管理業務について必要な知識を紹介します。本章は、以下の8つの節から構成されています。

3-1　SQL Server 2017のインストール
3-2　SQL Server Management Studioの使い方
3-3　SQL Serverのセキュリティ管理
3-4　データベースのバックアップ
3-5　データベースの監視
3-6　データのインポート／エクスポート
3-7　データベースの公開
3-8　Azure SQL Databaseの利用

　3-8では、MicrosoftのクラウドサービスであるMicrosoft Azureが提供するSQL Serverのクラウド版、Azure SQL Databaseについて紹介します。
　なお、本書執筆時点のSQL Serverの最新バージョンは「SQL Server 2017」ですが、次期バージョンである「SQL Server 2019」のプレビュー版もすでにリリースされています。そのため、3-1で解説するSQL ServerやSQL Server Management Studioのインストール手順やそれ以降で紹介する操作手順などが異なる場合があります。ご了承ください。リリース前のSQL Server 2019の情報については、以下を参照してください。

・SQL Server 2019 プレビュー の新機能
　https://docs.microsoft.com/ja-jp/sql/sql-server/what-s-new-in-sql-server-ver15?view=sqlallproducts-allversions

3-1 SQL Server 2017のインストール

本節では、SQL Server 2017を例にしてインストールする方法について説明します。対象となるエディションは、無償で利用可能なExpress Editionです。SQL Server 2017 Express Editionのインストールに必要な端末のスペック、およびSQL Server 2017 Express Editionの仕様などについては、1-1を参照してください。

SQL Server 2017 Expressのインストール

まずは、SQL Server 2017 Express EditionのインストーラーをMicrosoftのWebサイトからダウンロードする必要があります。ダウンロードサイトのURLは、以下のとおりです。

・Microsoft ダウンロード センター - Microsoft SQL Server 2017 Express
https://www.microsoft.com/ja-jp/download/details.aspx?id=55994

URLを入力しなくても、Webブラウザで「SQL Server 2017 Express ダウンロード」などと検索すれば、当該サイトが見つかります。言語選択では「日本語」を選択し、［ダウンロード］ボタンをクリックします。

■SQL Server 2017 Express Editionのダウンロードサイト

第3章 SQL Serverの運用と管理

　ダウンロードされるファイルのファイル名は「SQLServer2017-SSEI-Expr.exe」です。ダウンロード完了後、このファイルをダブルクリックして実行します。

　実行すると、次のようなウィンドウが表示されます。いちばん左側の「基本」は、基本的な構成でSQL Serverをインストールします。真ん中の「カスタム」は、インストールの詳細設定を手動で指定してSQL Serverをインストールします。「メディアのダウンロード」は、SQL Serverのインストールに必要なセットアップファイルを任意のフォルダにダウンロードします。

1 本書では、基本的な構成でSQL Serverをインストールします。いちばん左側の[基本]をクリックします。

■ インストールの種類の選択

2 ライセンス条項のウィンドウが表示されるので、ライセンス条項を確認し、[同意する]ボタンをクリックします。

■ ライセンス条項の確認

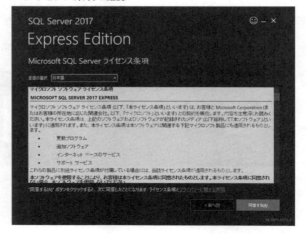

3-1　SQL Server 2017のインストール

3 続いて、インストール先のパスを指定するウィンドウが表示されます。別のドライブを指定するなど、とくに変更がなければ、そのまま［インストール］ボタンをクリックします。

■インストール先の選択

4 ダウンロードとインストールが開始されます。

■インストールの開始

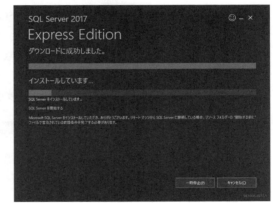

5 しばらく待つと、インストールが完了したメッセージが表示されます。

■インストールの完了

このウィンドウのいちばん上のテキスト欄には、インストールしたSQL Serverデータベースに接続するための「接続文字列」が表示されています。この接続文字列には接続先のサーバー名として「localhost」が指定されており、つまりインストールしたコンピューターでのみ有効な接続文字列ということになります。

また、接続先のデータベースも「master」になっています。参考にするにはよいかもしれませんが、とくに控えておく必要はありません。

SQL Server Management Studio 2017のインストール

SQL Server Management Studio 2017は、P.69のインストールの完了画面で［SSMSのインストール］ボタンをクリックすることで、ダウンロードサイトを表示することができます。

表示されるダウンロードサイトが英語版のSQL Server Management Studioの場合、ツールの内容がすべて英語表記になってしまします。ただ、Webサイトの表記自体が英語表記になっていますので、すぐに気付くかと思います。

■英語版SQL Server Management Studio 2017のダウンロードサイト

■英語版でのインストールが開始してしまう

英語版のインストールが開始してしまう場合は、インストールを中止してください。日本語版のインストールは、次ページの手順で行います。

3-1 SQL Server 2017のインストール

1. Webブラウザで「SQL Server Management Studio 2017 日本語」と検索し、日本語サイトのダウンロードサイトを表示します。

■ 日本版SQL Server Management Studio 2017 のダウンロードサイト

2. このページを少し下にスクロールし、[日本語]をクリックして日本語版のインストーラーをダウンロードします。

■ 日本語版のダウンロード

3. ファイル名は「SSMS-Setup-JPN.exe」で、ファイル名の末尾に「-JPN」が付いています。これをダブルクリックして実行すると、インストールが開始します。以降は、画面の指示に従ってインストールを行い、パソコンを再起動します。

■ 日本語版でのインストールが開始

3-2 SQL Server Management Studioの使い方

SQL Serverに対する大半の作業は、SQL Server Management Studioから行います。本節では、データベースの作成とテーブルの作成をSQL Server Management Studioを通して行う方法を説明します。

SQL Server Management Studioでデータベースに接続する

まずは、SQL Serverデータベースに接続します。SQL Server Management Studioを起動すると、次のようなログイン画面が表示されます。

■ログイン画面

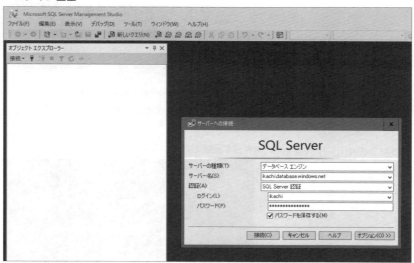

「サーバーの種類」には、接続先のサーバーの種類を選択します。クライアント環境により、「データベース エンジン」「Analysis Services」「Reporting Services」「SQL Server Compact」「Integration Services」などの選択肢がありますが、データベースを作成したりテーブルを作成したりする場合は、「データベース エンジン」を選択します。

「サーバー名」には、接続先のサーバー名（インスタンス名）を入力します。サーバー名を直接手入力するほか、コンボボックスから該当するサーバー名を選択したり、SQL Serverがインストールされているコンピューターを検索して指定したりすることも可能です。「(local)」や「localhost」と入力した場合は、自分自身のコンピューターにインストールされているSQL Serverの「既定のインスタンス」に対して接続を行います。

「認証」には、「Windows認証」か「SQL Server認証」を選択して指定します。「Windows認証」にした場合、その下の「ログイン」と「パスワード」は入力できません。「SQL Server認証」にした場合は「ログイン」と「パスワード」の入力は必須です。

SQL Serverをインストールした直後の状態だと、「sa」という管理者ユーザーが最初から作成されています。この「saユーザー」のパスワードについては、SQL Serverのインストール時に設定したはずですので、「ログイン」には「sa」、パスワードにはそのときに設定したパスワードを入力します。

すべて入力したら、[接続]ボタンをクリックします。入力した情報が正しければ、指定のデータベースに対して接続できます。接続が無事完了すると、次のような画面になります。

■SQL Server Management Studioのメイン画面

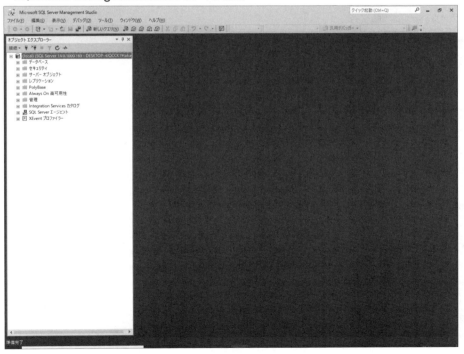

第3章 SQL Serverの運用と管理

　これが、SQL Server Management Studioのメイン画面です。画面左側のツリー構造のビューを、「オブジェクトエクスプローラー」と言います。この「オブジェクトエクスプローラー」には、接続中のデータベースに関する情報が表示されています。SQL Server Management Studioは、複数のデータベースに対して同時に接続することも可能です。その場合、画面上部のメニューバーより［ファイル］→［オブジェクトエクスプローラーを接続］の順にクリックします。先ほどのログイン画面が表示されるので、新たな接続先データベースを指定すると「オブジェクトエクスプローラー」に指定したデータベースが追加されます。

データベースの作成

　SQL Server Management Studioで新たなデータベースを作成する場合、前述の方法でまずはデータベースを作成するサーバーに接続し、画面左側の「オブジェクトエクスプローラー」で［データベース］を右クリックし、［新しいデータベース］を選択します。
　すると、次のような「新しいデータベース」画面が表示されるので、「データベース名」にこれから作成するデータベースの名前を入力し、［OK］ボタンをクリックします。

■「新しいデータベース」画面

　データベース作成と同時に、さまざまな設定を行うことが可能です。たとえば、データベース名の下の「所有者」には、そのデータベースに対してすべての権限を持つユーザー

を指定します。とくに指定がなければ、SQL Server Management Studioにログインしたユーザーアカウントがそのデータベースの所有者となります。

　また、その下の「データベースファイル」は、これから作成するデータベースの実際のファイルの詳細を指定することができます。たとえば、データベースのファイルは拡張子が「mdf」と「ldf」の2つのファイルに分かれます。mdfファイルは、データベースのデータに関するファイルです。ldfファイルは、データベースのログに関するファイルです。mdfは「データベースファイル」、ldfは「トランザクションログファイル」と呼ばれています。SQL Server Management Studioでデータベースを作成する際は、これらのファイルの保存先のパスを変更することができます。

　さらに、データベース単位での照合順序の設定（9-6参照）や、データベースの復旧モデル（3-4参照）などの指定も、データベースの作成時に行うことができます。

テーブルの作成

　今度は、先ほど作成したデータベースに対し、テーブルを追加してみましょう。「オブジェクトエクスプローラー」より［データベース］をクリックして選択し、先ほど作成したデータベースから［テーブル］を右クリックします。表示されたプルダウンメニューから、［新しいテーブル］もしくは［新規作成］→［テーブル］をクリックすると、次のような画面になります。

■ テーブルの作成画面

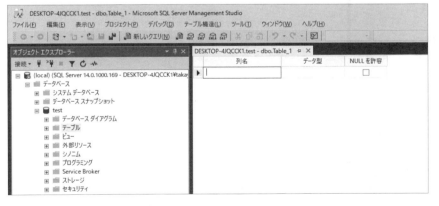

　この画面では、作成するテーブルの列名およびそのデータ型、NULLを許容するかどうかを指定します。また、列ごとのプロパティは、画面下部の「列のプロパティ」ウィンド

ウにて指定します。ここでは、列に関する照合順序の指定やIDENTITYの定義（9-5参照）などを行うことができます。

また、入力した列名の上で右クリックすると、主キーや外部キーの設定、CHECK制約の設定などを行うことができます。

テーブル名の指定は、画面右側の「プロパティ」ウィンドウで行います（「プロパティ」ウィンドウが表示されない場合は、画面を右クリックして表示されるメニューで「プロパティ」をクリック）。初期表示では「Table_1」となっていますので、これを任意の名前に入力し直します。

すべて完了したら、メニューバーで［ファイル］→［(テーブル名) を保存］の順にクリックするか、ツールバーの［(テーブル名) を保存］アイコン（フロッピーディスクのアイコン）をクリックします。

すると、「オブジェクトエクスプローラー」にて「テーブル」の下に、作成したテーブル名が表示されるのを確認することができます（表示されない場合は F5 キーを押して情報を更新）。

■作成したテーブルの表示

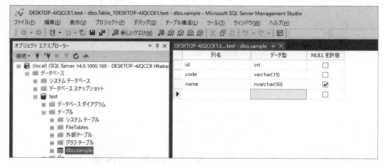

ちなみに、テーブル名には「dbo」という接頭辞が付加されていますが、これはこのテーブルの所有者を示しています。「dbo」は「Database Owner」の略で、すなわちこのデータベースの所有者であるデータベース管理者「sa」が作成したテーブルであることを表します。

データの入力・更新・削除

続いて、作成したテーブルにデータを入力してみましょう。「オブジェクトエクスプローラー」に表示されているテーブル名を右クリックし、［上位200行の編集］を選択します。

3-2 SQL Server Management Studioの使い方

■［上位200行の編集］を選択

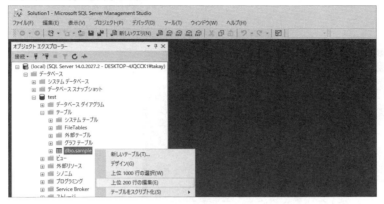

　右側に表示されたウィンドウにて、Excelの表を入力するような感覚でデータを入力することができます。列の移動をカーソルキーで行い、Enterキーを入力すると入力中の行が確定します。右クリックしてデータのコピーや貼り付けなども行えます。

■Excelの表を入力するような感覚でデータを入力できる

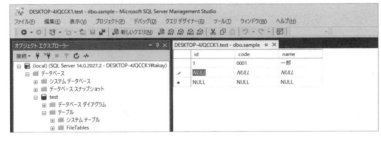

　データの更新は、データ入力と同様［上位200行の編集］を選択して行いますが、200件以上のデータが保存されているテーブルの場合、200件のデータしか表示されません。200件のデータの並び順については、ORDER BY句（P.165参照）のないSELECTステートメントのため確証できません。
　データを削除する場合は、削除したい行を選択してDeleteキーを押します。複数行のデータを選択することで、データをまとめて削除することも可能です。

テーブルの表示

　入力・編集したデータを再度確認するためにテーブルを表示する場合は、同様に右クリッ

クメニューの［上位200行の編集］から確認するか、もしくは［上位1000行の選択］から行います。

■［上位1000行の選択］を選択

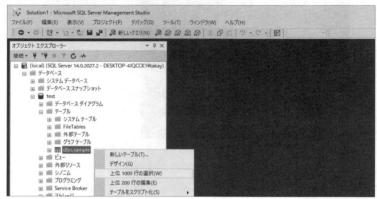

［上位1000行の選択］を選択した場合、1000件のデータを抽出するSELECTステートメントが生成され、その実行結果が表示されます。しかし、ORDER BY句がないSELECTステートメントのため、表示されるデータの順番は確証できません。

■テーブルの内容を表示

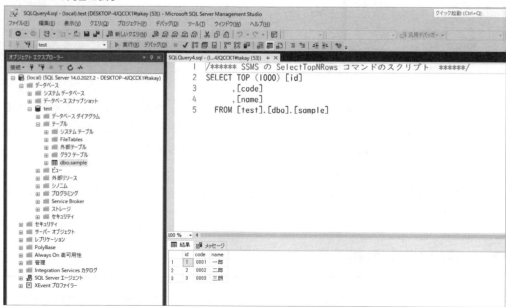

クエリの実行

データベースに対するクエリの実行も、SQL Server Management Studioから行うことができます。画面左上にある［新しいクエリ］ボタンをクリックすると、クエリを入力するための白紙のテキストエディタが開きます。

■ クエリを入力するためのテキストエディタ

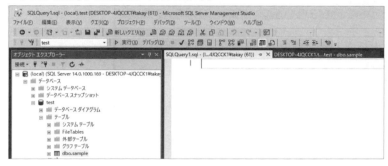

「新しいクエリ」ボタンをクリックするたびに、白紙のテキストエディタが追加され、追加されたテキストエディタは画面上部のタブによって切り替えることができます。データベースの接続先はテキストエディタごとに保持されるので、最初に開いたテキストエディタはデータベースAに接続し、次に開いたテキストエディタはデータベースにBに接続といったように、個々に指定が可能です。

さて、クエリを実行する対象となるデータベースは、ツールバーの「使用できるデータベース」コンボボックスからデータベース名を選択します。もしくは、表示されているクエリのウィンドウにて、USEコマンドを実行します。

構文

```
USE ［接続先データベース名］;
```

たとえば、「test」というデータベースに対してクエリを実行する場合、以下のコマンドを実行することで、コマンドの実行先をtestデータベースに切り替えることができます。

```
USE test;
```

コマンドの実行は、ツールバーの「使用できるデータベース」コンボボックスの右隣り

にある［実行］ボタンをクリックするか、キーボードの F5 キーを押します。
　同様の手順で、後はクエリを指定のデータベースに対し、実行することができます。クエリの実行結果は、画面下部に表示されます。

■ クエリの実行結果を表示

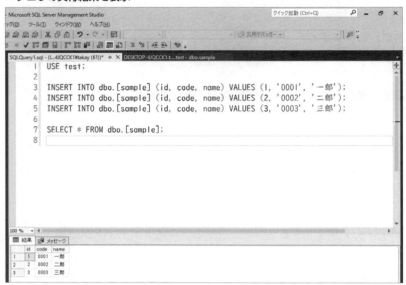

　結果セットを伴うクエリの実行結果は、初期状態ではグリッド表示となっていますが、これをテキスト形式で出力するようにしたり、ファイルに出力するに変更することも可能です。これを変更するには、メニューバーから［ツール］→［オプション］の順にクリックし、表示された「オプション」ダイアログの左側の［クエリ結果］をクリックして、「結果の既定の出力先」を変更します。

■ クエリの実行結果の出力先の変更

3-2 SQL Server Management Studioの使い方

また、結果セットをグリッドに出力した場合は、グリッド上で右クリックし、[結果に名前を付けて保存]をクリックすることで、結果セットをCSVファイルに出力することも可能です。

Column ◗ クエリでテーブルを操作

クエリで新たなテーブルを作成したり、既存テーブルの列情報などを更新したり、既存のテーブルを削除する方法について、説明します。

テーブルオブジェクトの作成や変更、削除に関する基本的な構文は、他のデータベースオブジェクトの作成／変更／削除にも応用が効きます。たとえば、テーブル作成はCREATE TABLE、ストアドプロシージャの作成はCREATE PROCEDUREといった感じです。

これらは、SQL92標準に準拠するため、他のリレーショナルデータベースシステムについても、おおむね同じようなコマンドです。

・テーブルの作成

クエリでテーブルを作成する構文は、次のとおりです。

構文

```
CREATE TABLE [テーブル名]
(
    [列名1] [データ型1]
  , [列名2] [データ型2]
  , [列名3] [データ型3]
    ...
);
```

テーブル作成時に、列に対していくつかの制約を設けることができます。たとえば、指定の列をNOT NULL制約にするには、制約を設定したいカラムの後ろに「NOT NULL」と記述します。

構文

```
CREATE TABLE [テーブル名]
(
    [列名1] [データ型1] NOT NULL
  , [列名2] [データ型2]
  , [列名3] [データ型3]
    ...
);
```

81

前述の構文では、[列名1]に対してNOT NULL制約を設定しています。

同様に、主キーであれば列名の後ろに「PRIMARY KEY」、ユニークキーであれば列名の後ろに「UNIQUE」と記述します。DEFAULT制約であれば、次のように列名の後ろに「DEFAULT」と記述し、さらにその後ろに初期値を指定します。

構文

```
CREATE TABLE [テーブル名]
(
    [列名1] [データ型1] DEFAULT [初期値]
  , [列名2] [データ型2]
  , [列名3] [データ型3]
    ...
);
```

・テーブルの削除

既存のテーブルを削除するには、DROP TABLEコマンドを実行します。DROP TABLEコマンドの構文は、次のとおりです。

構文

```
DROP TABLE [テーブル名];
```

・既存のテーブルを変更する

既存のテーブルを変更する場合や列の追加／削除を行う場合は、それぞれ構文が異なります。

新たな列を追加する場合は、次のとおりです。

構文

```
ALTER TABLE [テーブル名] ADD [列名] [データ型];
```

既存の列を変更する場合は、次のとおりです。

構文

```
ALTER TABLE [テーブル名] ALTER COLUMN [列名] [データ型];
```

既存の列を削除する場合は、次のとおりです。

3-2　SQL Server Management Studioの使い方

構文

```
ALTER TABLE [テーブル名] DROP COLUMN [列名];
```

また、既存テーブルに対して主キーなどのキー設定や制約の設定を行う場合も、ALTER
コマンドを使用します。

構文

```
ALTER TABLE [テーブル名]
    ADD CONSTRAINT [キー名] PRIMARY KEY([列名1], [列名2], ...);
```

外部キーの設定を行う場合は、次のとおりです。

構文

```
ALTER TABLE [テーブル名1]
    ADD CONSTRAINT [キー名]
        FOREIGN KEY([テーブル名1の列名]) REFERENCES [テーブル名2]
([テーブル名2の列名]);
```

[テーブル名1]は、外部キーを設定するテーブル名です。[テーブル名1の列名]には、外
部キーを設定するテーブル名1の列名を指定します。[テーブル名2]は、外部参照されるテー
ブル名を指定します。[テーブル名2の列名]には、外部参照されるテーブル名2の列名を指
定します。
　既存テーブルに対して主キーや外部キーを削除するには、次の構文を使用します。

構文

```
ALTER TABLE [テーブル名]
    DROP CONSTRAINT [キー名];
```

指定できるキーの種類は、主キーでも外部キーでも構いません。また、主キーは次の構文
でも削除することができます。

構文

```
ALTER TABLE [テーブル名]
    DROP PRIMARY KEY;
```

主キーを削除する際、主キーはテーブルに1つしか設定することができないので、キー名を指定する必要はありません。テーブル名の指定で削除することが可能です。

・テーブルにデータを追加
　テーブルにデータを追加するには、INSERTコマンドを使用します。

■ 構文

```
INSERT INTO [テーブル名] (
    [列名1],
    [列名2],
    ...
)
VALUES (
    [値1],
    [値2],
    ...
);
```

　テーブルに存在するすべてのカラムを指定する場合は、列名の指定を省略し、次のように記述することができます。この場合、指定したテーブルのすべてのカラムに追加する値を上から順番に指定します。

■ 構文

```
INSERT INTO [テーブル名]
VALUES (
    [値1],
    [値2],
    ...
);
```

・**テーブルのデータを更新／削除**
　テーブルの既存データを更新するにはUPDATEコマンドを、削除するにはDELETEコマンドを使用します。

3-2 SQL Server Management Studioの使い方

構文

```
UPDATE ［テーブル名］
SET
    ［列名1］ = ［値1］,
    ［列名2］ = ［値2］,
    ・・・
WHERE ［条件］;
```

構文

```
DELETE FROM ［テーブル名］ WHERE ［条件］;
```

　WHERE句を指定した場合は、条件に合致するレコードのみが更新／削除の対象となります。指定しなかった場合は、すべてのレコードが更新／削除の対象となります。

・テーブルのデータを取得

　テーブルからデータを取得するにはSELECTコマンドを使用します。

構文

```
SELECT *
    FROM ［テーブル名］
    WHERE ［条件］;
```

　すべてのレコードを示す「*」の代わりに列名を指定したり、取得した列名にAS句を使って別名を付けたり、「TOP 50 PERCENT」のように上位50%のレコードを指定したりすることもできます。WHERE句を指定した場合は、条件に合致するレコードのみ取得します。そのほかにもレコードをグルーピングしたり並べ替えたりするHAVING句やGROUP BY句、ORDER BY句などが使えますが、これらは後述します。

第 3 章　SQL Serverの運用と管理

3-3 SQL Serverの セキュリティ管理

本節では、SQL Serverでのセキュリティ管理について説明します。おもに、データベースのユーザーとロール、およびその各々に設定できる権限について詳述します。また、本節の後半には、データを暗号化する技術についても説明します。

Windows認証モードとSQL Server認証モードの違い

SQL Serverへの接続については、Windows認証モードとSQL Server認証モードの2種類が存在することは1-2で説明しました。では、この認証方法の違いはセキュリティの面から見た場合、どのような違いがあるのでしょうか。

・Windows認証モードの場合

まず、Windows認証モードの場合、Windows OSにログインする際のアカウントをもってSQL Serverに接続します。Windows OSにログインした時点でSQL Serverに接続する権利も得ているわけですから、Window OSへのログインがSQL Serverから全面的に信頼されているわけです。そのため、Windows認証モードによる接続のことを「信頼関係接続」とも言います。

・SQL Server認証モードの場合

これに対し、SQL Server認証モードは、SQL Serverに接続する際に再度、Windowsユーザーアカウントとは一切関係ないユーザーアカウントとパスワードの入力が必要となります。Windows認証モードの「信頼関係接続」に対し、SQL Server認証モードは「非信頼関係接続」と言います。

Windows認証モードの場合、SQL Serverへの接続に改めての認証を行っていないため、複数のユーザーが同じコンピューターを使いまわす場合には適していません。たとえば、総務部と営業部が同じWindowsユーザーアカウントを使いまわす場合、総務部も営業部も同じユーザーアカウントをもってSQL Serverに接続することになります。そうすると、営業部にしか閲覧させたくない営業成績を総務部が閲覧したり、総務部にしか閲覧させた

くない社員データを営業部が閲覧することができてしまいます。もちろん、アプリケーションレベルで再度認証させることにより、閲覧権限を切り分けることは可能です。あくまで、SQL Serverに接続する時点での例として挙げています。しかし、Windows認証モードを利用するメリットがWindows OSのログインからSQL Serverへのログインをシームレスに行うことであるとするならば、本末転倒な解決策です。

したがって、Windows認証モードは、WindowsユーザーアカウントとSQL Serverへの接続ユーザーアカウントがしっかりと紐づけでき、かつWindows ServerのActive Directoryなどによってしっかり管理されているネットワーク環境が理想と言えます。逆に、それ以外はSQL Server認証モードを使用すべきでしょう。

また、スタンドアロン方式でデータベースアプリケーションを構築する場合、Windows認証モードだとWindowsログインアカウントを知っているだけのユーザーがデータベースにもアクセスできてしまう危険性もあります。SQL Serverのインストールの際、選択できる認証モードは「Windows認証モード」と「混合モード」(Windows認証モードとSQL Server認証モード)の2種類だけなので、いずれにせよWindows認証モードはデフォルトとして使用可能な状態になっています。つまり、SQL Serverをインストールした管理者権限を持つWindowsユーザーアカウントでログイン可能なユーザーは、SQL Serverにも自由にアクセスできてしまいます。

これだといろいろとセキュリティ的に不都合がある場合もあるかと思いますので、データベースサーバーからWindows認証モードを使用できなくする方法については、9-3で説明します。

ユーザーとロールと権限

SQL Serverのユーザーには、データベースに接続する際のユーザーとデータベースを使用するユーザーの2種類が存在することは1-2ですでに述べました。先ほどの認証モードの違いは、データベースに接続する際のユーザーに関する説明に属しますが、今度はデータベースを使用するユーザーについて説明します。

SQL Serverは、さまざまなデータベースオブジェクトに対し、ユーザーごとに読み取りや書き込みなどの権限を設定することができます。また、ユーザー単位の権限設定だけでなく、ユーザーをある特定のグループに分類し、そのグループごとに権限を設定することも可能です。このグループのことを「ロール」と言います。

たとえば、user1というユーザーがgroup1というロールに属している場合、そのユーザーに権限を付与するには、user1に対して権限を付与することも、group1に対して権限を付

第3章　SQL Serverの運用と管理

与することも可能です。ちなみに、セキュリティに関する説明において、データベースオブジェクトのことをリソース（Resorce：資源）などと呼ぶ場合があります。

　ロールには、

・サーバーレベルのロール
・データベースレベルのロール
・アプリケーションロール

の3種類が存在します。

・サーバーレベルのロール

　サーバーレベルのロールは、サーバー上の権限を管理するためのロールです。SQL Serverは、以下の9つの固定のサーバーロールを提供しています。

■ 固定サーバーロール

固定サーバーロール	説明
sysadmin	サーバーに対するすべての操作を実行できる
serveradmin	サーバー全体の構成オプションを変更したり、サーバーをシャットダウンしたりできる
securityadmin	ログインとログインのプロパティを管理する
processadmin	SQL Serverのインスタンス内で実行中のプロセスを終了できる
setupadmin	Transact-SQLステートメントを使用して、リンクサーバーを追加および削除できる
bulkadmin	BULK INSERTステートメントを実行できる
diskadmin	ディスクファイルを管理するために使用する
dbcreator	任意のデータベースを作成、変更、削除、および復元できる
public	すべてのSQL Serverログインは、publicサーバーロールに属している

　また、次のように「sp_helpsrvrole」システムストアドプロシージャを利用することで、サーバーレベルのロールの一覧を取得することができます。

```
EXECUTE sp_helpsrvrole;
```

　実行結果は次のようになります。

■実行結果

```
ServerRole        Description
---------------   -----------------------------------
sysadmin          System Administrators
securityadmin     Security Administrators
serveradmin       Server Administrators
setupadmin        Setup Administrators
processadmin      Process Administrators
diskadmin         Disk Administrators
dbcreator         Database Creators
bulkadmin         Bulk Insert Administrators
```

　また、次のように「sp_helpsrvrolemember」システムストアドプロシージャを利用することで、ロールに所属するユーザーの一覧を取得することができます。

```
EXECUTE sp_helpsrvrolemember;
```

　こちらの実行結果は次のようになります。

■実行結果

```
ServerRole     MemberName                MemberSID
------------   -----------------------   ----------------------------------------
sysadmin       sa                        0x01
sysadmin       NT AUTHORITY¥SYSTEM       0x010100000000000512000000
sysadmin       NT SERVICE¥MSSQLSERVER    0x0106000000000000550000000E20F4FE7
                                         B15874E48E19026478C2DC9AC307B83E
sysadmin       PC-IKARASHI¥IKARASHI      0x0105000000000005150000059ECEC2C
                                         A8E807AB3A04C7E3E9030000
```

　ロールに所属するユーザーには、次のようなものがあります。

・SQL Server認証ログイン
・WindowsユーザーのWindows認証ログイン
・WindowsグループのWindows認証ログイン
・Active Directoryユーザーの Azure Active Directory認証ログイン
・Active Directoryグループの Azure Active Directory認証ログイン
・サーバーロール

第 3 章　SQL Serverの運用と管理

これを「プリンシパル」と言います。

・データベースレベルのロール

　では、次にデータベースレベルのロールを見てみましょう。データベースレベルのロールは、データベース上の権限を管理するためのロールです。SQL Serverは、以下の固定データベースロールを提供しています。

■固定データベースロール

固定データベースロール	説明
db_owner	データベースでのすべての構成作業とメンテナンス作業を実行でき、SQL Serverでデータベースを削除することもできる
db_securityadmin	ロールのメンバーシップを変更し、権限を管理できる
db_accessadmin	Windowsログイン、Windowsグループ、およびSQL Serverログインのデータベースに対するアクセスを追加または削除できる
db_backupoperator	データベースをバックアップできる
db_ddladmin	すべてのDDL（データ定義言語）コマンドをデータベースで実行できる
db_datawriter	すべてのユーザーテーブルのデータを追加、削除、または変更できる
db_datareader	すべてのユーザーテーブルからすべてのデータを読み取ることができる
db_denydatawriter	データベース内のユーザーテーブルのデータを追加、変更、または削除することはできない
db_denydatareader	データベース内のユーザーテーブルのデータを読み取ることはできない

　また、次のように「sp_helprole」システムストアドプロシージャを利用することで、サーバーレベルのロールの一覧を取得することができます。

```
EXECUTE sp_helprole;
```

　実行結果は次のようになります。

■実行結果

```
RoleName                 RoleId   IsAppRole
-------------------      -------  -----------
public                   0        0
db_owner                 16384    0
db_accessadmin           16385    0
db_securityadmin         16386    0
db_ddladmin              16387    0
db_backupoperator        16389    0
```

```
db_datareader        16390    0
db_datawriter        16391    0
db_denydatareader    16392    0
db_denydatawriter    16393    0
```

また、「sp_helprolemember」システムストアドプロシージャを利用することで、ロールに所属するユーザーの一覧を取得することができます。

```
EXECUTE sp_helprolemember;
```

実行結果は次のようになります。

■実行結果

```
DbRole        MemberName  MemberSID
-----------   ----------- ----------------
db_owner      dbo         0x01
```

・アプリケーションロール

最後に、アプリケーションロールについて説明します。

アプリケーションロールは、ユーザーが作成したアプリケーション単位でロールを作成することができます。すなわち、特定のアプリケーションを使用しているユーザーにのみ、適用されるロールです。

アプリケーションロールは、「sp_setapprole」ストアドプロシージャを使用して有効化されます。これには、パスワードが必要となります。また、アプリケーションロールは、データベースレベルのプリンシパルであり、サーバーレベルのプリンシパルとは関連付けされていません。

SQL Server 2005以降の「sp_setapprole」ストアドプロシージャには、Cookieを作成するオプションがあります。このオプションを指定した場合、アプリケーションロールの開始後に、ユーザーがアプリケーションロール開始以前のロールに戻る場合でも、SQL Serverに対して再接続する必要がありません。

逆に、sp_setapproleストアドプロシージャの実行時にCookieを作成するオプションを指定しなかった場合、アプリケーションロール開始前のロールに戻す場合、SQL Serverに対して再接続する必要があります。

第3章 SQL Serverの運用と管理

・ロールの作成と削除
　では、今度はロールを作成したり、削除したりする方法を見てみましょう。前述の3種類のロールは、すべてSQL Server Management Studioから行うことができます。

■ロールの新規作成画面

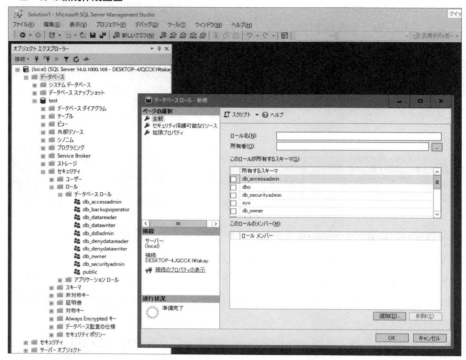

　サーバーロールは、画面左側の「オブジェクトエクスプローラー」にて、接続中のインスタンス名より［セキュリティ］→［サーバーロール］の順に展開すると、上記の図のように、既存のサーバーロールを確認することができます。
　データベースロールは、同じく「オブジェクトエクスプローラー」にて、「データベース」から該当するデータベースを選択し、［セキュリティ］→［ロール］→［データベースロール］の順に展開します。同一階層に、「アプリケーションロール」もあります。
　新たなロールを作成する場合は、ロールのフォルダを右クリックし、［新規作成］もしくは［新しいデータベースロール］をクリックします。既存のロールを削除する場合は、対象とするロールを右クリックし、［削除］をクリックします。ただし、上記の固定ロールについては、削除することができません。
　ロールについて、クエリを実行することでも追加や削除が可能です。まず、サーバーロー

ルを作成するには、次の構文を実行します。

構文

```
CREATE SERVER ROLE [ロール名] AUTHORIZATION [プリンシパル] ;
```

[ロール名]には、作成するロールの名前を指定します。ロール名の後ろの「AUTHORIZATION [プリンシパル]」は、省略可能です。この記述は、作成するサーバーロールの所有者を指定します。プリンシパルに該当するユーザーが、このロールの所有者となります。「AUTHORIZATION」の記述を省略した場合、このCREATE SERVER ROLEコマンドを実行したユーザーが所有します。

また、データベースロールを作成する場合は、次の構文を実行します。

構文

```
CREATE ROLE [ロール名] AUTHORIZATION [プリンシパル];
```

サーバーロールの作成との違いは、CREATEの後ろに「SERVER」があるかどうかの違いだけです。「SERVER」がない場合、データベースロールの作成となります。「DATABASE」を指定することはできません。

既存のロールを削除する場合は、サーバーロールであれば「DROP SERVER ROLE」コマンドを、データベースであれば「DROP ROLE」コマンドを実行します。

サーバーロールの場合の構文は以下になります。

構文

```
DROP SERVER ROLE [ロール名];
```

データベースロールの場合の構文は以下になります。

構文

```
DROP ROLE [ロール名];
```

・ユーザーやロールの権限

ユーザーやロールに対し、権限を付与したりはく奪したりする方法について見てみましょう。

第3章 SQL Serverの運用と管理

　SQL Serverを混合モードでインストールした直後、SQL Serverの管理者ユーザーアカウントとして、「sa」というユーザーアカウントが作成されています。そのため、最初は「sa」ユーザーでSQL Serverにログインし、新たなユーザーを生成したり、データベースオブジェクトを生成するわけです。

　権限は、データベースオブジェクトに対して行われます。たとえば、テーブルやビューに対して、データを参照したり追加／更新／削除する権限を付与／はく奪したり、ストアドプロシージャやストアドファンクションに対して、実行権限を付与／はく奪したりすることができます。

　ユーザーやロールなどのプリンシパルに対し、データベースオブジェクトへの権限を付与したりはく奪したりするには、SQL Server Management Studioから行うことができます。対象とするデータベースオブジェクトを右クリックし、「プロパティ」をクリックしてプロパティを開き、プロパティ画面左の「ページの選択」にて「権限」を選択します。権限を設定するユーザーもしくはロールを指定し、設定する権限に対し、チェックを付けるか外します。

■権限の付与とはく奪

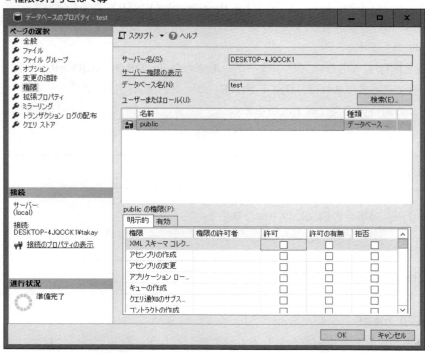

SQL Serverがサポートする暗号化アルゴリズム

　ユーザー認証が必要なデータベースアプリケーションを構築するにあたり、パスワードを原文のままデータベースに保存しておくのは、セキュリティ面において、非常に問題です。仮にデータが漏洩したとしても、そのデータが暗号化されていれば、最悪の事態を免れることができます。

　SQL Serverの暗号化には、SQL Server DES、Triple DES、TRIPLE_DES_3KEY、RC2、RC4、128ビットRC4、DESX、128ビットAES、192ビットAES、256ビットAESなど、さまざまなアルゴリズムが提供されています。また、暗号化のメカニズムについても、以下の5つが用意されています。

・Transact-SQL関数
・非対称キー
・対称キー
・証明書
・透過的なデータ暗号化

　本書では、Transact-SQL関数を用いた暗号化について、もう少し詳しく説明します。それ以外の暗号化メカニズムについては、以下のMicrosoft Docsの記事を参照してください。

・暗号化階層
　https://docs.microsoft.com/ja-jp/sql/relational-databases/security/encryption/
　encryption-hierarchy?view=sql-server-2017

　さて、SQL Server 2005以降では、EncryptByPassPhrase関数を使用して、文字列を暗号化することができます。

構文

```
EncryptByPassPhrase([パスフレーズ], [暗号化する文字列]);
```

　第1パラメータのパスフレーズとは、認証を行うための文字列のことで、暗号化するための鍵のようなものです。つまり、

第 3 章　SQL Serverの運用と管理

・EncryptByPassPhrase関数でパスワード文字列を生成していること
・パスフレーズを知っている

　この2つが悪意のある第三者に知れた場合、暗号文を復号化されてしまいます。そのため、パスフレーズには第三者に推測されにくい文字列にすべきです。

　第2パラメータには、暗号化する文字列を指定します。この暗号化する文字列を、まだ暗号化されていないクリアな文字列ということから、クリアテキストとも呼ばれます。

　EncryptByPassPhrase関数は、戻り値として暗号化されたデータを返します。このEncryptByPassPhrase関数は、キーの長さが128ビットのTRIPLE DESアルゴリズムを使用しています。

　復号化は、DecryptByPassPhrase関数を使用します。

▌構文

```
DecryptByPassPhrase([パスフレーズ], [暗号化されたデータ]);
```

　DecryptByPassPhrase関数の第1パラメータには、EncryptByPassPhrase関数で暗号化する際に指定したパスフレーズを指定します。第2パラメータには復号化する暗号化されたデータを指定します。この関数を実行したときの戻り値は、暗号化する前の文字列データ（クリアテキスト）が返ります。

　では、EncryptByPassPhrase関数とDecryptByPassPhrase関数を用いた暗号化の例を見てみましょう。以下のクエリは、文字列をEncryptByPassPhrase関数によって暗号化し、その暗号化したデータをDecryptByPassPhrase関数によって復号化するサンプルです。

```
--原文を定義します。
DECLARE @原文 VARCHAR(100);
SET @原文 = 'これは、暗号化前の原文です。';

--原文を表示します。
PRINT '原文は、[' + @原文 + ']です。';

--暗号化する際のパスフレーズを定義します。
DECLARE @passphrase AS VARCHAR(10);
SET @passphrase = 'SAMPLE';

--原文を暗号化します。
DECLARE @暗号 VARCHAR(MAX);
SET @暗号 = ENCRYPTBYPASSPHRASE(@passphrase, @原文);
```

96

3-3　SQL Serverのセキュリティ管理

```
--暗号化した文字列を表示します。
PRINT '暗号は、[' + @暗号 + ']です。';

--暗号化した文字列を復号化します。
DECLARE @復号 VARCHAR(MAX);
SET @復号 = CONVERT(VARCHAR, DECRYPTBYPASSPHRASE(@passphrase, @暗号));

--復号化した文字列を表示します。
PRINT '再度復号化したものは、[' + @復号 + ']です。';
```

　実行結果は次のようになります。

■実行結果
```
原文は、[これは、暗号化前の原文です。]です。
暗号は、[○○○○○]です。
再度復号化したものは、[これは、暗号化前の原文です。]です。
```

　この例では、EncryptByPassPhrase関数で暗号化を行う際のパスフレーズは、
「SAMPLE」です。前述のとおり、本来であればもっと推測されにくい文字列にすべきです。
　使い方は非常にかんたんであることがおわかりいただけるでしょう。先に述べたとおり、
ユーザーが入力したパスワードをデータベースに保存するようなシステムにおいては、原
文のまま保存せず、必ず上記のような方法をもって暗号化されたデータをデータベース内
に保存すべきでしょう。

Column ● パスワードをクエリで変更する

　パスワードは、SQL Server Managemet Studioからだけでなく、システムストアドプ
ロシージャ「sp_password」を実行することで変更することができます。たとえば、ユーザー
ID「hoge」のパスワードを"password"に変更する場合、次のようにします。

```
sp_password @new = 'password', @loginame = 'hoge';
```

　もちろん、上記ストアドプロシージャを実行可能な権限を持つユーザーでクエリを実行す
る必要があります。

第3章 SQL Serverの運用と管理

3-4 データベースのバックアップ

顧客データや給与データなどの業務で使用している重要なデータが紛失しないよう、万が一の事態に備え、データベースはバックアップすべきです。SQL Serverにはいくつかのバックアップの種類があり、各々の業務に最適なものを選択することができます。

バックアップの重要性

データベースのデータは、常に安全だとは限りません。自然災害によってデータベースサーバーに物理的な被害が及ぶ可能性もありますし、ユーザーが誤ってデータを削除してしまうかもしれません。大切なデータが紛失してしまわないようにも、定期的にデータをバックアップしておく必要があります。

データをバックアップすることにより、最低でもバックアップをとった時点のデータを復元することができます。バックアップをとっていなかった場合、すべてのデータが二度と復元できなくなってしまう危険性があります。

たとえば日々蓄積していた会計データがすべて消し飛んでしまって復旧できないとしたら、一企業としてはかなり問題です。

バックアップの復旧モデル

SQL Serverのバックアップには、「復旧モデル」というプロパティがあります。この「復旧モデル」には、トランザクションログというログファイルが関係します。トランザクションログには、データベース内のすべてのトランザクションと、そのトランザクション処理によって加えられた変更が記録されています。このトランザクションログを利用するかどうかにより、どこまでのデータが復元できるかが決まります。ちなみに、バックアップに対し、復元のことをリストア（Restore）と言います。

復旧モデルには、次の3種類があります。

・単純復旧モデル

トランザクションログはありません。復元可能なデータは、最新のバックアップまでで

す。それ以降のデータは、復元できません。

・完全復旧モデル

その名のとおり、任意の時点のデータに完全に復元することができます。データの復元には、最新のバックアップファイルとトランザクションログファイルが必要です。

・一括ログ復旧モデル

完全復旧モデルは、すべてのトランザクションログが完全に記録されるのに対し、一括ログ復旧モデルは、最小限の一括操作ログとその他のトランザクションを完全にログに記録します。

要は、データを可能な限り復元したい場合は完全復旧モデルを、ログファイルが故障していた場合はバックアップ直後までしか復元できない可能性があるがバックアップファイルのサイズを小さくしたいなどの理由がある場合は一括ログ復旧モデルを、バックアップした時点までのデータが復元できればよいのであれば単純復旧モデルを選択します。

バックアップの種類

続いて、バックアップの種類について説明します。バックアップには、以下の3つの種類があります。

・完全バックアップ（Full Backup）

完全バックアップは、名前のとおり、データベースを完全な状態でバックアップします。そのため、バックアップファイルのサイズが大きく、またバックアップに時間がかかります。

・差分バックアップ（Differential Backup）

差分バックアップは、直近の完全バックアップからの変更部分のみをバックアップします。そのため、リストアの際には直近の完全バックアップも必要となります。差分バックアップ自体のバックアップファイルのサイズは完全バックアップよりも小さく、またバックアップにかかる時間も短くて済みます。

・トランザクションログバックアップ（Transaction Log Backup）

先の障害復旧モデルで説明したトランザクションログのバックアップです。トランザク

ションログバックアップは、前回のトランザクションログのバックアップからの差分のみがバックアップされます。

この3つを図にまとめると、次のようになります。

■ バックアップの種類

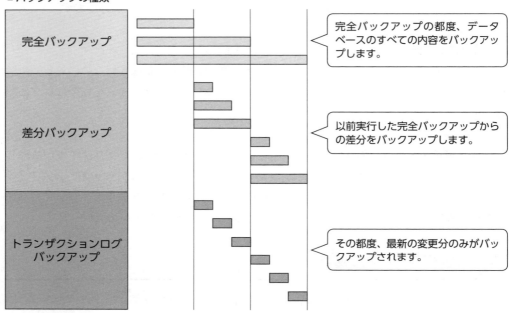

復旧モデルが単純復旧モデルの場合、完全バックアップしたバックアップファイルの状態までしかデータを復旧することができませんが、完全復旧モデルや一括ログ復旧モデルの場合、次の図のようにバックアップファイルは利用され、障害発生の直前までデータを復元することができます。

■ 完全復旧モデルや一括ログ復旧モデルでのデータの復元

このように、トランザクションログバックアップファイルを用いて障害発生直前の状態に戻すことを、ロールフォワード（Roll Forward：前進復帰）と言います。

トランザクションのロールバック（Roll Back：後退復帰）と混同してしまいがちですが、ロールバックはトランザクションを元に戻して（後退して）なかったことにするのに対し、ロールフォワードはトランザクションログを用いて障害発生の直前まで処理を前進させることでデータを復元します。

バックアップとリストアの手順

それでは、SQL Server Management Studioを用いて、データベースをバックアップする方法とリストアする方法について、説明します。

・バックアップの手順

1 まずは、データベースをバックアップする方法について説明します。SQL Server Management Studioを開き、バックアップする対象となるデータベースを右クリックし、［タスク］→［バックアップ］の順にクリックします。

■［バックアップ］の選択

2「データベースのバックアップ」ウィンドウが表示されます。「バックアップの種類」として、「完全」か「差分」かを選択することができます。「復旧モデル」は、バックアップする時点では選択できません。復旧モデルは、データベースのプロパティで変更します。

■「データベースのバックアップ」ウィンドウ

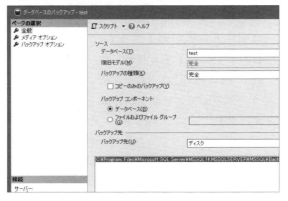

3 バックアップ先の指定は、[追加] ボタンをクリックします。すると、右のようなウィンドウが開くので、ウィンドウ右側の [...] ボタンをクリックします。

■「バックアップ先の選択」ウィンドウ

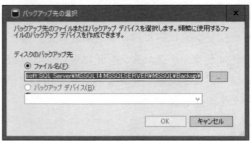

4 右のようなウィンドウが開くので、バックアップ先となるフォルダおよびバックアップ時のファイル名を指定し、[OK] ボタンをクリックします。

■ バックアップ先を選択

5 「データベースのバックアップ」ウィンドウに戻り、[OK] ボタンをクリックすると、バックアップが開始されます。バックアップが完了すると、右のように完了メッセージが表示され、指定のフォルダにバックアップファイルが作成されます。

■「バックアップ先の選択」ウィンドウ

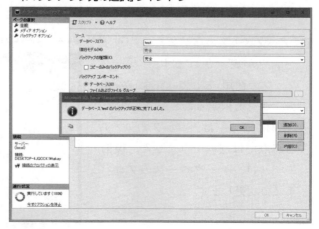

3-4 データベースのバックアップ

・リストアの手順

❶ 続いて、バックアップしたデータベースをSQL Server Management Studioでリストアする方法を見てみましょう。SQL Server Management Studioから［データベース］を右クリックし、［データベースの復元］をクリックします。

■データベースの復元の選択

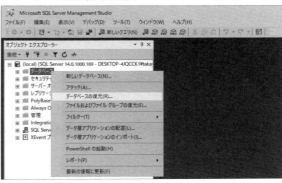

❷「データベースの復元」ウィンドウが表示されるので、「ソース」で、［デバイス］をクリックし、その右側にある［...］ボタンをクリックします。

■「データベースの復元」ウィンドウ

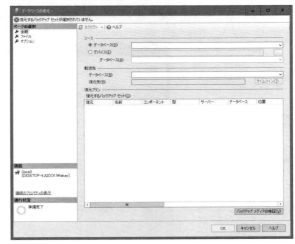

❸「バックアップの指定」ウィンドウが表示されるので［追加］ボタンをクリックし、先ほどバックアップしたファイルを指定して［OK］ボタンをクリックします。

■バックアップしたファイルを選択

第3章 SQL Serverの運用と管理

4 [OK] ボタンをクリックしてウィンドウを閉じ、「データベースの復元」ウィンドウにて今ほど指定したバックアップファイルが「復元するバックアップ セットの選択」リストに表示されているのを確認し、「復元」にチェックを入れます。さらに、ウィンドウ上部の「復元先データベース」のコンボボックスより、バックアップしたデータベースの名前を選択するか、直接入力します。入力が完了したら、ウィンドウ右下の [OK] ボタンをクリックします。復元完了のメッセージが表示されれば、リストア完了です。

■ リストアの完了

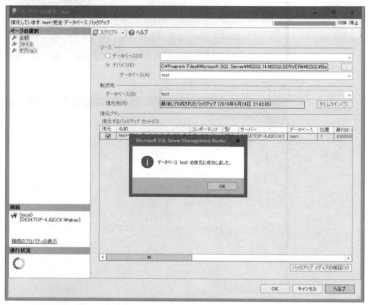

互換性レベルの存在

　SQL Serverのデータベースバックアップは、上位互換はあるものの下位互換がありません。すなわち、バックアップをとったデータベースシステムのほうがリストア先のデータベースシステムよりも新しい場合、次のようなエラーが出てリストアできません。

```
データベース '○○○' の復元に失敗しました。
(Microsoft.SqlServer.Management.RelationalEnagineTasks)

追加情報:
System.Data.SqlClient.SqlError: データベースはバージョン ○○○ を実行中のサーバー
```

3-4 データベースのバックアップ

> にバックアップされました。このバージョンは、このサーバー（バージョン ○○○ を実行中）と
> は互換性がありません。バックアップをサポートしているサーバーでデータベースを復元するか、ま
> たはこのサーバーと互換性のあるバックアップを使用していください。(Microsoft.SqlServer.
> SmoExtended)

　このような場合、復元したいデータベースオブジェクトをコピー元からエクスポートし、
復元先のデータベースにインポートするなどの方法が必要となります。

　さらに、SQL Serverには「互換性レベル」といった仕様もあります。

■ SQL Serverの互換性レベル

互換性レベル	80	90	100	110	120	130	140
SQL Server 2000	○	×	×	×	×	×	×
SQL Server 2005	○	○	×	×	×	×	×
SQL Server 2008	○	○	○	×	×	×	×
SQL Server 2008 R2	○	○	○	×	×	×	×
SQL Server 2012	×	○	○	○	×	×	×
SQL Server 2014	×	×	○	○	○	×	×
SQL Server 2016	×	×	○	○	○	○	×
SQL Server 2017	×	×	○	○	○	○	○

　たとえば、古いバージョンのSQL Serverでバックアップしたデータベースを、新しい
バージョンのSQL Serverでリストアした場合、リストアはできるものの、互換性レベル
が対応していないといったことがあります。

　この互換性レベルが対応していない場合、たとえば一部の機能がサポートされず、デー
タベースアプリケーションの一部見直しが必要となる可能性があります。

　互換性レベルが対応していないデータベースを復元した場合、復元先のデータベースの
バージョンと互換性がある最低のレベルまで互換性レベルが引き上げられます。たとえば、
SQL Server 2005のデータベースをSQL Server 2014でリストアした場合、互換性レベ
ルは100となります。互換性レベルの違いによる仕様の違いについては、Microsoft Docs
のサイトを参照してください。

・ALTER DATABASE（Transact-SQL）互換性レベル

https://docs.microsoft.com/ja-jp/sql/t-sql/statements/alter-database-transact-sql-
compatibility-level?view=sql-server-2017

トランザクションログを利用したデータベースのミラーリング

データベースサーバーに障害が発生した場合でも、可能な限り迅速にデータベースアプリケーションが提供するサービスを復旧させるため、データベースをミラーリングするという方法もあります。

ミラーリングとは、本番運用中のディスクを別のコンピューターにも常にバックアップし続けるしくみのことを言います。

データベースをミラーリングする場合、本番稼働中のデータを常に別のSQL Serverデータベースに復元し続けます。やり方としては、まず本番稼働中のデータベースを完全復旧モデルにし、そのデータベースの完全バックアップをミラーリング先のデータベースにてトランザクションログを復元可能な状態として復元します（RESTORE WITH NORECOVERY）。

■「オプション」で「RESTORE WITH NORECOVERY」を選択

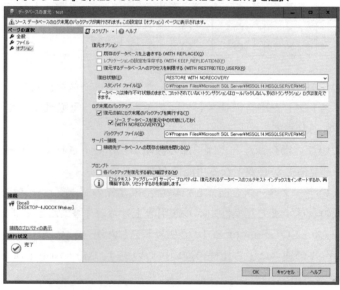

この状態で復元すると、トランザクションログバックアップファイルを常に復元し続ける状態になります。定期的にこのデータベースサーバーに対して本番稼働中のデータベースから出力されたトランザクションログバックアップファイルをコピーし続けることで、常に最新のデータベースの状態を別コンピューターに復元し続けることを可能とします。

その際、本番稼働中のデータベースで完全バックアップした状態をそのままミラーリン

グ先のデータベースで復元し、さらに本番稼働中のデータベースから出力されたトランザクションログバックアップと矛盾があってはなりません。

■コピー漏れに注意

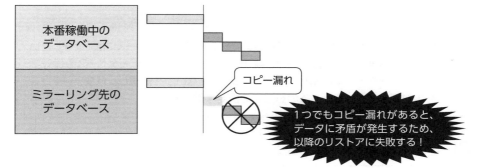

3-5 データベースの監視

データベースを利用したシステムが本番稼働を迎えた後、そのデータベースには「保守」という新たな業務が発生します。たとえば、先ほど説明したバックアップもデータベースの保守業務です。ほかにも、データベースに過大な負荷がかかっていないかを監視し、パフォーマンスを改善するための対策を立案・実行するのも保守の重要な業務です。

SQL Serverのログを監視

SQL Serverは、データベースシステムに関するさまざまなイベントに対し、ログを出力することでそのイベントを記録しています。

SQL Serverのログは、SQL Server Management Studioから確認できます。SQL Server Management Studioを起動したら、[管理]→[SQL Server ログ]の順に展開します。

■ SQL Serverのログ

日付ごとにアーカイブ（1つにまとめること）されており、これをダブルクリックすることで、イベントの詳細を別ウィンドウにて確認することができます。

■ ログファイルの表示

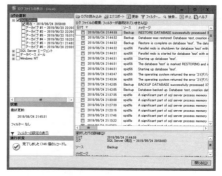

データベースをバックアップしたりリストアしたイベントや、何かしらのエラーが発生した場合など、日付単位で確認することができます。

左側のツリーペインにて、チェックを付けたアーカイブが対象となります。Windowsのイベントログも同時に確認することができます。

このログを確認することにより、障害が発生した時刻の確認や障害の内容などを確認できるため、障害発生後の状況確認にも利用することが可能です。

パフォーマンスを監視

Windows OS標準の「パフォーマンス モニター」を利用することで、SQL Serverのパフォーマンスやメモリの使用率、トランザクションやロックの状況などをリアルタイムに監視することができます。

■パフォーマンス モニター

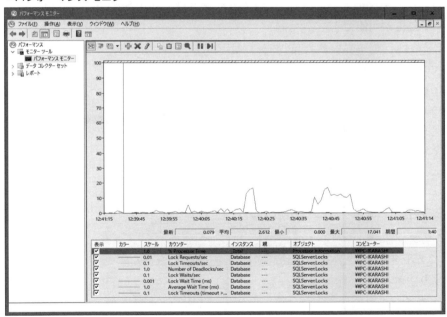

「パフォーマンス モニター」を起動するには、Windows 10の場合、スタートメニューをクリックして［Windows 管理ツール］→［パフォーマンス モニター］の順にクリックするか、Cortanaで「perfmon」と入力して［パフォーマンス モニター］をクリックします。

第3章 SQL Serverの運用と管理

3-6 データのインポート／エクスポート

SQL Serverには、テーブルのデータを一気にCSVファイルに出力したり、CSVファイルの内容をテーブルに取り込んだりする機能を保持しています。この機能により、テーブルのデータをExcelに反映して編集したり、別のデータベースにテーブルの内容をコピーすることが容易になります。

SQL Server Management Studioによるインポート／エクスポート

SQL Serverのデータのインポートとエクスポートは、SQL Server Management Studioから行うことが可能です。

1 SQL Server Management Studioを起動し、データのインポート先とするデータベース、もしくはデータをエクスポートするデータベースを「オブジェクトエクスプローラー」より右クリックします。続いてプルダウンメニューより［タスク］→［データのインポート］もしくは［データのエクスポート］の順にクリックします。

■データのエクスポートを選択

3-6 データのインポート／エクスポート

2 次のような、「SQL Server インポートおよび
エクスポート ウィザード」画面が起動しま
す。［次へ］ボタンをクリックします。

■「SQL Server インポートおよびエクスポート ウィザード」画面

3 インポート先、もしくはエクスポート先とな
るさまざまなデータソースを選択できます。
たとえば、Excelからデータをインポートし
たり、Oracleデータベースに対してデータを
エクスポートすることが可能です。今回は、
データをCSV形式のテキストファイルにエク
スポートしてみます。「データ ソース」より、
「SQL Server Native Client 11.0」を選択し
ます。

■ データソースの選択

4 エクスポートするデータのデータベース情報
を指定し、［次へ］ボタンをクリックします。

■ エクスポートするデータのデータベース情報を指定

111

5 データのエクスポート先を指定します。CSV形式のテキストファイルでデータをエクスポートするには、「変換先」にて「フラット ファイル変換先」を選択します。

■ エクスポート先の指定

6 テキストファイルの出力先のパスや文字コードなどを指定したら、[次へ]ボタンをクリックします。

■ 変換先の指定

7 テーブルやビューから出力するデータを指定するか、クエリを発行して出力するデータを指定するかを選択します。今回は、「1つ以上のテーブルまたはビューからデータをコピーする」を選択し、[次へ]ボタンをクリックします。

■ 出力方法の指定

3-6 データのインポート／エクスポート

8 出力するテーブルもしくはビューを選択し、テキストファイルに反映するデータの区切り記号を指定します。CSV形式のテキストファイルを作成したいので、「列区切り記号」には「コンマ{,}」を選択します。「行区切り記号」は、Windows標準の改行コードである「{CR}{LF}」を選択しておきます。

■ CSV形式の変換方法を指定

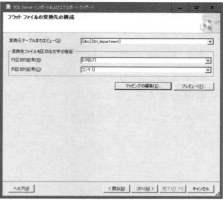

9 出力先の列のマッピングを変更したい場合は、[マッピングの編集] ボタンをクリックし、表示された「列マッピング」の画面で、マッピングする状態を指定します。

■ マッピングの指定

10 実際にどのようにデータが出力されるかを確認するには、**8**の画面で [プレビュー] ボタンをクリックするとプレビュー表示されます。

■ プレビューの確認

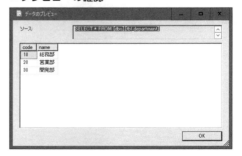

11 問題がなければ**8**の画面で [次へ] ボタンをクリックします。

12 次回以降も同じ設定内容を使用する場合は、その設定内容をデータベースに保存、もしくはファイルとして出力しておくことができます。その場合は、「SSIS パッケージを保存する」にもチェックを入れ、保存先を指定します。「すぐに実行する」にチェックが入っていることを確認して、[次へ] ボタンをクリックします。

■ パッケージ保存の確認

13 設定内容の確認画面が表示されるので、確認して [完了] ボタンをクリックします。

■ 設定内容の確認

14 データのエクスポートが行われます。

■ エクスポートの実行

ここでは、データのエクスポートについて説明しましたが、インポートについてもこの「SQL Server インポートおよびエクスポート ウィザード」を使うことで同様の手順で任意のデータベースにデータをインポートすることが可能です。

インポートするデータ形式についても、Excel ファイルや CSV ファイルなどを指定できます。

sqlcmd によるエクスポート

今度は、コマンドプロンプトから SQL Server データベースのデータをファイルにエクスポートする方法を見てみましょう。

SQL Server には、SQL Server Management Studio を筆頭に、すぐれた GUI（Graphical User Interface）を持つツールがあるため、わざわざコマンドプロンプトから SQL Server にアクセスしようとすることはあまりないかもしれません。しかし、たとえば SQL Server データベースに対するいくつかのコマンドをまとめてバッチファイルにしておけば、SQL Server Management Studio から手動で処理するよりもかんたんです。コマンドプロンプトからのデータインポートやエクスポートに関しては、まさにバッチファイルからの利用が適当となる場合もあるでしょう。

では、コマンドプロンプトから SQL Server データベースのデータをエクスポートする方法から見てみましょう。

・コマンドプロンプトから SQL Server データベースに接続

まずは、コマンドプロンプトから SQL Server データベースに接続します。ここでは、sqlcmd という CUI（Character User Interfase）ベースのツールを利用します。この CUI ツールに対し、次のようなオプションを指定することで、任意の SQL Server データベースに接続することができます。SQL Server 認証の場合と Windows 認証の場合とで、コマンドが異なります。

・SQL Server 認証の場合

構文

```
sqlcmd -S［サーバー名］-U［ユーザー名］-P［パスワード］
```

第 3 章　SQL Serverの運用と管理

・Windows認証の場合

構文

```
sqlcmd -E -S [サーバー名]
```

[サーバー名]には接続するサーバー名を、[ユーザー名]には接続する際のユーザー名を、[パスワード]にはユーザー名に該当するパスワードを指定します。

上記コマンドの実行後、指定した内容が正しければ、コマンドプロンプトが以下のように「1>」となります。

■ コマンドプロンプトからSQL Serverデータベースに接続

ここでは、サーバーが自分自身のコンピューターで、かつWindows認証でログインした場合のコマンドが表示されています。この状態で、発行したいクエリを入力します。

まずは、使用するデータベースをUSEコマンドで選択します。

```
1> USE dbname;
```

この状態で Enter キーを押すと、次のプロンプトが表示されます。

```
1> USE dbname;
2>
```

クエリを発行するには、GOコマンドを入力し、Enter キーを押します。

```
1> USE dbname;
2> GO
```

3-6 データのインポート／エクスポート

入力したクエリに問題がなければ、指定したデータベース名に接続先が変更され、プロンプトは1に戻ります。

■実行結果

```
1> USE dbname;
2> GO
データベース コンテキストが 'dbname' に変更されました。
1>
```

同様にして、SELECTコマンドとGOコマンドを入力し、Enterキーを押します。

```
1> SELECT * FROM [test];
2> GO
```

入力したクエリに問題がなければ、クエリの実行結果が返り、プロンプトは1に戻ります。

■実行結果

```
1> SELECT * FROM [test];
2> GO
ID          NAME
----------- -----------
          1 鈴木
          2 佐藤
          3 田中
(3 行処理されました)
1>
```

・クエリの実行結果をファイルにエクスポート

今度は、任意のクエリの実行結果をファイルにエクスポートする方法について、見てみましょう。sqlcmdには、クエリが書き込まれているテキストファイルを読み込み、そのクエリの実行結果をファイルとして出力する機能もあります。まずは、テキストファイルに実行するクエリを入力し、任意のフォルダに保存します。次に、コマンドプロンプトを起動し、以下のコマンドを実行します。

```
sqlcmd -E -S (local) -d testdb -i sample.sql -s, -W -h -1 -o result.csv
```

このコマンドの例では、自分自身のコンピューター上のSQL Serverに対してWindows

第 3 章 SQL Serverの運用と管理

認証で接続し、[testdb] というデータベースに対してsample.sqlに保存されているクエリ
を実行し、その結果をresult.csvに出力します。sample.sqlは以下のとおりです。

```
SELECT * FROM [test];
```

result.csvへの出力結果は以下のとおりです。

■result.csvの内容

```
1,鈴木
2,佐藤
3,田中

(3 行処理されました)
```

実行結果の件数まで表示されてしまうため、これが不要であれば、クエリを記述したテ
キストファイルの先頭に「SET NOCOUNT ON」の記述をしておきましょう。

```
SET NOCOUNT ON;

SELECT * FROM [test];
```

本書で使用したsqlcmdのオプションを、もう一度おさらいしてみます。

■sqlcmdのオプション

オプション	内容
-S	サーバー
-U	ログインID
-P	パスワード
-E	セキュリティ接続
-d	データベース名の使用
-i	入力ファイル
-s	列の区切り文字
-W	余分なスペースを削除
-h	ヘッダー
-l	ログインタイムアウト
-o	出力ファイル

118

3-6　データのインポート／エクスポート

　sqlcmdには、ほかにもさまざまなオプションの指定が可能です。詳しくは、以下の
Microsoft DocsのWebサイトをご覧ください。

・sqlcmd Utility
　https://docs.microsoft.com/ja-jp/sql/tools/sqlcmd-utility?view=sql-server-2017

bcpによるインポート／エクスポート

　次は、sqlcmdとは別の方法でコマンドプロンプトからSQL Serverに対してデータをイ
ンポートしたりエクスポートする方法を見てみましょう。今度は、bcpというツールを使
います。
　bcpを使う場合、どのようなデータを取り扱うのか、あらかじめフォーマットファイル
というものがあれば、スムーズにデータのインポートやエクスポートが可能です。逆に
フォーマットファイルがないと、コマンドプロンプト上でカラムのデータ型などをいちい
ち聞いてくるため、手作業が発生し、バッチファイルとしてのメリットがなくなってしま
います。

■フォーマットファイルがない場合のbcp実行例

・フォーマットファイルの作成
　まずは、このフォーマットファイルを作成する方法から見てみましょう。bcpファイル
でフォーマットファイルを作成するための構文は、次のとおりです。

119

第 3 章　SQL Serverの運用と管理

構文

```
bcp [テーブル名またはビュー名] format nul [-c] [-x] -f [フォーマットファイルの出
力先パス] -t, -S [サーバー名] -U [ユーザー名] -P [パスワード] -d [データベース名]
```

各オプションには次のような意味があります。

■bcpのオプション

オプション	内容
-c	カラムのデータ型に文字列を使用する。これを指定することで、カラムごとにプロンプトが表示されないようにすることができる
-x	フォーマットファイルをXMLにする
-f	フォーマットファイルの出力先パスを指定する
-t	コンマ「,」をカラムターミネータとして指定する

例として、[testdb]データベースの[tbl_test]テーブルのフォーマットファイルを「C:¥TEMP」フォルダに「formatfile.xml」というファイル名で出力するサンプルを見てみましょう。

```
bcp tbl_test format nul -c -x -f C:¥TEMP¥formatfile.xml -t, -S (local)
-U userid -P password -d testdb
```

これを実行すると、指定フォルダにXMLファイルが生成されます。たとえば、次のようなテーブルを考えてみます。

```
CREATE TABLE [dbo].[tbl_test]
(
    [ID] [int] NULL,
    [NAME] [varchar](10) NULL
);
```

生成されるXMLファイルは次のとおりです。

```
<?xml version="1.0"?>
<BCPFORMAT xmlns="http://schemas.microsoft.com/sqlserver/2004/bulkload/
format" xmlns:xsi="http://www.w3.org/2001/XMLSchema-instance">
```

120

```
<RECORD>
 <FIELD ID="1" xsi:type="CharTerm" TERMINATOR="," MAX_LENGTH="12"/>
 <FIELD ID="2" xsi:type="CharTerm" TERMINATOR="¥r¥n" MAX_LENGTH="10"
COLLATION="Japanese_CI_AS"/>
</RECORD>
<ROW>
 <COLUMN SOURCE="1" NAME="ID" xsi:type="SQLINT"/>
 <COLUMN SOURCE="2" NAME="NAME" xsi:type="SQLVARCHAR"/>
</ROW>
</BCPFORMAT>
```

このXMLファイルがフォーマットファイルとなります。

・フォーマットファイルを利用したインポート／エクスポート

　フォーマットファイルができたので、続いてインポート／エクスポートの方法を見てみましょう。フォーマットファイルを利用したインポートおよびエクスポートの構文は、次のとおりです。

・bcpのインポートコマンド

構文

```
bcp ［テーブル名またはビュー名］ in ［インポート先のファイルパス］ -f ［フォーマットファ
イルのパス］ -S ［サーバー名］ -U ［ユーザー名］ -P ［パスワード］ -d ［データベース名］
```

・bcpのエクスポートコマンド

構文

```
bcp ［実行するクエリ、もしくはテーブル名やビュー名］ in ［エクスポート先のファイルパス］
-f ［フォーマットファイルのパス］ -S ［サーバー名］ -U ［ユーザー名］ -P ［パスワード］
-d ［データベース名］
```

　たとえば、先ほど作成したフォーマットファイルを利用し、「C:¥TEMP」フォルダに「result.csv」というファイル名で「testdb」データベースの「tbl_test」テーブルの内容をエクスポートするサンプルを見てみましょう。コマンドは、次のとおりです。

```
bcp tbl_test out C:¥TEMP¥result.csv -S server -U userid -P password -d
 database
```

第 3 章 SQL Serverの運用と管理

実行結果は次のようになります。

■実行結果

```
コピーを開始しています...

3 行コピーされました。
ネットワーク パケット サイズ（バイト）: 4096
クロック タイム（ミリ秒）合計　　　: 1　　　　　平均 :（3000.00 行/秒）
```

上記のコマンドによってエクスポートされたresult.csvの内容は、次のとおりです。

■result.csvの内容

```
1,鈴木
2,佐藤
3,田中
```

インポートの場合は、前述のサンプルコマンドの「out」の部分が「in」に変わるだけです。その場合、その後ろに続く[data_file]には、インポートするCSVデータが用意されている必要があります。[data_file]が用意されていない場合は、次のようなエラーが返ります。

■実行結果

```
SQLState = S1000, NativeError = 0
Error = [Microsoft][SQL Server Native Client 10.0]Unable to open BCP
 host data-file
```

122

3-7 データベースの公開

3-7 データベースの公開

SQL Serverをインストールした直後は、同一LAN環境であっても他の端末からは当該SQL Serverにアクセスすることができません。セキュリティ保護のため、あえてSQL Serverの設定およびWindowsの設定を変更しなければ他の端末にデータベースを公開しないようになっています。本節では、データベースを同一LAN環境に公開する方法を見てみます。

SQL Server 構成マネージャーの在処

SQL Serverを他の端末にも公開するための手順として、まずは「SQL Server構成マネージャー」を使用して、SQL Serverのネットワーク設定を変更する必要があります。

「SQL Server構成マネージャー」を起動するには、システムフォルダ内にあるSQLServer Manager○○.msc（○○は、SQL Serverの内部バージョン）を起動します。

■SQL Server 構成マネージャーのパス

SQL Server バージョン	64 ビット版	32 ビット版
SQL Server 2017	C:¥Windows¥SysWOW64¥SQLServer Manager14.msc	（存在しない）
SQL Server 2016	C:¥Windows¥SysWOW64¥SQLServer Manager13.msc	（存在しない）
SQL Server 2014	C:¥Windows¥SysWOW64¥SQLServer Manager12.msc	C:¥Windows¥System32¥SQLServer Manager12.msc
SQL Server 2012	C:¥Windows¥SysWOW64¥SQLServer Manager11.msc	C:¥Windows¥System32¥SQLServer Manager11.msc
SQL Server 2008 R2	C:¥Windows¥SysWOW64¥SQLServer Manager10.msc	C:¥Windows¥System32¥SQLServer Manager10.msc
SQL Server 2008	C:¥Windows¥SysWOW64¥SQLServer Manager10.msc	C:¥Windows¥System32¥SQLServer Manager10.msc
SQL Server 2005	C:¥Windows¥SysWOW64¥SQLServer Manager9.msc	C:¥Windows¥System32¥SQLServer Manager9.msc

ところで、「SQL Server構成マネージャー」は、Windows 7の場合、スタートメニューに「SQL Server構成マネージャー」のショートカットアイコンがありました。また、「コンピューターの管理」より「サービスとアプリケーション」に「SQL Server 構成マネージャ」

があったのですが、最新のWindows OSであるWindows 10では当該項目が削除されている場合があります。これは、Microsoft Docsによれば、以下の理由によります。

> SQL Server構成マネージャーはMicrosoft管理コンソールプログラムのスナップインであり、スタンドアロンプログラムではないため、新しいバージョンのWindowsでは、SQL Server構成マネージャーはアプリケーションとして表示されません。

・SQL Server 構成マネージャー
　https://docs.microsoft.com/ja-jp/sql/relational-databases/sql-server-configuration-manager?view=sql-server-2017

SQL Server構成マネージャーの起動

では、「SQL Server構成マネージャー」を起動してみましょう。スタートメニューに当該メニューが存在しなければ、先に掲載したSQL Serverのバージョン別のパス一覧より、該当するバージョンの「SQL Server構成マネージャー」の実体を探して起動します。

■SQL Server構成マネージャー

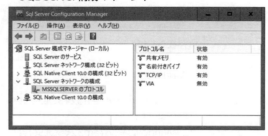

SQL Server構成マネージャーでは、1-3で解説したSQL Serverのサービスを管理することもできます。

■SQL Serverのサービス管理

左側のツリーペインより、［SQL Server 構成マネージャー (ローカル)］→［SQL Server のサービス］の順にクリックします。「SQL Server (MSSQLSERVER)」が、SQL Serverのサービスです。これが「停止中」となっている場合、当該端末のSQL Serverを利用することができません。この場合、サービス名を右クリックし、［開始］をクリックします。

さて、他の端末にSQL Serverデータベースを公開するには、左側のツリーペインから［SQL Server 構成マネージャー (ローカル)］→［SQL Server ネットワークの構成］→［(インスタンス名) のプロトコル］の順に展開します。

右側のリストペインにネットワークプロトコルの種類がいくつか表示されるので、「TCP/IP」を右クリックし、［有効化］をクリックします。

■ TCP/IP接続を有効化

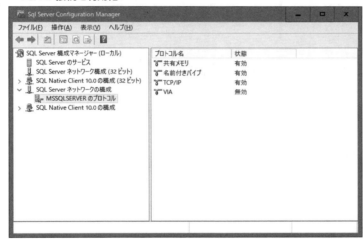

ファイアウォールにSQL Serverのポートを通す

「SQL Server 構成マネージャー」よりTCP/IP接続を有効にしたら、今度はSQL Server本体をWindowsファイアウォールの例外に登録する必要があります。SQL Serverを他の端末に公開するためには、この2つを一緒に行わなければなりません。どちらか一方が欠けていても、他の端末から当該SQL Serverを参照することができません。

第3章 SQL Serverの運用と管理

1 Windowsファイアウォールの例外にSQL Serverを登録するには、Windows 10の場合 [設定]→[ネットワークとインターネット] を開きます。続いて、画面下部の [Windows ファイアウォール] をクリックします。

■「ネットワークとインターネット」画面

2 Windowsファイアウォールの設定画面が表示されます。[ファイアウォールによるアプリケーションの許可] をクリックします。

■ ファイアウォールの設定画面

3 SQL ServerをWindowsファイアウォールの除外対象とするには、まずはこの「許可されたアプリ」ウィンドウにて、右上の [設定の変更] ボタンをクリックします。これをクリックすることで、右下の [別のアプリの許可] ボタンがクリックできるようになるので、クリックします。

■ 許可されたアプリの一覧画面

3-7 データベースの公開

4「アプリの追加」ウィンドウが表示さるので、[参照] ボタンをクリックします。

■ アプリの追加画面

5 SQL Serverの実行ファイル本体である「sqlservr.exe」をSQL Serverのインストールパスのbinフォルダから選択します。

■「sqlservr.exe」を選択

6「アプリの追加」ウィンドウにSQL Serverが追加されたのを確認して、[追加] ボタンをクリックすると完了です。

■ SQL Serverが追加されたのを確認

3-8 Azure SQL Databaseの利用

Microsoftは、クラウドサービスにも力を入れています。SQL Serverだけでなく、仮想OSの実行環境であるVirtual Machineや複数のコンピューターを一元管理するActive Directoryまでもがクラウドサービスとして提供されています。これらのクラウドサービスは、本書執筆時点にて一部30日間の無料試用が可能で、Azure SQL Databaseは1年間無料、さらに永久無料のクラウドサービスまでもが利用可能です。

Azure SQL Databaseの特長

Azure SQL Databaseは、クラウド上のSQL Serverです。その特長は、あたかも自分の身近にデータベースサーバーが存在するかのごとくデータベースにアクセスすることができるところにあります。

従来、外部のネットワーク上にあるデータベースサーバーには、サーバーサイドのプログラムを介してデータを取得したり、データを編集したりするのが一般的でした。

■従来のWebデータベースへのアクセスとAzure SQL Databaseへのアクセスの違い

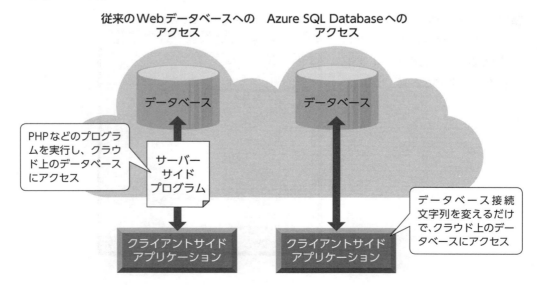

通常、Webブラウザを経由する軽量なクライアントプログラム（シンクライアント）でインターネット上のサービスは提供されますが、凝ったユーザーインターフェイスが必要となるサービスについては、インストールが必要な重厚なクライアントプログラム（ファットクライアント）でサービスが提供されるケースもあります。

シンクライアントの場合、サーバーサイドをPHP（サーバーサイドプログラム）とMySQL（データベースシステム）という組み合わせで構成し、クライアントサイドをJavaScriptで構成するケースが多いようです。

ファットクライアントの場合、サーバーサイドをPHPとMySQLの組み合わせで構成するケースが多いのは変わらずですが、クライアントサイドは.NETアプリケーションやJavaアプリケーションが用いられます。サーバーサイドのPHPは、MySQLにアクセスするための接点でしかありませんが、セキュリティに関するコーディングはサーバーサイドのPHPとクライアントサイドのアプリケーションの両方で作りこむ必要があります。

これに対し、Azure SQL Databaseを用いた場合、たとえ地理的に離れたユーザー同士であっても、あたかも同一のLAN上に存在するかのごとく、データベースを利用することができます。そのため、ファットクライアントのプログラムの作成で、わざわざインターネット上のデータベースを使用するためだけにサーバーサイドのプログラムを作りこむ必要がなくなったのです。

「では、Azure SQL Databaseのセキュリティはどうやって確保しているんだ？　ファットクライアントアプリケーションを入手した時点で誰もがかんたんにデータベースにアクセスできてしまっては、かえって危険ではないか？」という疑問もわいてきます。

この疑問に関し、Azure SQL DatabaseはグローバルIPアドレスによるアクセス制限といった手法で解決します。つまり、決められたIPアドレスを持つアクセスポイントに対してのみ、データベースへのアクセスを許可するといった方法です。

むろん、サーバーサイドプログラムによってデータベースへのアクセスを制御する方法も使用できますので、不特定多数のユーザーに対してAzureデータベースを公開するのであれば、こちらを用いるのがよいでしょう。

よって、インターネット上のデータベースを一部のユーザーに対してのみ公開するのであれば、ファットクライアントによるクライアントサイドプログラムのみで完結させるという選択肢が、Azure SQL Databaseの登場によって新たに増えたことになります。

Webアプリケーションを開発するといった意思がないまま、Webアプリケーションを開発できるのです。

第3章 SQL Serverの運用と管理

Microsoft Azureのアカウント作成

　Azure SQL Databaseを利用するには、Microsoftのクラウドサービスの総称である「Microsoft Azure」にアカウントを作成する必要があります。まずは、Webブラウザで「Microsoft Azure」のサイトを開きます。

・Microsoft Azure
　https://azure.microsoft.com/ja-jp/

■Microsoft Azureのサイト

　Microsoft Azureにアカウントを作成するには、有料サービスの請求先となるカード情報などの入力が必要となります。これは、たとえ無料サービスしか使用するつもりがなくても必要です。ただし、実際に試用期間が過ぎた場合でも自動的に請求が開始されることはないことを謳ってありますので、試用期間が過ぎても解約する必要はなく、継続して無料サービスのみを利用することができます。

　Microsoft Azureにアカウントを作成すると、Azure SQL DatabaseなどのMicrosoftのクラウドサービスを利用できるようになります。これらのサービスは、Microsoft Azureのポータルサイトから利用が可能です。

・Microsoft Azure - ポータルサイト
　https://portal.azure.com/

■ Microsoft Azureのポータルサイト

　すでに述べたとおり、ポータルサイトにはさまざまなサービスがクラウドサービスとして提供されているのを確認できます。もはや、ユーザー端末はクラウドサービスの入り口でしかなくなる日が来るでしょう。パーソナルコンピューターの黎明期に「コンピューター、ソフトなければただの箱」などと言われたことがあります。この名言をクラウドサービス時代に置き換えるならば、「コンピューター、ネットがなければただの箱」と言えるのではないでしょうか。

Azure SQL Databaseの利用

1 では、さっそくAzure SQL Databaseを利用してみましょう。左側のサービス一覧から［SQL データベース］をクリックします。すると、作成済みのデータベースの一覧を確認することができます。アカウント開設直後では、当然ながらデータベースは1つもありません。そのため、まずはデータベースを作成してみます。画面中央の［SQL データベースの作成］ボタンをクリックします。

■ Azure SQL Databaseの画面

2 作成するデータベースの情報を入力します。その際、仮想のデータベースサーバーも作成する必要があります。サーバー名には、まだ世界中で使用されていないユニーク（唯一無二）の名前を付ける必要があります。注意が必要なのが、照合順序（Collation）のデフォルトが「SQL_Latin_General_CP1_CI_AS」（ラテン語）になっているため、日本語のオンプレミス版の初期値である「Japanese_CI_AS」などに適宜変更する必要があります。

3 作成するデータベースの設定が完了したら、左下の［作成］ボタンをクリックします。

■ データベースの作成

4 その後、データベースが作成されるまでしばらく待ち、データベースの作成が完了すると、ページ上部の通知アイコン（ベルのアイコン）から通知され、データベースが作成されているのを確認することができます。

■ データベースの作成完了

3-8 Azure SQL Databaseの利用

5 作成されたデータベースに対してクエリを実行してみます。作成したデータベースのデータベース名をクリックします。

■ 作成されたデータベース

6 次のような画面が表示されるので、[クエリエディター(プレビュー)]をクリックします。

■ データベースの詳細画面

7 データベース接続の際には承認が必要です。データベースサーバーの作成時に指定した内容で、データベースサーバーに接続します。

■ データベースの承認画面

第3章 SQL Serverの運用と管理

8 データベースサーバーに接続すると、次のようなページに切り替わります。SQL Server Management Studioの簡易版のような画面なので、使い方に迷うこともないでしょう。試しに、新規テーブルを作成し、そのテーブルにデータを追加してみます。

■ テーブルの作成

9 SELECTステートメントを実行してみると、テーブルが作成され、データが追加されているのを確認することができました。

■ テーブルの確認

10 このAzure SQL Databaseに対し、クライアントアプリケーションからアクセスするための接続文字列を確認するには、[接続文字列]をクリックします。右の図はADO.NETからの接続時に指定する接続文字列です。それ以外に本書執筆時点では、「JDBC」「ODBC」「PHP」の3つを確認することができます。クラウドサービスではないSQL Serverのシステムデータベースオブジェクトも問題なく使用することができます。

■ 接続文字列の確認

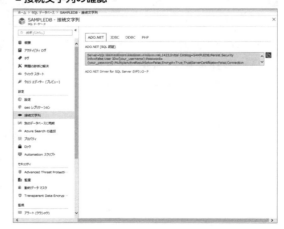

3-8 Azure SQL Databaseの利用

11 試しに、先ほど作成したテーブルの列名を取得するために、sys.tablesテーブルとsys.columnsテーブルを参照してみます。

■ sys.tablesテーブルとsys.columnsテーブルを参照

12 前述のとおり、データベースを作成しただけでは、誰にも公開されていません。特定のIPアドレスからのアクセスに関して、データベースを公開するように設定する必要があります。作成したデータベース名をクリックすることで、右のようなページに切り替わるので、ページ上部の[サーバー ファイアウォールの設定]をクリックします。

■ [サーバー ファイアウォールの設定]をクリック

13 切り替わったページで、データベースへの接続を許可するグローバルIPアドレスを入力します。現在このMicrosoft Azureのポータルサイトを開いているクライアントのIPアドレスを入力するには、[クライアントIPの追加]ボタンをクリックすることでも可能です。入力したら、[保存]ボタンをクリックすることで、設定が反映されます。

■ ファイアウォールの設定

135

第3章 SQL Serverの運用と管理

VB6やExcel VBAでAzure SQL Databaseにアクセス

　前述の接続文字列の候補にて、ADO.NETやODBCがありましたが、実はVisual Basic 6.0（以下、VB6）やExcel VBAでもAzure SQL Databaseを利用できます。もちろん、.NETアプリケーションの場合と同様、接続文字列を変更するだけという、極めて修正範囲の少ない対応だけで済みます。

　以下は、P.134で作成したデータベースの「tbl_test」テーブルに対し、SELECTステートメントを実行するVB6のサンプルプログラムです。

　なお、事前にVB6の参照設定にて「Microsoft ActiveX Object X.XX」（X.XXはバージョン情報）にチェックを入れておきます。

```vb
Option Explicit

'=================================================================
' Event: Command1_Click
'=================================================================
Private Sub Command1_Click()

    'データベース接続文字列を定義します。
    Dim sCn As String
    sCn = "Provider=SQLNCLI10;Password=[任意のパスワード];User ID=[任意のユーザー名]@[任意のサーバー名];Initial Catalog=[任意のデータベース名];Data Source=tcp:[任意のサーバー名].database.windows.net;"

    '実行するSQLを定義します。
    Dim sSQL As String
    sSQL = "SELECT * FROM tbl_test;"

    'データベース接続オブジェクトを生成します。
    Dim cn As New ADODB.Connection
    cn.Open sCn

    'SQLを実行し、結果セットを取得します。
    Dim rs As New ADODB.Recordset
    rs.Open sSQL, cn, adOpenForwardOnly, adLockReadOnly, adCmdText

    '結果セットの内容をText1に出力します。
    Text1.Text = ""
    rs.MoveFirst
    Do Until rs.EOF
        Dim s As String
        s = rs(0).Value & ":" & rs(1).Value
```

```
        Text1.Text = Text1.Text & s & vbCrLf
        rs.MoveNext
    Loop

    '結果セットとデータベース接続オブジェクトを閉じ、解放します。
    rs.Close
    cn.Close
    Set rs = Nothing
    Set cn = Nothing

End Sub
```

Excel VBAでも、まったく同じソースコードで動作します。

データベースサーバーとクラウド

　Azure SQL Databaseは、クラウドアプリケーションであることを忘れさせてしまうほど、かんたんに利用できるのを理解していただけたかと思います。自社でデータベースサーバーを管理していると、そのデータベースサーバーの物理的な保管場所の確保や災害時の対策方法など、いろいろとやらなければならない面倒なことがたくさんあります。しかしクラウドサービスによって、それらの作業が必要なくなるのです。反面、クラウドサービスはネットワーク環境に依存するため、インターネット回線の不調によりサービスを利用できなくなる可能性があります。

　ただ、クラウドサービスについて、サン・マイクロシステムズ社（Sun Microsystem。現在は、Oracle社に買収）のCTOであったグレッグ・パパドプラス氏は、2006年11月に自身のブログにて次のように述べています。

「世界のコンピューターは5つあれば足りる。1つはGoogle、2つめはMicrosoft、そして、Yahoo!、Amazon、eBay、SalesForce.comだ」

　「5つあれば足りる」と言っておきながら6社の名前を挙げているのはさておき、実際、データベースサーバーを自社に設置することは、それほど遠くない将来において、時代遅れとなるのでしょう。

第3章 まとめ

　本章では、SQL ServerとSQL Server Management Studioをインストールし、データベースとテーブルの作成、そしてデータベース管理のために必要な知識について説明しました。テーブルを参照したり、データを変更したりするための権限は、ユーザーごとに細かく設定できるので、データベースシステムのレベルからユーザー単位でのセキュリティ設定が可能です。SQL Serverにデータを格納する際、データを暗号化しておくことができますが、パスワードを保存する際は必ず暗号化し、平文のまま保存しないようにしましょう。

　また、SQL Serverのログは、SQL Server Management Studioから確認することができます。SQL Serverのログを確認することでエラーが発生した日時やそのエラーの内容を調査することができます。

　データベースのバックアップやリストア、データのインポートやエクスポートは、データベースアプリケーションが実運用を迎えた後に発生する業務であり、データベース管理者にとっては必須の知識です。その業務のほとんどがSQL Server Management Studioから行えることを理解しておきましょう。また、sqlcmdを使ってコマンドプロンプトからSQL Serverにアクセスしてデータをファイルに出力したり、bcpを使ってバッチファイルからのデータのインポートやエクスポートを行ったりすることができます。

　SQL Serverをインストールした直後は他の端末にデータベースを公開しないように設定されているので、公開する際はSQL Server構成マネージャーからTCP/IP接続を有効に設定する必要があります。また、Windowsファイアウォールの例外設定にSQL Serverの実行ファイル本体を追加する必要もあります。

　Azure SQL Databaseのように、今後データベースはオンプレミスからクラウドに移行していくことでしょう。クラウドサービスの利点は自社にサーバーを持つ必要がなくなりサーバー管理の手間を省くことができる点です。データベースをクラウドで利用する利点を十分に理解し、早めのうちに、オンプレミスのみでのデータベースの選定にこだわらない知見が必要になってくることでしょう。

SQL基礎編

第 **4** 章 ｜ データ型とデータオブジェクトに関する
　　　　　　SQLコマンド例
第 **5** 章 ｜ データ操作に関するSQLコマンド例

　第2部では、SQL92に沿った標準的なSQLコマンドを紹介します。SQL Serverには、他のリレーショナルデータベースと同様、独自仕様の文法や関数がありますが、システムの移植性や他のリレーショナルデータベースの経験者にも判りやすさを考慮すると、可能な限り標準化されたSQLを使いたいものです。

　第4章では、各種データ型別のSQLコマンドテクニックを紹介します。たとえば、複数のカラムから文字列を検索する効率的な方法や、四捨五入・切り捨て・切り上げといったまるめ処理の方法、テーブルの内容をコピーする方法などを説明します。

　第5章では、DML（データ操作言語）についてのSQLコマンドテクニックの一部を紹介します。たとえば、SELECTコマンドの実行結果にて、最初の100レコード分だけを抽出したり、さらに101件目から200件目の100レコード分だけを抽出するといった方法を説明します。

第 **4** 章

データ型とデータオブジェクトに関するSQLコマンド例

本章では、SQL Serverが扱うデータ型を「文字列型」「数値型」「日付型」の3つに分類し、その各々において実践的テクニックのいくつかを紹介します。本章の構成は、次のとおりです。

4-1 文字列型に関するテクニック
4-2 数値型に関するテクニック
4-3 日付型に関するテクニック
4-4 データベースオブジェクトに関するテクニック

4-1では、大文字と小文字を相互変換する方法や、文字列の置換、空白の削除、文字列の長さ取得を行う方法について説明します。

4-2では、数値を端数処理（四捨五入／切り上げ／切り捨て）を行う方法や、平均値／最頻値／中央値を求める方法等を説明します。

4-3では、文字列を日付に変換する方法や、逆に日付を文字列に変換する方法、時刻を含んだDATETIME型から時刻を取り除く方法などを説明します。

4-4では、テーブルやビュー、ストアドプロシージャといったデータベースオブジェクトの存在チェックを行う方法や、指定したストアドプロシージャが使用しているすべてのテーブルを列挙する方法などを説明します。

4-1　文字列型に関するテクニック

第 **2** 部
SQL基礎編

4-1 文字列型に関するテクニック

本節では、文字列のデータ型を操作するテクニックについて紹介します。たとえば、文字列の一部を抜き出したり、置換したりする方法などがあります。また、文字列を比較する際、大文字と小文字を区別して比較したり、区別せずに比較する方法についても紹介します。

文字列の置換

・文字列の置換

文字列を置換するには、REPLACE関数を使用します。REPLACE関数の構文は、次のとおりです。

構文

```
REPLACE([操作対象の文字列], [置換対象の文字列], [置換後の文字列])
```

たとえば、「鈴木一郎」の「一」の文字を「壱」に置換する場合は、次のようにします。

```
PRINT REPLACE("鈴木一郎", "一", "壱");
```

実行結果は次のようになります。

■実行結果

```
鈴木壱郎
```

文字列から一部の文字を取得

・文字列の左から指定した文字数だけを取得

文字列の左から指定した文字数だけを取得する場合は、LEFT関数を使用します。

141

第 4 章　データ型とデータオブジェクトに関するSQLコマンド例

構文

```
LEFT([文字列], [文字数])
```

　バイト数ではなく、文字数であることがポイントです。そのため、半角文字でも全角文字でも、純粋に文字数が考慮されます。それぞれ文字列の左から2文字分を取り出してみます。

```
--半角文字
PRINT LEFT('aiueo', 2);
--全角文字
PRINT LEFT('あいうえお', 2);
```

　実行結果は次のようになります。

■実行結果

```
ai
あい
```

・文字列の右から指定した文字数だけを取得

　同様に、文字列の右から指定した文字数だけを取得する場合は、RIGHT関数を使用します。

構文

```
RIGHT([文字列], [文字数])
```

　RIGHT関数もLEFT関数と同様、バイト数ではなく文字数が考慮されます。それぞれ文字列の右から2文字分を取り出してみます。

```
--半角文字
PRINT RIGHT('aiueo', 2);
--全角文字
PRINT RIGHT('あいうえお', 2);
```

　実行結果は次のようになります。

142

4-1 文字列型に関するテクニック

■実行結果

```
eo
えお
```

・**文字列の途中から指定した文字数だけを取得**

　文字列の途中の文字を取得したい場合は、SUBSTRING関数を使用します。SUBSTRING関数の構文は、次のとおりです。

構文

```
SUBSTRING([文字列], [開始位置], [長さ])
```

　SUBSTRING関数もLEFT関数やRIGHT関数同様、文字数が基準です。元となる文字列と、抽出を開始する位置、および抽出する文字列の長さを指定します。それぞれ文字列の左から2番目から3文字分を取り出してみます。

```
--半角文字
PRINT SUBSTRING('aiueo', 2, 3);
--全角文字
PRINT SUBSTRING('あいうえお', 2, 3);
```

　実行結果は次のようになります。

■実行結果

```
iue
いうえ
```

文字列内の大文字・小文字を相互変換

・**小文字を大文字に変換**

　文字列を小文字から大文字に変換するには、UPPER関数を使用します。UPPER関数の構文は、次のとおりです。

構文

```
UPPER([大文字に変換する文字列])
```

第4章　データ型とデータオブジェクトに関するSQLコマンド例

たとえば、次のような小文字にUPPER関数を実行してみます。

```
PRINT UPPER('aiueo');
```

実行結果は次のようになります。

■実行結果

```
AIUEO
```

さらに、SQL ServerのUPPER関数の場合、全角の小文字も大文字に変換することが可能です。

```
PRINT UPPER('ａｉｕｅｏ');
```

実行結果は次のようになります。

■実行結果

```
ＡＩＵＥＯ
```

・大文字を小文字に変換

大文字を小文字を変換する場合は、LOWER関数を使用します。LOWER関数の構文は、次のとおりです。

■ 構文

```
LOWER([小文字に変換する文字列])
```

次のような大文字にUPPER関数を実行してみます。

```
PRINT LOWER('AIUEO');
```

実行結果は次のようになります。

144

4-1 文字列型に関するテクニック

■実行結果

```
aiueo
```

UPPER関数同様、SQL ServerのLOWER関数は全角の大文字を小文字に変換することが可能です。

```
PRINT LOWER('ＡＩＵＥＯ');
```

実行結果は次のようになります。

■実行結果

```
ａｉｕｅｏ
```

文字列の左右の空白を削除

・文字列の左または右の空白を削除

次のように、左右に空白が挿入された文字列があるとします。

```
"   SQL Server   "
```

LTRIM関数やRTRIM関数を使うことで、次のように空白を削除することができます。

```
"SQL Server"
```

文字列の左から空白を削除する場合はLTRIM関数を、文字列の右から空白を削除する場合はRTRIM関数を使用します。LTRIM関数およびRTRIM関数の構文は、次のとおりです。

構文

```
LTRIM([空白を削除する文字列])
```

構文

```
RTRIM([空白を削除する文字列])
```

第4章　データ型とデータオブジェクトに関するSQLコマンド例

　　LTRIM関数およびRTRIM関数の例を見てみましょう。同じ文字列をLTRIM関数およびRTRIM関数を使って空白を削除します。

```
--左から空白を削除
PRINT LTRIM('   SQL Server   ');
--右から空白を削除
PRINT RTRIM('   SQL Server   ');
```

　　実行結果は次のようになります。

■実行結果

```
"SQL Server   "
"   SQL Server"
```

※わかりやすいように、実行結果をダブルクォーテーション「"」で囲ってあります。

　　LTRIM関数は文字列の左から、RTRIM関数は文字列の右から空白を削除しますが、文字列の中にある空白（この例で言えば「SQL」と「Server」の間にある空白）は削除しません。

・**文字列の左右両方から空白を削除**

　　文字列の左右両方から空白を削除する場合は、TRIM関数を使用します。

構文

```
TRIM([空白を削除する文字列])
```

　　先ほどと同じ文字列をRTRIM関数を使って空白を削除します。

```
--左右から空白を削除
PRINT TRIM('   SQL Server   ');
```

　　実行結果は次のようになります。

■実行結果

```
"SQL Server"
```

※わかりやすいように、実行結果をダブルクォーテーション「"」で囲ってあります。

146

4-1 文字列型に関するテクニック

ただし、TRIM関数が実装されたのは、Azure SQL DatabaseおよびSQL Server 2017以降です。それ以前のSQL Serverの場合、LTRIM関数とRTRIM関数を組み合わせて左右の空白を削除します。

```
--左右から空白を削除
PRINT LTRIM(RTRIM('   SQL Server   '));
```

実行結果は次のようになります。

■実行結果
```
"SQL Server"
```
※わかりやすいように、実行結果をダブルクォーテーション「"」で囲ってあります。

なお、LTRIM関数、RTRIM関数、TRIM関数ともに、全角の空白は削除することができないので注意が必要です。

文字列の長さを取得

・文字列の文字数を取得

文字列の長さを測るには、LEN関数を用います。LEN関数の構文は、次のとおりです。

構文

```
LEN( [長さを測る文字列] )
```

たとえば、「aiueo」の文字列の長さをLEN関数で測ってみます。

```
PRINT LEN('aiueo');
```

実行結果は次のようになります。

■実行結果
```
5
```

147

第4章　データ型とデータオブジェクトに関するSQLコマンド例

LEN関数は、バイト数を測るわけではなく、あくまで文字数を測ります。そのため、次のように全角文字の場合でも、純粋に文字数が返ります。

```
PRINT LEN('aiueo');
```

■実行結果
```
5
```

・文字列のバイト数を取得

文字列のバイト数を測りたい場合は、DATALENGTH関数を使用します。DATALENGTH関数の構文は、次のとおりです。

構文
```
DATALENGTH([バイト数を測る文字列])
```

次のように、半角文字列と全角文字列の場合では、LEN関数の実行結果と結果が異なります。

```
--半角文字の場合
PRINT DATALENGTH('aiueo');
--全角文字の場合
PRINT DATALENGTH('aiueo');
```

■実行結果
```
5
10
```

文字列から特定の文字を検索

・文字列から特定の文字を検索

ある文字列のなかから特定の文字を検索する場合は、CHARINDEX関数を使用します。CHARINDEX関数の構文は、次のとおりです。

構文

```
CHARINDEX([検索する文字], [検索対象の文字列], [検索開始位置])
```

　第3引数の[検索開始位置]は省略可能です。その場合、文字列の最初から検索します（0と同値）。

　CHARINDEXの戻り値は、検索する文字列が最初に見つかった文字の位置を返します。検索する文字が見つからなかった場合は、「0」を返します。

　たとえば、「aiueoaiueo」のような文字列があった場合、「u」の文字を検索してみます。その場合、次のようなクエリとなります。

```
PRINT CHARINDEX('u', 'aiueoaiueo');
```

　実行結果は次のようになります。

■実行結果

```
3
```

　左から数えて最初に見つかる「u」の文字が3文字目なので、CHARINDEX関数は「3」を返します。8文字目も「u」ですが、CHARINDEX関数の戻り値として「8」を返したい場合は、CHARINDEX関数の第3引数に「4」以上を指定します。

```
PRINT CHARINDEX('u', 'aiueoaiueo', 4);
```

　実行結果は次のようになります。

■実行結果

```
8
```

　「aiueoaiueo」の文字列から「u」の文字が存在する位置をすべて取得する場合は、第3部で紹介するTransact-SQLを使うと、次のようなクエリが考えられます。

第4章 データ型とデータオブジェクトに関するSQLコマンド例

```sql
--検索対象となる文字列を指定します。
DECLARE @string_value VARCHAR(50);
SET @string_value = 'aiueoaiueo';

--検索する文字を指定します。
DECLARE @search_string VARCHAR(10);
SET @search_string = 'u';

--検索する文字の開始位置を格納する変数を定義します。
DECLARE @pos AS INT;
SET @pos = 1;

--すべての文字を検索するまで繰り返し処理を行います。
WHILE (1 = 1)
BEGIN
    --CHARINDEX関数を実行し、文字を検索します。
    DECLARE @res INT;
    SET @res = CHARINDEX(@search_string, @string_value, @pos);

    --文字が見つかった場合
    IF (0 < @res)
    BEGIN
        --見つかった文字の位置を表示します。
        PRINT @res;
        --次に検索する文字の位置を、見つかった文字の位置の次からとします。
        SET @pos = @res + 1;
    END
    --文字が見つからなかった場合
    ELSE
    BEGIN
        --繰り返し処理を抜けます。
        BREAK;
    END
END
```

実行結果は次のようになります。

■実行結果

```
3
8
```

　上記の例は半角文字で行いましたが、全角文字の場合でも結果は同じです。すなわち、検索対象とする文字列が「あいうえおあいうえお」で、検索する文字が「う」の場合、上

記クエリの実行結果は同じです。

また、検索する文字は、1文字に限りません。つまり、「ue」のように、複数文字を検索対象とすることもできます。

```
PRINT CHARINDEX('ue', 'aiueoaiueo');
```

この場合、検索する文字が見つかった最初の文字の位置を返します。

■実行結果

```
3
```

第 **4** 章　データ型とデータオブジェクトに関するSQLコマンド例

4-2 数値型に関するテクニック

本節では、数値に関するデータ型におけるさまざまなテクニックを紹介します。たとえば、ゼロ除算が発生しないようにする方法や、数値の切り上げ・切り捨て・四捨五入、平均値・メジアン・モードを求める方法などを紹介します。

文字列を数値に変換

SQL Serverでデータ型を変換する場合は、ANSI標準のCAST関数と、SQL Server独自の関数であるCONVERT関数があります。本来であれば、ANSI標準の関数を利用するのが一般的ですが、データ型変換においては、SQL Serverの場合、CONVERT関数のほうが便利です。

ここでは、CAST関数で文字列型を数値型に変換する場合と、CONVERT関数で文字列型を数値型に変換する場合の2とおりを見てみましょう。

・CAST関数を用いた変換

まずは、CAST関数を用いた変換を行います。CAST関数の構文は、次のとおりです。

構文

```
CAST([任意の有効な式] AS [変換後のデータ型]([変換後のデータ型の長さ]))
```

変換後のデータ型の長さは、整数で指定します。データ型の長さが決まっているものについては、指定する必要がありません。また、VARCHAR型などのデータ型の長さの指定が必要なものについても、省略が可能です。その場合、既定値は30です。

CAST関数のパラメータは、値だけではなく、関数や演算式を指定することでその結果となる値を変換対象とすることができます。

実際に、CAST関数を用いた数値型への変換を見てみましょう。

```
PRINT CAST('1000' AS INT);
```

152

実行結果は次のようになります。

■実行結果

```
1000
```

　文字列に対して「+」演算子が使用された場合は文字列の結合が行われ、数値型に対して「+」演算子が使用された場合は加算処理が行われます。

```
--文字列に対して「+」演算子を使用した場合
PRINT '1000' + '1000';

--数値に対して「+」演算子を使用した場合
PRINT CAST('1000' AS INT) + CAST('1000' AS INT);
```

　それぞれ実行結果は次のようになります。

■実行結果

```
10001000
2000
```

・CONVERT関数を用いた変換

　次に、CONVERT関数の場合を見てみましょう。CONVERT関数の構文は、次のとおりです。

構文

```
CONVERT([変換後のデータ型]([変換後のデータ型の長さ]), [任意の有効な式],
[expressionを変換する方法を指定する整数式])
```

　CAST関数と違い、第3パラメータが追加されています。このパラメータには、変換する方法を整数式で指定します。詳しくは、4-3で解説します。

```
PRINT CONVERT(INT, '1000');
```

　実行結果は次のようになります。

■実行結果

```
1000
```

・数値を文字列に変換する場合

同様に、数値を文字列に変換する場合も見てみましょう。CAST関数を用いた場合とCONVERT関数を用いた場合の例は次のようになります。

```
--CAST関数を用いた場合
PRINT CAST(1000 AS VARCHAR);

--CONVERT関数を用いた場合
PRINT CONVERT(VARCHAR, 1000);
```

実行結果は次のようになります。

■実行結果

```
1000
1000
```

正しく文字列に変換されているかどうかを確認するためには、次のように「+」演算子を用いるとよいでしょう。

```
--CAST関数を用いた場合
PRINT CAST(1000 AS VARCHAR) + CAST(1000 AS VARCHAR);

--CONVERT関数を用いた場合
PRINT CONVERT(VARCHAR, 1000) + CONVERT(VARCHAR, 1000);
```

次のように、文字列結合されているのを確認することができます。

■実行結果

```
10001000
10001000
```

では、文字列と数値を「+」演算子で結合するとどうなるでしょうか。

```
PRINT '1000' + 1000;
```

実行結果は次のようになります。

■実行結果

```
2000
```

文字列が先が数値が先かについても、演算結果には影響を与えません。

```
PRINT 1000 + '1000';
```

■実行結果

```
2000
```

この実行結果が、あなたの想像通りになったかどうかはわかりませんが、いずれにせよ、本来であればデータ型が根本的に違うもの同士を演算すべきではありません。

ゼロ除算を考慮したクエリ

数学では、ゼロで除算するという考え方は存在しません。計算機で「1」「÷」「0」「=」と入力した場合の実行結果は、「E」(Error) などと表示されます。

■ Windows標準の電卓でゼロ除算した場合

第4章 データ型とデータオブジェクトに関するSQLコマンド例

SQL Serverのクエリでゼロ除算が発生した場合は、次のような結果となります。

```
PRINT 1 / 0;
```

■実行結果

```
メッセージ 8134、レベル 16、状態 1、行 1
0 除算エラーが発生しました。
```

要は、割る数に「0」が来ないようにしなければならないのですが、次のような場合はどうでしょうか？

以下のようなクエリで、2つの数値カラムを持つ「numlist」テーブルを作成します。

```
--numlistテーブルを作成します。
CREATE TABLE numlist
(
    num1 NUMERIC(8, 4)
  , num2 NUMERIC(8, 4)
);

--numlistテーブルに初期値を代入します。
INSERT INTO numlist (num1, num2) VALUES (1, 3);
INSERT INTO numlist (num1, num2) VALUES (11, 5);
INSERT INTO numlist (num1, num2) VALUES (21, 7);
INSERT INTO numlist (num1, num2) VALUES (31, 0);
```

■「numlist」テーブル

num1	num2
1	3
11	5
21	7
31	0

このテーブルに対し、次のようにして「num1」を「num2」で割った値を抽出してみましょう。

```
SELECT   num1 AS 割られる数
       , num2 AS 割る数
       , num1 / num2 AS 結果
```

4-2　数値型に関するテクニック

```
FROM     numlist;
```

すると、4つ目のレコードの「num2」の値がゼロのためにゼロ除算エラーが発生します。

■実行結果

```
メッセージ 8134、レベル 16、状態 1、行 1
0 除算エラーが発生しました。
```

ゼロ除算が発生しないように、次のようにWHERE句を使ってあらかじめ「num2」が
ゼロのレコードを省いて演算するのも対策の1つです。

```
SELECT  num1 AS 割られる数
      , num2 AS 割る数
      , num1 / num2 AS 結果
FROM    numlist
WHERE   num2 != 0;
```

実行結果は以下のようになります。なお、AS句を使っているため列名が別名で表示さ
れます。

■実行結果

割られる数	割る数	結果
1.0000	3.0000	0.3333333333333
11.0000	5.0000	2.2000000000000
21.0000	7.0000	3.0000000000000

もう1つの対策としては、CASEを用いてゼロ除算が発生する式を別のものに置き換え
る方法があります。たとえば、割る数がゼロの場合、Windows標準の電卓アプリのように、
「0 で割ることはできません」という文字列を表示するようにしてみましょう。

クエリは、次のようになります。

```
SELECT  num1 AS 割られる数
      , num2 AS 割る数
      , CASE num2
```

157

第4章　データ型とデータオブジェクトに関するSQLコマンド例

```
            WHEN 0 THEN '0 で割ることはできません'
            ELSE CONVERT(VARCHAR, num1 / num2)
        END AS 結果
FROM    numlist;
```

実行結果は次のようになります。

■実行結果

```
割られる数       割る数           結果
-----------   -----------   -----------
1.0000        3.0000        0.3333333333333
11.0000       5.0000        2.2000000000000
21.0000       7.0000        3.0000000000000
31.0000       0.0000        0 で割ることはできません
```

　数値型の除算結果と文字列型のゼロ除算警告を同時に出力することができないため、数値型の除算結果はCONVERT関数により文字列型にデータ型変換しています。

　この方法であれば、ゼロ除算が発生するレコードであっても、実行結果に含めて抽出することができます。

四捨五入・切り捨て・切り上げ

　今度は、SQL Serverで四捨五入・切り捨て・切り上げを行う方法を見てみましょう。

　INT型（整数型）の同士の演算によって発生した端数は、小数点以下が切り捨てられてしまいます。以下のようなクエリを見てみます。

```
--1÷3＝
PRINT 1 / 3;

--1÷2＝
PRINT 1 / 2;
```

実行結果は次のようになります。

■実行結果

```
0
```

158

4-2　数値型に関するテクニック

```
0
```

次のように小数点を含めて演算することにより、小数点以下を求めることができます。

```
--1÷3＝
PRINT 1.0 / 3.0;

--1÷2＝
PRINT 1.0 / 2.0;
```

実行結果は次のようになります。

■実行結果

```
0.333333
0.500000
```

・**数値の四捨五入**

まずは、四捨五入の方法を見てみましょう。SQL Serverで四捨五入するには、ROUND
関数を使用します。ROUND関数の構文は、次のとおりです。

構文

```
ROUND([数値型の式],[有効桁数])
```

ROUND関数を使用した例をいくつか見てみましょう。

```
/* 四捨五入 */
--小数点第一位を四捨五入します。
PRINT ROUND(123.456, 0);
--小数点第二位を四捨五入します。
PRINT ROUND(123.456, 1);
--小数点第三位を四捨五入します。
PRINT ROUND(123.456, 2);
--一の位を四捨五入します。
PRINT ROUND(123.456, -1);
--十の位を四捨五入します。
PRINT ROUND(123.456, -2);
```

159

実行結果は次のようになります。

■実行結果

```
123.000
123.500
123.460
120.000
100.000
```

ROUND関数の第2パラメータに指定する値が0の場合、小数点第一位を四捨五入し、結果は整数となります。

第2パラメータに正の値（プラス値）を指定した場合、小数部を四捨五入します。第2パラメータに負の値（マイナス値）を指定した場合、整数部を四捨五入します。

・数値の切り捨てと切り上げ

次に、切り捨てと切り上げを見てみましょう。SQL Serverでは、切り捨ての場合はFLOOR関数を使用します。構文は次のとおりです。

構文

```
FLOOR([数値型の式])
```

切り上げの場合はCEILING関数を使用します。構文は次のとおりです。

構文

```
CELING([数値型の式])
```

ROUND関数と違い、有効桁数の指定ができないため、少々工夫が必要です。先ほどの例のように「123.456」を切り捨てする例を見てみましょう。

```
/* 切り捨て */
--小数点第一位を切り捨てます。
PRINT FLOOR(123.456);
--小数点第二位を切り捨てます。
PRINT FLOOR(123.456 * 10) / 10;
--小数点第三位を切り捨てます。
```

4-2 数値型に関するテクニック

第2部 SQL基礎編

```
PRINT FLOOR(123.456 * 100) / 100;
---一の位を切り捨てます。
PRINT FLOOR(123.456 / 10) * 10;
--十の位を切り捨てます。
PRINT FLOOR(123.456 / 100) * 100;
```

実行結果は次のようになります。

■実行結果

```
123
123.400000
123.450000
120
100
```

同様にして、「123.456」を切り上げする例を見てみましょう。

```
/* 切り上げ */
--小数点第一位を切り上げます。
PRINT CEILING(123.456);
--小数点第二位を切り上げます。
PRINT CEILING(123.456 * 10) / 10;
--小数点第三位を切り上げます。
PRINT CEILING(123.456 * 100) / 100;
---一の位を切り上げます。
PRINT CEILING(123.456 / 10) * 10;
--十の位を切り上げます。
PRINT CEILING(123.456 / 100) * 100;
```

実行結果は次のようになります。

■実行結果

```
124
123.500000
123.460000
130
200
```

前述のように、FLOOR関数とCEILING関数には有効桁数の指定ができません。そのた

161

第4章 データ型とデータオブジェクトに関するSQLコマンド例

め、対象となる値を演算する前に、あらかじめ10の倍数を乗算したり除算しておくことで、切り捨て／切り上げを行う桁の位置を小数第一位に移動させる必要があります。

たとえば、「123.456」の小数点第三位を切り捨てる場合、FLOOR関数を実行する前に対象となる値に100を乗算し、FLOOR関数の実行結果に対し改めて100を除算します。

平均値・メジアン（中央値）・モード（最頻値）

今度は、SQL Serverで平均値、メジアン（中央値）、モード（最頻値）を求める方法を見てみましょう。

次の「成績」テーブルは、あるクラスにおけるテストの結果を生徒別に表したものです。

■「成績」テーブル

学籍番号	氏名	国語	数学	理科	社会	英語
1	江成秋雄	74	90	99	49	69
2	宇野修子	91	34	93	56	80
3	柴崎信子	38	56	8	59	34
4	大矢八重子	50	42	84	19	98
5	浜本雅子	50	34	68	16	78

以下のようなクエリで作成しています。

```
--[成績]テーブルを作成します。
CREATE TABLE [成績]
(
    [学籍番号]    INT
  , [氏名]        NVARCHAR(40)
  , [国語]        INT
  , [数学]        INT
  , [理科]        INT
  , [社会]        INT
  , [英語]        INT
);

--[成績]テーブルに初期データを追加します。
INSERT INTO [成績] ([学籍番号], [氏名], [国語], [数学], [理科], [社会], [英語])
    VALUES (1, '江成秋雄', 74, 90, 99, 49, 69);
INSERT INTO [成績] ([学籍番号], [氏名], [国語], [数学], [理科], [社会], [英語])
    VALUES (2, '宇野修子', 91, 34, 93, 56, 80);
INSERT INTO [成績] ([学籍番号], [氏名], [国語], [数学], [理科], [社会], [英語])
```

4-2 数値型に関するテクニック

```
      VALUES (3, '柴崎信子', 38, 56, 8, 59, 34);
INSERT INTO [成績] ([学籍番号], [氏名], [国語], [数学], [理科], [社会], [英語])
      VALUES (4, '大矢八重子', 50, 42, 84, 19, 98);
INSERT INTO [成績] ([学籍番号], [氏名], [国語], [数学], [理科], [社会], [英語])
      VALUES (5, '浜本雅子', 50, 34, 68, 16, 78);
```

・平均値

　まずは、生徒5人の国語の平均点を求めてみましょう。SQL Serverで平均値を求めるには、AVG関数を使用します。AVG関数の構文は、次のとおりです。

▌構文

```
AVG ([ALL | DISTINCT] [数式])
```

　[数式]には、集計関数とサブクエリを指定することはできませんが、カラム名を指定することができます。AVG関数にALLを指定した場合、指定されたすべての値に対する平均を求めます。DISTINCTを指定した場合、重複する値を1つとして平均を求めます。ALLもDISTINCTも指定しなかった場合、ALLが既定値となります。

　では、AVG関数を利用して「成績」テーブルから国語の平均を求めてみましょう。ALLを指定した場合は次のとおりです。

```
--ALLを指定した場合
SELECT AVG(ALL [国語]) AS [国語平均点] FROM [成績];
```

　実行結果は次のようになります。

■実行結果

```
国語平均点
----------
60
```

　DISTINCTを指定した場合は次のとおりです。

```
--DISTINCTを指定した場合
SELECT AVG(DISTINCT [国語]) AS [国語平均点] FROM [成績];
```

第4章　データ型とデータオブジェクトに関するSQLコマンド例

　実行結果は次のようになります。

■実行結果

```
国語平均点
----------
63
```

　何も指定しなかった場合は次のとおりです。

```
--何も指定しなかった場合
SELECT AVG([国語]) AS [国語平均点] FROM [成績];
```

　実行結果は次のようになります。

■実行結果

```
国語平均点
----------
60
```

　ALLを指定した場合（もしくは何も指定しなかった場合）の計算式は次のとおりです。

$$(74+91+38+50+50)/5 = 303/5 = 60.6$$

　[国語]カラムがINT型で定義されていますので、実行結果は整数値の「60」が返ります。ALLを指定した場合は、重複する値があった場合でもすべての値から平均値を算出するため、上記のような計算式となります。

　これに対し、DISTINCTを指定した場合の計算式は次のとおりです。

$$(74+91+38+50)/4 = 253/5 = 63.25$$

　DISTINCTを指定した場合、重複する値は省かれます。学籍番号「4」と学籍番号「5」の国語の点数は同一の「50」点なので、平均値を求める際には1回しか使用されず、上記のような計算式となります。

4-2　数値型に関するテクニック

・メジアン（中央値）

　次に、メジアン（中央値）を求める方法を見てみましょう。メジアンとは、有限個のデータを大きさの順番で並べた場合、真ん中に来る値のことを言います。つまり、上記の「成績」テーブルの場合、5人の生徒がいますので、成績のよい方から並べて3番目によい点数がメジアンとなります。

　SQL Serverでメジアンを求める場合、次のようなクエリが考えられます。

```
SELECT
    (
        (SELECT MAX([国語]) FROM
            (SELECT TOP 50 PERCENT [国語] FROM [成績] ORDER BY [国語]) AS [下位])
    +
        (SELECT MIN([国語]) FROM
            (SELECT TOP 50 PERCENT [国語] FROM [成績] ORDER BY [国語] DESC) AS [上位])
    )
    / 2 AS [国語中央値];
```

　実行結果は次のようになります。

■実行結果

```
国語中央値
----------
50
```

　このクエリは、前述の「成績」テーブルにて、「国語」のメジアンを求めています。まず、「成績」テーブルを国語の点数順に上位半分と下位半分に分け、上位半分に選ばれた点数のうち最下位のものを求め、さらに下位半分に選ばれた点数から最上位のものを求めます。その2つを合算して2で除算することで、メジアンを求めています。「SELECT TOP 50 PERCENT」は先頭の50%を取得することを意味し、ORDER BY句は昇順（DESCを付けると降順）にデータをソートします。

・モード（最頻値）

　最後に、モード（最頻値）を求める方法を見てみましょう。モードは、その名のとおり、もっとも多く頻出した値のことです。たとえば、「成績」テーブルの「国語」の点数で言えば、50点の値が2つあり、それ以外の点数はかぶっていませんので、モードは「50」となります。

　クエリでモードを求める方法は、次のようなものが考えられます。

第4章　データ型とデータオブジェクトに関するSQLコマンド例

```
SELECT    [国語] AS [国語最頻値]
FROM      [成績]
GROUP BY
          [国語]
HAVING    COUNT(*) =
          (
                 SELECT  MAX([CNT])
                 FROM    (
                                SELECT  COUNT(*) AS [CNT]
                                FROM    [成績]
                                GROUP BY
                                        [国語]
                         ) AS [C]
          );
```

実行結果は次のようになります。

■実行結果

```
国語最頻値
----------
50
```

　このクエリは、まず、サブクエリにて「成績」テーブルを「国語」の値によって
GROUP BY句（P.216参照）でグルーピングし、そのなかでもっとも件数が多い値の件数
のみを求めます。さらに、上位のクエリによってやはり「国語」の値によってグルーピン
グした「成績」テーブルから、先ほど求めたもっとも件数が多い値のみをHAVING句（P.218
参照）によって絞り込んでいます（GROUP BY句によってグルーピングされた集合から
データを絞り込む場合、WHERE句ではなくHAVING句を使用します）。

　さて、これで平均値、中央値、最頻値を求める方法をすべて紹介しましたが、平均値以
外においては、専用の関数が存在しません。しかし、前述のとおり、クエリ自体は決して
難しいものではないため、このクエリのテーブル名とカラム名を可変とした動的SQLを構
築し、独自関数としておくのもよいかもしれません。

順位の取得

　SQL Serverで、ある項目における順位付けを行う場合、次の4つの関数が用意されて
います。

· ROW_NUMBER 関数
· RANK 関数
· DENSE_RANK 関数
· NTILE 関数

まずは、この4つの関数の違いを見てみましょう。次のような「点数」テーブルがあります。

■「点数」テーブル

コード	氏名	点
1	高梨邦彦	98
2	向井正之	100
3	松島美幸	95
4	白木尚夫	99
5	大倉亜希	98
6	合田達	92
7	大坪彩芽	92
8	北岡悠花	96
9	井川隆三	99
10	平井信吉	91

上記テーブルを生成するクエリは、次のとおりです。

```
-- 「点数」テーブルを作成します。
CREATE TABLE [点数]
(
    [コード]      INT
  , [氏名]       NVARCHAR(10)
  , [点]        INT
);

-- 「点数」テーブルにデータを追加します。
INSERT INTO [点数] ([コード], [氏名], [点]) VALUES ( 1, '高梨邦彦',  98);
INSERT INTO [点数] ([コード], [氏名], [点]) VALUES ( 2, '向井正之', 100);
INSERT INTO [点数] ([コード], [氏名], [点]) VALUES ( 3, '松島美幸',  95);
INSERT INTO [点数] ([コード], [氏名], [点]) VALUES ( 4, '白木尚夫',  99);
INSERT INTO [点数] ([コード], [氏名], [点]) VALUES ( 5, '大倉亜希',  98);
INSERT INTO [点数] ([コード], [氏名], [点]) VALUES ( 6, '合田達',    92);
INSERT INTO [点数] ([コード], [氏名], [点]) VALUES ( 7, '大坪彩芽',  92);
INSERT INTO [点数] ([コード], [氏名], [点]) VALUES ( 8, '北岡悠花',  96);
INSERT INTO [点数] ([コード], [氏名], [点]) VALUES ( 9, '井川隆三',  99);
```

第4章　データ型とデータオブジェクトに関するSQLコマンド例

```
INSERT INTO [点数] ([コード], [氏名], [点]) VALUES (10, '平井信吉', 91);
```

　さきほどの4つの関数を実行し、それぞれの違いを見てみましょう。順位付けを行うには、OVER句を次のように使います。

```
SELECT  [コード]
      , [氏名]
      , [点]
      , ROW_NUMBER()    OVER (ORDER BY [点] DESC) AS "ROW_NUMBERの結果"
      , RANK()          OVER (ORDER BY [点] DESC) AS "RANKの結果"
      , DENSE_RANK()    OVER (ORDER BY [点] DESC) AS "DENSE RANKの結果"
      , NTILE(6)        OVER (ORDER BY [点] DESC) AS "NTILEの結果"
FROM    [点数]
ORDER BY
        [コード];
```

　このクエリを実行すると、次のような結果が得られます。

■実行結果

コード	氏名	点	ROW_NUMBERの結果	RANKの結果	DENSE RANKの結果	NTILEの結果
1	高梨邦彦	98	5	4	3	3
2	向井正之	100	1	1	1	1
3	松島美幸	95	7	7	5	4
4	白木尚夫	99	2	2	2	1
5	大倉亜希	98	4	4	3	2
6	合田達	92	8	8	6	4
7	大坪彩芽	92	9	8	6	5
8	北岡悠花	96	6	6	4	3
9	井川隆三	99	3	2	2	2
10	平井信吉	91	10	10	7	6

　実行結果を見ると、ROW_NUMBER関数の場合、戻り値に重複がないのがわかります。同一点の場合でも、異なる順位割り振られています。しかし、その基準が不明瞭です。せめて同一点の場合はコード順になっていればよいのですが、そうもなっていないようです。
　RANK関数の場合、同一点には同じ順位が振られています。コード「4」の生徒とコード「9」の生徒が同一点で2位ですが、その次に点のよいコード「1」とコード「5」は、順位が4位となり、順位「3」は空き番となります。

168

DENSE RANK関数の場合、こちらも同一点には同じ順位が振られますが、順位に空き番がないように振られます。

NTILE関数の場合は少々特殊で、あらかじめ引数に指定された数にグループ分けします。つまり、点のよかった生徒から順にグループ1からはじめ、点の悪かった生徒まで、引数に指定された数と同じ順位が最後のグループに割り振られます。NTILE関数も、同じ点なのにグループが異なったりする場合もあり、その基準が不明瞭です。

さて、これらの関数を用いなくても、次のように自己結合サブクエリを使用することにより、順位を求めることもできます（サブクエリは5-1、自己結合は5-3参照）。なお、このSQLのように列名を「テーブル名.列名」のように記述することができます。

```
SELECT  [m].[コード]
      , [m].[氏名]
      , [m].[点]
      , (
            SELECT  COUNT(*)
            FROM    [点数] AS [s]
            WHERE   s.[点] > m.[点]
        ) + 1 AS [順位]
FROM    [点数] AS [m]
ORDER BY
        [m].[コード];
```

実行結果は次のようになります。

■実行結果

コード	氏名	点	順位
1	高梨邦彦	98	4
2	向井正之	100	1
3	松島美幸	95	7
4	白木尚夫	99	2
5	大倉亜希	98	4
6	合田達	92	8
7	大坪彩芽	92	8
8	北岡悠花	96	6
9	井川隆三	99	2
10	平井信吉	91	10

この結果は、RANK関数と同じ結果です。SELECTステートメント内のサブクエリは、

第4章　データ型とデータオブジェクトに関するSQLコマンド例

該当レコードよりも「点」の値が低いレコードの件数を取得することで、該当レコードの順位を求めています。

では、ついでにROW_NUMBER関数と同じ結果となるクエリも考えてみましょう。これも同じようなサブクエリの使い方をしますが、件数の取得方法が若干違います。

```
SELECT  [m].[コード]
     ,  [m].[氏名]
     ,  [m].[点]
     ,  (
            SELECT  COUNT(*)
            FROM    [点数] AS [s]
            WHERE   s.[点] > m.[点]
        ) +
        (
            SELECT  COUNT(*)
            FROM    [点数] AS [s]
            WHERE   s.[点] = m.[点]
            AND     s.[コード] <= m.[コード]
        ) AS [順位]
FROM    [点数] AS [m]
ORDER BY
        [m].[コード];
```

■実行結果

コード	氏名	点	順位
1	高梨邦彦	98	4
2	向井正之	100	1
3	松島美幸	95	7
4	白木尚夫	99	2
5	大倉亜希	98	5
6	合田達	92	8
7	大坪彩芽	92	9
8	北岡悠花	96	6
9	井川隆三	99	3
10	平井信吉	91	10

若干、ROW_NUMBER関数の実行結果と違います。ROW_NUMBER関数の場合、同一点の生徒の順位付けが不明瞭でしたが、サブクエリを利用したこのクエリの場合、同一点の生徒に関してはコード順によって順位付けするという明瞭な基準があります。

DENSE RANK関数も、サブクエリで同等の結果を求めるクエリを考えてみましょう。

4-2 数値型に関するテクニック

要は、同一の点のレコード件数をカウントしなければよいだけですから、次のように、DISTINCTをサブクエリ内で使用するだけで、かんたんに解決します。

```
SELECT  [m].[コード]
    , [m].[氏名]
    , [m].[点]
    , (
            SELECT  COUNT(DISTINCT [点])
            FROM    [点数] AS [s]
            WHERE   s.[点] > m.[点]
        ) + 1 AS [順位]
FROM    [点数] AS [m]
ORDER BY
        [m].[コード];
```

実行結果は次のようになります。

■ 実行結果

コード	氏名	点	順位
1	高梨邦彦	98	3
2	向井正之	100	1
3	松島美幸	95	5
4	白木尚夫	99	2
5	大倉亜希	98	3
6	合田達	92	6
7	大坪彩芽	92	6
8	北岡悠花	96	4
9	井川隆三	99	2
10	平井信吉	91	7

なお、NTILE関数をサブクエリで実装するのは非常に難しいため割愛します。

COUNT関数の挙動

レコードの件数を取得するには、COUNT関数を使用します。COUNT関数の構文は、次のとおりです。

171

第 4 章　データ型とデータオブジェクトに関するSQLコマンド例

構文

```
COUNT([式])
```

　たとえば、以下の「社員」テーブルのレコード件数を取得する場合は、次のようなクエリを書くのが一般的です。

■「社員」テーブル

連番	氏名	氏名（カタカナ）	性別	電話番号	メールアドレス	生年月日
1	長谷部美奈子	ハセベミナコ	女	084-521-3337	(NULL)	1960/11/24
2	小峰風香	コミネフウカ	女	088-571-5772	akomine@qmtoklz.skg	1980/1/6
3	福原善一	フクハラゼンイチ	男	074-900-1645	zenichi_fukuhara@agomdlbc.jo	1963/1/7
4	平岡泰	ヒラオカヤスシ	男	(NULL)	yasushi378@wela.ap	1981/9/19
5	古谷伸一	フルヤシンイチ	男	082-251-0524	ifuruya@rvyfzhgr.zjr.aq	1972/4/1
6	天野幸男	アマノユキオ	男	095-301-5757	yukio844@toiyk.lr	1976/12/8
7	曽根喜代子	ソネキヨコ	女	(NULL)	kiyoko72838@utqhkhr.sz	1995/11/1
8	熊沢一三	クマザワカズミ	男	077-418-8275	Kazumi_Kumazawa@zytzpvt.bxfji.hq	1973/10/6
9	谷川修二	タニガワシュウジ	男	074-90-8073	(NULL)	1964/4/20
10	渡邊千秋	ワタナベチアキ	女	095-407-9918	pewa-pnqtxchiaki03012@jlvt.xkp	1985/4/28

※上記個人情報は、以下のサイトによって自動生成されました。
https://hogehoge.tk/personal/generator/

```
SELECT COUNT(*) AS [件数] FROM [社員];
```

　実行結果は次のようになります。

■実行結果

```
件数
-----
10
```

　この場合、COUNT関数の引数にはアスタリスク「*」を指定しましたが、カラム名を指定することもできます。たとえば、「連番」列を指定してみます。

```
SELECT COUNT([連番]) AS [件数] FROM [社員];
```

実行結果は次のようになります。

■実行結果

```
件数
－－－－－
10
```

「*」の場合と結果は同じです。では、「電話番号」列を引数に指定してCOUNT関数を実行してみましょう。この場合は結果が異なります。

```
SELECT COUNT([電話番号]) AS [件数] FROM [社員];
```

実行結果は次のようになります。

■実行結果

```
件数
－－－－－
8
```

これは、COUNT関数がNULLのデータを省いて件数を返すためです。「電話番号」列がNULLとなっているレコードは2件存在するため、その2件分の件数が省かれた8件が結果として返ります。

さらに、COUNT関数とDISTINCTの組み合わせにより、指定したカラムの値の種類を求めることができます。たとえば、次のクエリを実行した場合の結果を見てみましょう。

```
SELECT COUNT(DISTINCT(性別)) AS [件数] FROM [社員];
```

■実行結果

```
件数
－－－－－
2
```

DISTINCTによって重複した値はカウントされません。つまり、以下の実行結果の件数をカウントした結果と同一です。

第4章 データ型とデータオブジェクトに関するSQLコマンド例

```
SELECT DISTINCT [性別] AS [性別種類] FROM [社員];
```

■実行結果

```
性別種類
----------
女
男
```

第**2**部

SQL基礎編

4-3 日付型に関するテクニック

4-3 日付型に関するテクニック

本節では、日付に関するデータ型を操作する場合のテクニックについて、説明します。日付に関するフォーマットは、国によってさまざまであるため、文字列型に変換する場合には注意が必要です。

日付を文字列に変換

SQL Serverにおけるデータの型変換について、ANSI標準のCAST関数とSQL Serverの独自仕様であるCONVERT関数があるのは前述のとおりです（4-2参照）。文字列型の変換でも、この2つの関数を用います。

・CAST関数を用いた変換

実際に、CAST関数を使って日付型を文字列型に変換する例を見てみましょう。ANSI標準のCURRENT_TIMESTAMP関数を使い、現在日時を文字列型に変換してみます。

```
PRINT CAST(CURRENT_TIMESTAMP AS VARCHAR);
```

実行結果は次のようになります。

■実行結果
```
10  9 2018 12:43PM
```

どうやら変換はできたようですが、日本ではあまり見慣れない表記です。月、日、年、時刻（PM／AM）という並び順になっています。日本でなじみの表記である年月日、時刻の並び順にしたいのですが、CAST関数ではそれができません。

・CONVERT関数を用いた変換

次に、CONVERT関数の場合を見てみましょう。CONVERT関数の構文を再度確認します。

175

第 4 章　データ型とデータオブジェクトに関するSQLコマンド例

構文

```
CONVERT([変換後のデータ型]([変換後のデータ型の長さ]),[任意の有効な式],
[expressionを変換する方法を指定する整数式])
```

　CAST関数と違い、第3パラメータが追加されています。このパラメータに適切な値を指定することで、任意の文字列型に変換することができます。省略可能なパラメータですが、NULLを指定した場合、CONVERT関数はNULLを返します。

■ CONVERT関数の変換方法のパラメータ

年表記のスタイル		入力 / 出力 (DateTime 型に変換する時は入力、文字に変換する場合は出力)	標準
2桁	4桁		
–	0または100	mon dd yyy hh:miAM mon dd yyy hh:miPM	既定値
1	101	1: mm/dd/yy 101: mm/dd/yyyy	米国
2	102	2: yy.mm.dd 102: yyyy.mm.dd	ANSI
3	103	3: dd/mm/yy 103: dd/mm/yyyy	イギリス / フランス
4	104	4: dd.mm.yy 104: dd.mm.yyyy	ドイツ語
5	105	5: dd-mm-yy 105: dd-mm-yyyy	イタリア語
6	106	6: dd mon yy 106: dd mon yyyy	
7	107	7: Mon dd, yy 107: Mon dd, yyyy	
8	108	hh:mi:ss	
	9または109	mon dd yyyy hh:mi:ss:mmmAM (または PM)	既定値 + ミリ秒
10	110	10: mm-dd-yy 110: mm-dd-yyyy	米国
11	111	11: yy/mm/dd 111: yyyy/mm/dd	日本
12	112	12: yymmdd 112: yyyymmdd	ISO
	13または113	dd mon yyyy hh:mi:ss:mmm (24h)	ヨーロッパの既定値 + ミリ秒
14	114	hh:mi:ss:mmm (24h)	

176

	20または120	yyyy-mm-dd hh:mi:ss (24h)	ODBC 標準
–	21または121	yyyy-mm-dd hh:mi:ss.mmm (24h)	ODBC 標準 (ミリ秒)
	126	yyyy-mm-ddThh:mi:ss.mmm (mmmが0のとき出力されない)	ISO8601
	127	yyyy-mm-ddThh:mi:ss.mmmZ (mmmが0のとき出力されない) (Zはタイムゾーン)	ISO 8601 (タイム ゾーン Z)
	130	dd mon yyyy hh:mi:ss:mmmAM (monはイスラム暦の月) (表示できる文字コードセットかNVARCHARを 使用しないと表示されない)	イスラム暦
	131	dd/mm/yyyy hh:mi:ss:mmmAM (yyyyはイスラム暦の年)	イスラム暦

※引用元　CAST および CONVERT (Transact-SQL)
https://docs.microsoft.com/ja-jp/sql/t-sql/functions/cast-and-convert-transact-sql?view=sql-server-2017

　先ほどと同様に、CURRENT_TIMESTAMP関数で現在日時を文字列型に変換してみます。

```
PRINT CONVERT(VARCHAR, CURRENT_TIMESTAMP, 120);
```

　実行結果は次のようになります。

■**実行結果**

```
2018-10-09 12:53:02
```

　これであれば、年月日の並び順となり、日本人にとっても見やすい表記で文字列に変換することができました。

　ところで、SQL Serverの既定では、2桁の年は2049年を基準に判断されます。たとえば、49を2桁の年とする場合、これはSQL Serverによって2049年と判断されます。50を2桁の年とする場合、これはSQL Serverによって1950年と判断されます。

　さらに日本の場合、日付を和暦で表示することもあります。「20年」とは、2020年を表すのでしょうか、それとも平成20年を表すのでしょうか。

　SQL Serverに限らず、アプリケーション開発においては、基本は年を西暦4桁で扱うようにしましょう。

第4章 データ型とデータオブジェクトに関するSQLコマンド例

Column ▶ 2000年問題とは

1990年代の終わり、マスコミからしきりに「2000年問題」という用語が取り沙汰されました。この「2000年問題」こそ、年を2桁で抱えているシステムの弊害が最初に指摘された問題なのです。要は、1999年を2桁の数値で表す場合は「99」になりますが、2000年を2桁の数値で表す場合は「00」となります。しかし「00」という数値のみを見た場合、これは2000年を表すのかそれとも1900年を表すのか、プログラムが判断できないのではないかという指摘、これが、「2000年問題」です。

当時の多くのシステム会社は、年を2桁で扱っているプログラムのロジックを、4桁で扱うように変更しなければならなくなりました。それが難しい場合は、「00」という年は2000年を表しているというロジックに強制的にプログラムを変更する必要がありました。

ところで、なぜ4桁で表現可能な年をわざわざ2桁の年で表現したのでしょうか。その理由の1つとして、これらのシステムが開発された当時は、まだまだコンピューターの性能が低く、少しでも少ないメモリでプログラムを動作するようにしなければなりませんでした。そこで、たった2バイトのメモリを削除するために、年を2桁で表現したのです。

当時と比べれば飛躍的にコンピューターの性能が向上した現代においては、年を2桁で表現するメリットはほとんどないはずです。前述のSQL Serverの仕様と合わせて、年は4桁で取り扱うように心掛けましょう。

文字列を日付に変換

今度は、文字列型を日付型に変換する方法を見てみましょう。データ型変換は、ANSI標準のCAST関数と、SQL Server独自仕様のCONVERT関数があるのは前述のとおりです。それぞれの挙動を、見てみましょう。

・CAST関数を用いた変換

日付型に変換する文字列は、「2020/01/01」という日本ではおなじみの日付表記です。これを、まずはCAST関数で日付型に変換してみます。

```
PRINT CAST('2020/01/01' AS DATETIME);
```

実行結果は次のようになります。

4-3　日付型に関するテクニック

■実行結果
```
01  1 2020 12:00AM
```

　PRINTステートメントで実行結果を確認すると、日付表記が変わってしまいましたが、これでOKです。型変換に失敗した場合は、エラーが発生します。たとえば、「2020/02/31」という文字列型を日付型に変換してみましょう。

```
PRINT CAST('2020/02/31' AS DATETIME);
```

　実行結果は次のようになります。

■実行結果
```
メッセージ 242、レベル 16、状態 3、行 1
varchar データ型から datetime データ型への変換の結果、範囲外の値になりました。
```

　2月31日という日付はありませんので、当然の結果です。

・CONVERT関数を用いた変換

　次は、CONVERT関数の例を見てみましょう。先ほどと同様、「2020/01/01」という文字列を日付型に変換してみます。

```
PRINT CONVERT(DATETIME, '2020/01/01');
```

　実行結果は次のようになります。

■実行結果
```
01  1 2020 12:00AM
```

　前述のCAST関数と同様の結果が得られました。では、CONVERT関数の第3パラメータを指定して文字列型を日付型に変換した場合はどうでしょうか？　まず、第3パラメータに既定値を示す「100」を指定してみます。

```
PRINT CONVERT(DATETIME, '2020/01/01', 100);
```

179

第4章 データ型とデータオブジェクトに関するSQLコマンド例

実行結果は次のようになります。

■実行結果

```
メッセージ 241、レベル 16、状態 1、行 1
文字列から日付と時刻、またはそのいずれかへの変換中に、変換が失敗しました。
```

第3パラメータを指定しなかった時はエラーが出なかったのに、第3パラメータを指定したら上記のエラーとなってしまいました。これは、第2パラメータに指定した文字列が、既定値の表記ではない文字列型だったためです。

試しに、日本語表記のスタイル値である「120」を指定してみましょう。

```
PRINT CONVERT(DATETIME, '2020/01/01', 120);
```

実行結果は次のようになります。

■実行結果

```
01  1 2020 12:00AM
```

今度は、正しく日付型に変換されるのを確認できました。

日付型を文字列型に変換する際は、SQL Server独自の関数であるCONVERT関数を用いて任意の表記に変換するほうが便利ですが、文字列型から日付型に変換する際は、むしろ第3パラメータを指定する必要はなさそうです。

範囲日付が重複する期間の取得

ここで少し、頭を使うパズルをしてみましょう。例として、作業スケジュールを立てるアプリを構築するとします。作業スケジュールには、作業単位ごとに「開始日付」と「終了日付」があります。各作業単位は、重複する期間がないようにします。

180

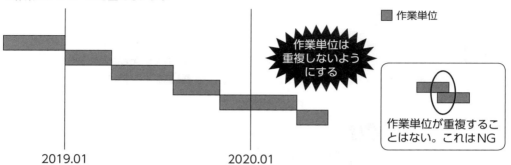

ここで新たな作業単位を追加する場合、その作業単位が他の作業単位と重複していないかどうかをチェックするSQLを考えてみましょう。ここから先を読み進める前に、ぜひとも一度、このパズルを自力で解いてみてください。考え方としては、次のようになります。

・作業スケジュールを立てるアプリの考え方

まず、これから追加する作業単位をAとし、その開始日付を「A.開始日付」、終了日付を「A.終了日付」と表します。同様に、すでに存在する作業単位をBとし、その開始日付を「B.開始日付」、終了日付を「B.終了日付」と表します。

開始日付 <= 終了日付という前提で、日付が重複するケースと重複しないケースを表すと、次のようになります。

① 「A.終了日付」<「B.開始日付」
② 「A.開始日付」<=「B.開始日付」　AND　「A.終了日付」>=「B.開始日付」　AND
　　「A.終了日付」<=「B.終了日付」
③ 「A.開始日付」>=「B.開始日付」　AND　「A.開始日付」<=「B.終了日付」　AND
　　「A.終了日付」>=「B.開始日付」　AND　「A.終了日付」<=「B.終了日付」
④ 「A.開始日付」>=「B.開始日付」　AND　「A.開始日付」<=「B.終了日付」　AND
　　「A.終了日付」>=「B.終了日付」
⑤ 「A.開始日付」>「B.終了日付」
⑥ 「A.開始日付」<=「B.開始日付」　AND　「A.終了日付」>=「B.終了日付」

①〜⑥を図で表すと、次のようになります。

第4章 データ型とデータオブジェクトに関するSQLコマンド例

■ 日付が重複するケースと重複しないケース

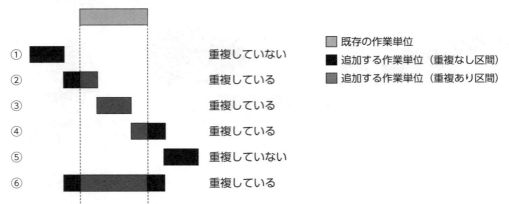

この図で見ると、日付が重複している区間が存在するのが、②③④⑥です。これを、SQLで実装することで、重複期間を求めるSQLを作成することができます。

まずは、検証用の「作業単位」テーブルに初期データを追加します。

```
CREATE TABLE 作業単位
(
    開始日付 DATETIME
  , 終了日付 DATETIME
);

INSERT INTO 作業単位 (開始日付, 終了日付) VALUES (CONVERT(DATETIME, '2019-01-01'), CONVERT(DATETIME, '2019-01-31'));
INSERT INTO 作業単位 (開始日付, 終了日付) VALUES (CONVERT(DATETIME, '2019-02-01'), CONVERT(DATETIME, '2019-02-28'));
INSERT INTO 作業単位 (開始日付, 終了日付) VALUES (CONVERT(DATETIME, '2019-03-01'), CONVERT(DATETIME, '2019-03-31'));
INSERT INTO 作業単位 (開始日付, 終了日付) VALUES (CONVERT(DATETIME, '2019-04-01'), CONVERT(DATETIME, '2019-04-30'));
INSERT INTO 作業単位 (開始日付, 終了日付) VALUES (CONVERT(DATETIME, '2019-05-01'), CONVERT(DATETIME, '2019-05-31'));
--INSERT INTO 作業単位 (開始日付, 終了日付) VALUES (CONVERT(DATETIME, '2019-06-01'), CONVERT(DATETIME, '2019-06-30'));
INSERT INTO 作業単位 (開始日付, 終了日付) VALUES (CONVERT(DATETIME, '2019-07-01'), CONVERT(DATETIME, '2019-07-31'));
INSERT INTO 作業単位 (開始日付, 終了日付) VALUES (CONVERT(DATETIME, '2019-08-01'), CONVERT(DATETIME, '2019-08-31'));
INSERT INTO 作業単位 (開始日付, 終了日付) VALUES (CONVERT(DATETIME, '2019-09-01'), CONVERT(DATETIME, '2019-09-30'));
```

4-3　日付型に関するテクニック

```
INSERT INTO 作業単位 (開始日付, 終了日付) VALUES (CONVERT(DATETIME, '2019-
10-01'), CONVERT(DATETIME, '2019-10-31'));
INSERT INTO 作業単位 (開始日付, 終了日付) VALUES (CONVERT(DATETIME, '2019-
11-01'), CONVERT(DATETIME, '2019-11-30'));
INSERT INTO 作業単位 (開始日付, 終了日付) VALUES (CONVERT(DATETIME, '2019-
12-01'), CONVERT(DATETIME, '2019-12-31'));
```

　重複期間のチェックを行うだけですので、「作業単位」テーブルには「開始日付」と「終了日付」のカラムしかありません。このテーブルに対し、2019年の1ヶ月分ずつのレコードを追加しましたが、あえて6月分のレコードを作成しませんでした。

　さて、実際の重複期間を判別するためのクエリは、Transact-SQL（第3部参照）を使うと次のとおりです。

```
--新規で追加する作業単位の開始日付を定義します。
DECLARE @開始日付 DATETIME;
SET @開始日付 = '2019-06-01';

--新規で追加する作業単位の終了日付を定義します。
DECLARE @終了日付 DATETIME;
SET @終了日付 = '2019-06-10';

--重複期間の有無を判定します。
SELECT   CASE
             WHEN COUNT('X') > 0 THEN      '重複期間あり'
             ELSE                          '重複期間なし'
         END AS 結果
FROM     作業単位
WHERE    ((@開始日付 <= 開始日付) AND (@終了日付 >= 開始日付) AND (@終了日付 <=
終了日付))
OR       ((@開始日付 >= 開始日付) AND (@開始日付 <= 終了日付) AND (@終了日付 >=
開始日付) AND (@終了日付 <= 終了日付))
OR       ((@開始日付 >= 開始日付) AND (@開始日付 <= 終了日付) AND (@終了日付 >=
終了日付))
OR       ((@開始日付 <= 開始日付) AND (@終了日付 >= 終了日付));
```

　この例では、開始日付に「2019-06-01」、終了日付に「2019-06-10」を指定してクエリを検証しました。

　この範囲における作業単位データは存在しませんので、結果、「重複期間なし」という結果が返ります。

第4章　データ型とデータオブジェクトに関するSQLコマンド例

■実行結果

```
結果
─────────────────────
重複期間なし
```

　ほかにも、いろいろと日付を変更し、期間が重複している場合でも正しい結果が返ることを確認してみてください。

　業務においても、このようなパズル的要素がある問題に取り組めることは、SQLの最大の魅力です。実際、SQLで解くパズルの書籍も発刊されています。SQLに必要な論理的思考をはぐくむために、ぜひともこういったパズルに慣れ親しんでおくとよいでしょう。

4-4 データベースオブジェクトに関するテクニック

データベースオブジェクトに関するテクニック

4-4

本節では、SQL Server 独自のシステムテーブルを利用することで、データベースオブジェクトに関するさまざまなデータを参照する方法について、説明します。ほかにも、テーブルのデータをかんたんにバックアップする方法などについても説明します。

データベースオブジェクトの存在をチェック

データベースオブジェクトは、「sys.objects」というシステムテーブルを参照することで、どのようなテーブルやビュー、ストアドプロシージャがそのデータベースに存在するのかなどを確認することができます。

まずは、WHERE句の条件なしに「sys.objects」テーブルを参照してみます。

```
SELECT * FROM sys.objects;
```

すると、次のようなテーブルが表示されます。

■「sys.objects」テーブル

name	object_id	principal_id	schema_id	parent_object_id	type	type_desc	create_date
sysrscols	3	NULL	4	0	S	SYSTEM_TABLE	2010/4/2 16:59:23
sysrowsets	5	NULL	4	0	S	SYSTEM_TABLE	2010/4/2 16:59:23
sysallocunits	7	NULL	4	0	S	SYSTEM_TABLE	2010/4/2 16:59:23
sysfiles1	8	NULL	4	0	S	SYSTEM_TABLE	2003/4/8 09:13:38
syspriorities	17	NULL	4	0	S	SYSTEM_TABLE	2010/4/2 16:59:24
sysfgfrag	19	NULL	4	0	S	SYSTEM_TABLE	2010/4/2 16:59:23
sysphfg	23	NULL	4	0	S	SYSTEM_TABLE	2010/4/2 16:59:23
sysprufiles	24	NULL	4	0	S	SYSTEM_TABLE	2010/4/2 16:59:23
sysftinds	25	NULL	4	0	S	SYSTEM_TABLE	2010/4/2 16:59:23
sysowners	27	NULL	4	0	S	SYSTEM_TABLE	2010/4/2 16:59:23

（以下略）

さまざまな項目がありますが、とくに重要なカラムは、「name」「object_id」「type_desc」です。

「name」は、データベースオブジェクトの名前です。

「object_id」は、データベースオブジェクトを一意にするID列です。データベースオブジェクトを識別するために使用されます。

「type_desc」は、データベースオブジェクトの種類を表します。たとえば、「SYSTEM_TABLE」はシステムテーブルを表し、「USER_TABLE」はユーザーテーブルを表します。

さて、このデータベースオブジェクトを利用することで、データベースオブジェクトの存在チェックを行うことができます。たとえば、「sp_sample」という名前で始まるストアドプロシージャがデータベース内に存在するかどうかをチェックするクエリは、次のとおりです。

```sql
SELECT   CASE
             WHEN COUNT(*) > 0 THEN '存在します。'
                             ELSE '存在しません'
         END AS [結果]
FROM     sys.objects
WHERE    name LIKE 'sp_sample%'
AND      TYPE_DESC = 'SQL_STORED_PROCEDURE';
```

実行結果は次のようになります。

■実行結果

```
結果
--------------------
存在します。
```

また、たとえばストアドプロシージャを作成する際、Transact-SQL（第3部参照）を使って次のようにそのストアドプロシージャの存在チェックを行い、もしすでに存在しているようであればいったん削除するという手法も可能です。

```sql
--すでにストアドプロシージャが存在する場合
IF (
    EXISTS
       (
           SELECT  *
           FROM    sys.objects
```

```
            WHERE    name = 'sp_sample1'
            AND      TYPE_DESC = 'SQL_STORED_PROCEDURE'
        )
    )
BEGIN
    --当該ストアドプロシージャを削除します。
    DROP PROCEDURE sp_sample1;
END
GO

--ストアドプロシージャを作成します。
CREATE PROCEDURE sp_sample1
AS
BEGIN
    SELECT *
    FROM   tbl_test;
END
GO
```

　仮に「sp_sample1」というストアドプロシージャを作成する場合、このように、ストアドプロシージャを作成するCREATE PROCEDUREの前に、EXISTSで「sys.objects」テーブル内の存在チェックを行い、もし存在した場合は、DROP PROCEDUREによってsp_sample1を削除してからCREATE PROCEDUREを実行します。

　このクエリをまとめて実行する場合、CREATE PROCEDUREは必ず文頭として開始されなければならないため、その前にGOを実行することにより、まずはストアドプロシージャの存在チェックを先に実行しておきます。

　また、データベースオブジェクトのうち、テーブルだけであれば、sys.tablesを参照します。

```
SELECT * FROM sys.tables;
```

第4章　データ型とデータオブジェクトに関するSQLコマンド例

■「sys.tables」テーブル

name	object_id	principal_id	schema_id	parent_object_id	type	type_desc	create_date	
tbl_department	901578250	NULL	1	0	U	USER_TABLE	2018/10/14 7:27:13	
tbl_post	933578364	NULL	1	0	U	USER_TABLE	2018/10/14 7:27:14	
tbl_employee	965578478	NULL	1	0	U	USER_TABLE	2018/10/14 7:27:14	
tbl_emp_log	1029578706	NULL	1	0	U	USER_TABLE	2018/10/14 7:27:14	
tbl_dpt_emp	1045578763	NULL	1	0	U	USER_TABLE	2018/10/14 7:27:14	
tbl_sarary	1061578820	NULL	1	0	U	USER_TABLE	2018/10/14 7:27:14	…以下略
tbl_parttimer	1093578934	NULL	1	0	U	USER_TABLE	2018/10/14 7:27:14	
tbl_period	1141579105	NULL	1	0	U	USER_TABLE	2018/10/14 7:27:14	

　sys.tablesテーブルについても、とくによく使うのが「name」と「object_id」です。「object_id」は、データベースオブジェクトごとに振られているユニークな存在ですので、ほかのシステムテーブルと紐づけする際に使用されます。その例については、後述します。

データベースそのものの存在をチェック

　続いて、データベースそのものの存在チェックを行う方法を見てみます。システムデータベースも含めて、SQL Serverに存在するデータベースの情報は、「sys.databases」テーブルに格納されています。

```
SELECT * FROM sys.database;
```

　すると、次のようなテーブルが表示されます。

■「sys.databases」テーブル

name	database_id	source_database_id	owner_sid	create_date	compatibility_level	collation_name	user_access	
master	1	NULL	0x01	2003/04/08 09:13:36	100	Japanese_CI_AS	0	
tempdb	2	NULL	0x01	2018/11/12 08:00:48	100	Japanese_CI_AS	0	
model	3	NULL	0x01	2003/04/08 09:13:36	100	Japanese_CI_AS	0	…以下略
msdb	4	NULL	0x01	2010/04/02 17:35:09	100	Japanese_CI_AS	0	
TEST	5	NULL	0x01	2018/04/27 13:50:18	100	Japanese_BIN	0	

188

4-4　データベースオブジェクトに関するテクニック

データベースの名称から存在チェックに使うのはもちろん、復旧モデル、照合順序、コンパチレベルなどの情報を保持しているため、データベースの状態チェックの際にも利用できます。

データベースオブジェクトの従属関係を表示

たとえば、あるテーブルはほかのどのデータベースオブジェクトから参照されているか、ストアドプロシージャの階層図を作成する場合等、データベースオブジェクトの従属関係を調査したい場合は、システムテーブルの「sys.sysdepends」を参照します。

```
SELECT * FROM sys.sysdepends;
```

■「sys.sysdepends」テーブル

id	depid	number	depnumber	status	deptype	depdbid	depsiteid	selall	resultobj	readobj
101575400	85575343	1	1	10	0	0	0	1	0	1
101575400	85575343	1	2	6	0	0	0	1	1	0

「sys.sysdepends」テーブルには、「id」列と「depid」列があり、これは「sys.objects」テーブルのobject_idに該当します。試しに、「sys.sysdepends」テーブルの「id」列と「depid」列を、「sys.objects」テーブルの「object_id」列と結合してみましょう。

```
SELECT  DISTINCT
        (SELECT name FROM sys.objects AS o WHERE o.object_id = d.id) AS 主
      , (SELECT name FROM sys.objects AS o WHERE o.object_id = d.depid) AS 従属
FROM    sys.sysdepends AS d;
```

実行結果は次のようになります。

■実行結果

```
主           従属
──────────  ──────────
sp_test      tbl_test
```

これを見ると、「sp_test」というデータベースオブジェクトが「tbl_test」というデータベースオブジェクトを参照しているのがわかります。「sys.objects」には、データベースオブジェ

189

クトの種類も取得できますので、実際に「sp_test」や「tbl_test」がどういったデータベースオブジェクトなのかも併せて取得することができます。

　これを利用することで、複雑に階層化したストアドプロシージャの従属関係を表示することも可能となります。

　筆者が以前携わったことがあるデータベースアプリケーションでは、ストアドプロシージャが5,000以上あり、階層図で見れば10階層近く従属されているストアドプロシージャもありました。このような状況において、ストアドプロシージャの従属関係を把握するのは非常に重要です。また、あるデータベースオブジェクトを修正したことによって影響を受けるほかのデータベースオブジェクトの種類を調査する場合にも有用でしょう。

もっともかんたんにテーブルをコピー

　あるテーブルをもっともかんたんにコピーするには、SELECT INTOコマンドを使います。構文は次のとおりです。

構文

```
SELECT   *
INTO     [コピー先のテーブル]
FROM     [オリジナルのテーブル];
```

　たとえば、「社員」テーブルをコピーして「コピー社員」テーブルを作成してみましょう。Transact-SQL（第3部参照）を使うと次のようになります。

```
-- 「コピー社員」テーブルの存在チェックを行います。
IF (EXISTS(SELECT * FROM sys.tables WHERE name = 'コピー社員'))
BEGIN
    -- 「コピー社員」テーブルが既に存在する場合はメッセージを表示します。
    PRINT '「コピー社員」テーブルはすでに存在します。';
END
ELSE
BEGIN
    -- 「コピー社員」テーブルが存在しない場合は「社員」テーブルを流用して作成します。
    SELECT   *
    INTO     [コピー社員]
    FROM     [社員];

    -- 作成したらメッセージを表示します。
```

4-4 データベースオブジェクトに関するテクニック

```
    PRINT '「コピー社員」テーブルを作成しました。';
END
```

■実行結果

「コピー社員」テーブルを作成しました。

　作成された「コピー社員」テーブルは、コピー元の「社員」テーブルとまったく同じテーブル構造でまったく同じデータが作成されているのを確認することができます。しかし、PRIMARY KEYやUNIQUE KEY、INDEXやDEFAULT制約、NOT NULL制約などは、一切引き継がれない点に注意してください。

テーブルの列定義だけをコピー

　先ほどのSELECT INTOコマンドを使い、テーブルの列定義だけをコピーする方法を紹介します。「社員」テーブルから「コピー社員」テーブルを作成した際のクエリを、もう一度見てみましょう。

```
SELECT * INTO [コピー社員] FROM [社員];
```

　このクエリでは、WHERE句が指定されていませんが、そのためにすべての「社員」テーブルのレコードが「コピー社員」にコピーされました。一部のレコードだけをコピーしたい場合は、WHERE句を指定してコピーする社員の条件を指定します。たとえば、「コード」列が「5」よりも小さい社員だけを「コピー社員」テーブルにコピーする場合は、次のようにします。

```
SELECT  *
INTO    [コピー社員]
FROM    [社員]
WHERE   [コード] < 5;
```

　では、WHERE句にレコードが1件も抽出されない条件を指定した場合はどうなるでしょうか。その場合、コピー先のテーブルにはレコードが一切ないものの、コピー元の列定義だけがコピーされたテーブルが作成されます。

191

第 4 章　データ型とデータオブジェクトに関するSQLコマンド例

　レコードが1件も抽出されない条件を指定するには、次のように論理的に矛盾が発生する条件を指定するだけです。

```
SELECT  *
INTO    ［コピー社員］
FROM    ［社員］
WHERE   1 = 0;
```

　「1 = 0」は論理的に偽（false）ですから、レコードは1件も抽出されません。このクエリを実行すると、「社員」テーブルの列定義がコピーされた「コピー社員」テーブルが新たに生成されます。この場合も当然、キーや制約は一切コピーされません。

テーブルの列名を取得

　テーブルの列名を取得するには、「sys.columns」システムテーブルを参照します。

```
SELECT * FROM sys.columns;
```

■「sys.columns」テーブル

object_id	name	column_id	system_type_id	user_type_id	max_length	precision	scale	collation_name	is_nullable
3	rsid	1	127	127	8	19	0	NULL	0
3	rscolid	2	56	56	4	10	0	NULL	0
3	hbcolid	3	56	56	4	10	0	NULL	0
3	rcmodified	4	127	127	8	19	0	NULL	0
3	ti	5	56	56	4	10	0	NULL	0
3	cid	6	56	56	4	10	0	NULL	0
3	ordkey	7	52	52	2	5	0	NULL	0
3	maxinrowlen	8	52	52	2	5	0	NULL	0
3	status	9	56	56	4	10	0	NULL	0
3	offset	10	56	56	4	10	0	NULL	0
3	nullbit	11	56	56	4	10	0	NULL	0
3	bitpos	12	52	52	2	5	0	NULL	0
3	colguid	13	165	165	16	0	0	NULL	1

…（以下略）

（以下略）

　「sys.columns」テーブルでは、列名だけでなく、列に関するさまざまな情報を取得する

4-4　データベースオブジェクトに関するテクニック

ことができます。たとえば、列のデータ型や有効桁数、NULLを許容しているかどうかなどを取得することができます。

たとえば、あるテーブルの列情報を入手したい場合は、次のようなクエリを実行します。

```
SELECT  *
FROM    sys.columns
WHERE   object_id =
            (
                SELECT  object_id
                FROM    sys.tables
                WHERE   name = '[テーブル名]'
            )
ORDER BY
        column_id;
```

すると、[テーブル名]に指定されたテーブルの列情報を取得することができます。たとえば、データベースアプリケーションから、あるテーブルに指定した列が存在しない場合のみ列を追加するクエリを実行する場合、Transact-SQL（第3部参照）を使って次のようなクエリが考えられます。このクエリは、「住所」テーブルにて「郵便番号」列の存在チェックを行います。

```
--「住所」テーブルにて、「郵便番号」列の存在チェックを行います。
--存在しない場合
IF (NOT EXISTS
        (
            SELECT * FROM sys.columns
            WHERE object_id =
                (
                    SELECT object_id FROM sys.tables WHERE name = '住所'
                )
            AND name = '郵便番号'
        )
    )
BEGIN
    --「住所」テーブルに「郵便番号」列を追加します。
    ALTER TABLE [住所] ADD [郵便番号] VARCHAR(8);
    --追加完了メッセージを表示します。
    PRINT '「住所」テーブルに「郵便番号」列を追加しました。';
END
--すでに存在していた場合
```

第 4 章　データ型とデータオブジェクトに関するSQLコマンド例

```
ELSE
BEGIN
    --すでに存在していた旨のメッセージを表示します。
    PRINT 'すでに「住所」テーブルに「郵便番号」列は存在します。';
END
```

実行結果は次のいずれかになります。

■実行結果　「住所」テーブルに「郵便番号」列が存在しなかった場合

「住所」テーブルに「郵便番号」列を追加しました。

■実行結果　すでに「住所」テーブルに「郵便番号」列が存在する場合

すでに「住所」テーブルに「郵便番号」列は存在します。

　たとえば、Windowsアプリケーションから独自システムのバージョンアップをするときなどに上記の方法は有用です。

セッションごとに別名のテンポラリテーブルを作成

　テンポラリテーブルとは、一時的に利用する仮のテーブルです。SQL Serverのセッションごとにテンポラリテーブルを作成する場合、テーブル名の前に「#」を付けるとローカルセッションのテンポラリテーブルが、「##」を2つ付けるとグローバルセッションのテンポラリテーブルが生成されます。

　ローカルセッションのテンポラリテーブルは、現在接続中のセッション以外からは参照することができません。グローバルセッションのテンポラリテーブルは、他にSQL Serverに接続中のセッションからも参照が可能なテンポラリテーブルです。

　ローカルセッションのテンポラリテーブルは、現在接続中のセッションが切断された時点で自動的に削除されます。グローバルセッションのテンポラリテーブルは、当該SQL Serverへのセッションがすべて切断された時点で自動的に削除されます。

　では、それぞれのテンポラリテーブルについての例を見てみましょう。SQL Server Management Studioを起動し、クエリエディタを起動します。次に以下のクエリを実行し、現在のセッションIDを確認してください。

```
PRINT @@spid;
```

4-4 データベースオブジェクトに関するテクニック 第2部 SQL基礎編

■実行結果
```
52
```

さらに同じSQL Server Management Studioからもう1つクエリエディタを起動し、同じクエリを実行してみてください。もちろん、先ほどと同じデータベースに接続してください。今度は、先ほどのクエリエディタの実行結果とは別の結果が得られます。

```
PRINT @@spid;
```

■実行結果
```
53
```

さて、最初のクエリエディタにて、まずはローカルセッションのテンポラリテーブルを作成してみましょう。発行するクエリは、次のとおりです。

```
CREATE TABLE #work
(
    id INT
  , name VARCHAR(10)
);
```

■実行結果
```
コマンドは正常に完了しました。
```

テーブル名の先頭に「#」を1つ付けたのが、ローカルセッションのテンポラリテーブルです。このテーブルに対して同じクエリエディタにてSELECTコマンドを実行してみてください。まだ何もデータがありませんので、空っぽの実行結果が得られます。

```
SELECT * FROM #work;
```

■実行結果
```
id   name
---  -----
```

195

第4章 データ型とデータオブジェクトに関するSQLコマンド例

　さて、今度はもう1つ開いている別のクエリエディタから、同じように同一名のテンポラリテーブルに対してSELECTコマンドを実行してみてください。次のような実行結果になるのを確認することができます。

■実行結果
```
メッセージ 208、レベル 16、状態 0、行 2
オブジェクト名 '#work' が無効です。
```

　ローカルセッションのテンポラリテーブルのため、セッションが異なる別クエリエディタからは当該テーブルを参照できません。
　では、これに対してグローバルセッションのテンポラリテーブルの例を見てみましょう。グローバルセッションのテンポラリテーブルは、テーブル名の前に「#」を2つ付けます。

```
CREATE TABLE ##work
(
    id INT
  , name VARCHAR(10)
);
```

■実行結果
```
コマンドは正常に完了しました。
```

　むろん、先ほど生成したローカルセッションのテンポラリテーブルとは「#」の数が違うため、別テーブルとみなされます。すなわち、先ほど「#work」テーブルを作成したセッションと同一セッションから上記のクエリを実行しても、エラーにはなりません。
　さて、テンポラリテーブルを作成した同一セッションから当該テーブルを参照できるのは言うまでもありません。

```
SELECT * FROM ##work;
```

　これに対し、先ほどは参照できなかったもう1つのクエリエディタについても、当該テーブルを参照することができます。
　それを確認したら、いったんSQL Server Management Studioを終了させましょう。今、動作を確認しているSQL Serverが、読者しか使用していないのであれば、再度SQL

4-4 データベースオブジェクトに関するテクニック

Server Management Studioを起動させて再び「##work」テーブルを参照しようとしたとき、

■実行結果
```
メッセージ 208、レベル 16、状態 0、行 2
オブジェクト名 '#work' が無効です。
```

のようなエラーが発生するのを確認できるでしょう。

　ローカルセッションのテンポラリテーブルとグローバルセッションのテンポラリテーブルは、一時的な記憶領域として、用途に応じて使い分けましょう。

　さて、実はここからが本項の主たる目的である内容なのですが、グローバルセッションのテンポラリテーブルを作成する際、名前が重複しないように、セッションIDをテンポラリテーブルの名前に含める方法があります。

　たとえば、ストアドプロシージャ内において、グローバルセッションのテンポラリテーブルを作成するとします。グローバルセッションはほかのセッションからも参照が可能のため、ほかのセッションから同一のストアドプロシージャを実行した場合、そのグローバルセッションのテンポラリテーブルを作成する際に名前がかぶってしまい、エラーが発生してしまいます。

■テンポラリテーブルの作成でエラー

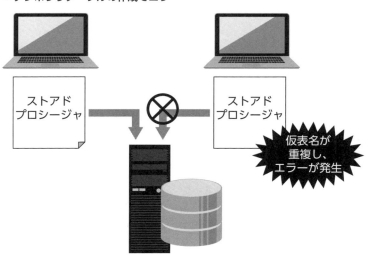

　そのため、テンポラリテーブル作成の際、動的SQLを使用してテンポラリテーブルにセッションIDを付加することで、絶対に名前がかぶらないグローバルセッションのテンポラリ

第 **4** 章　データ型とデータオブジェクトに関するSQLコマンド例

テーブルを作成することが可能です。

　具体的には、Transact-SQL（第3部参照）を使って次のような方法でテンポラリテーブルを作成します。

```
--SQLを格納する変数を定義します。
DECLARE @sql VARCHAR(8000);
SET @sql = '';

--テンポラリテーブルを作成するSQLを定義します。
SET @sql = @sql + ' CREATE TABLE ##work' + CONVERT(VARCHAR, @@spid);
SET @sql = @sql + ' (';
SET @sql = @sql + '     id      INT';
SET @sql = @sql + '   , name    VARCHAR(10)';
SET @sql = @sql + ' );';

--SQLを格納した変数を実行します。
EXECUTE (@sql);
```

　上記のような動的SQLにより、グローバルセッションのテンポラリテーブルの名称にはセッションIDが付加され、よってセッションごとに重複がないテンポラリテーブルの作成ができるようになります。

まとめ

　本章では、データ型（文字列型・数値型・日付型）の種類に応じたSQLコマンドのテクニックを紹介しました。

　文字列型では、文字列を他の文字列に置換するREPLACE関数や文字列の一部を左から抽出するLEFT関数、文字列の文字数を求めるLEN関数などを紹介しました。

　数値型では、四捨五入するROUND関数や平均値を求めるAVG関数のほか、メジアン（中央値）とモード（最頻値）をサブクエリで求める方法も紹介しています。順位を求めるには、ROW_NUMBER関数やRANK関数がありますが、これらはサブクエリを使用して求めることが可能です。

　日付型では、文字列型に変換する際に、国によってフォーマットが異なることを解説しました。

　それぞれのデータ型は、CAST関数もしくはCONVERT関数によって変換することが可能です。ANSI標準はCAST関数ですが、SQL ServerのCONVERT関数は、日付型を文字列型に変換する際、パラメータの種類によって表示形式を切り替えることができます。そのため、CONVERT関数の方がCAST関数よりも利便性が高く、本来であればANSI標準の関数を使う方をお勧めするものの、SQL Serverの型変換の関数に限って言えば、すべてCONVERT関数で統一してもよいかもしれません。

　また、データベースオブジェクトに関するテクニックも紹介しました。データベースオブジェクトの存在をチェックするにはsys.objectsシステムテーブルを、データベースの存在をチェックするにはsys.databasesシステムテーブルを、データベースオブジェクトの従属関係を表示するにはsys.sysdependsシステムテーブルを参照します。

第5章 データ操作に関するSQLコマンド例

　本章では、データ操作に関するSQLコマンド例を紹介します。本章の構成は、次のとおりです。

5-1　データ抽出に関するテクニック
5-2　データ追加／更新／削除に関するテクニック
5-3　データ結合に関するテクニック

　5-1は、SELECTステートメントに関するテクニックです。複雑なSQLを書く場合に必要となるテクニックにて、サブクエリ（副問合せ）というものがあります。SQL Serverに限らず、リレーショナルデータベースシステムにてSQLを作成する場合に必要となる知識です。また、レコード件数が多い場合、たとえば100件ずつレコードを表示する方法や、メールアドレスのドメイン名で並び替える方法などを説明します。
　5-2は、INSERT／UPDATE／DELETEコマンドに関するテクニックです。INSERTコマンドを高速に実行する方法や、FROM句を含んだUPDATEコマンド、DELETEコマンドよりも高速にデータを全削除する方法などを紹介します。
　5-3は、テーブルやビューを結合する際のテクニックです。交差結合や自己結合を紹介し、それを用いて順列や組み合わせを求める方法を紹介します。

5-1　データ抽出に関するテクニック

第**2**部
SQL基礎編

5-1 データ抽出に関するテクニック

本節では、データ抽出に関するテクニック、つまりSELECTステートメントに関するテクニックについて紹介します。SELECTステートメントは、SQLにおけるもっとも基礎となるものです。SELECTステートメントを使いこなし、SQLの根幹である集合論に慣れましょう。

サブクエリ

サブクエリ（Sub Query）とは、「副問合せ」とも呼ばれており、その名のごとく、あるクエリの実行のために必要なレコードの集合を、補助的な用途で抽出するクエリのことです。Transact-SQL（第3部参照）のみならず、すべてのリレーショナルデータベースにおいてSQLを学ぶ際には、必要となるテクニックです。多少複雑なクエリを書く際には、サブクエリが使えないと話にもなりません。

本書でもとくに断りなく何度もサブクエリを使用します。もし、まだサブクエリを使ったSQLを作ったことがないのであれば、ここでぜひともサブクエリを完全に習得していただきたいと思います。

さて、たとえば、次のようなテーブルがあります。

■「商品」マスタ

商品ID	商品名	商品単価
1	商品A	10000.00
2	商品B	20000.00
3	商品C	5000.00

■「売上」テーブル

売上ID	日付	商品ID	売上数量	売上単価
1	2019-01-04 00:00:00.000	1	3	10000.00
2	2019-01-04 00:00:00.000	2	5	20000.00
3	2019-01-05 00:00:00.000	1	5	10000.00
4	2019-01-05 00:00:00.000	3	7	5000.00
5	2019-01-06 00:00:00.000	2	2	20000.00
6	2019-01-06 00:00:00.000	3	6	5000.00

201

第 **5** 章 　データ操作に関する SQL コマンド例

このテーブルを作成するクエリは以下のとおりです。

```
-- 「商品」マスタを作成します。
CREATE TABLE [商品]
(
    [商品ID]    INT                         PRIMARY KEY
  , [商品名]    NVARCHAR(40)    NOT NULL    DEFAULT ''
  , [商品単価]  MONEY           NOT NULL    DEFAULT 0
);
GO

-- 「商品」マスタに初期データを追加します。
INSERT INTO [商品] ([商品ID], [商品名], [商品単価]) VALUES
    (1, '商品A', 10000)
  , (2, '商品B', 20000)
  , (3, '商品C',  5000);
GO

-- 「売上」テーブルを作成します。
CREATE TABLE [売上]
(
    [売上ID]    INT                         PRIMARY KEY IDENTITY(1, 1)
  , [日付]      DATETIME    NOT NULL    DEFAULT CURRENT_TIMESTAMP
  , [商品ID]    INT         NOT NULL    FOREIGN KEY REFERENCES [商品]([商品ID])
  , [売上数量]  INT         NOT NULL    DEFAULT 1
  , [売上単価]  MONEY       NOT NULL    DEFAULT 0
);
GO

-- 「売上」テーブルに初期データを追加します。
INSERT INTO [売上] ([日付], [商品ID], [売上数量], [売上単価]) VALUES
    ('2019-01-04', 1, 3, 10000)
  , ('2019-01-04', 2, 5, 20000)
  , ('2019-01-05', 1, 5, 10000)
  , ('2019-01-05', 3, 7,  5000)
  , ('2019-01-06', 2, 2, 20000)
  , ('2019-01-06', 3, 6,  5000);
GO
```

さて、2019年1月5日に売上があった商品について、その商品名を取得するSQLを考えてみましょう。サブクエリを使わなければ、次のようなクエリが考えられます。

右上: 第**2**部 SQL基礎編

右上ヘッダー: 5-1 データ抽出に関するテクニック

```
--2019年1月5日に売上があった商品名を取得します。
SELECT   [商品].[商品名]
FROM     [商品]
             INNER JOIN [売上]
             ON [商品].[商品ID] = [売上].[商品ID]
             AND [売上].[日付] = '2019-01-05';
```

実行結果は次のようになります。

■実行結果

```
商品名
---------
商品A
商品C
```

これを、サブクエリを使って解いてみましょう。上記クエリをサブクエリを使って書き
換えたクエリは、次のとおりです。

```
--2019年1月5日に売上があった商品名を取得します。
-- (サブクエリ版)
SELECT   [商品名]
FROM     [商品]
WHERE    [商品ID] IN
         (
             SELECT   [商品ID]
             FROM     [売上]
             WHERE    [日付] = '2019-01-05'
         );
```

むろん、前述のクエリと実行結果は同じです。サブクエリと呼ばれている部分が、以下
の部分です。

```
         (
             SELECT   [商品ID]
             FROM     [売上]
             WHERE    [日付] = '2019-01-05'
         )
```

203

第5章　データ操作に関するSQLコマンド例

　このサブクエリでは、「売上」テーブルから「日付」列が「2019-01-05」のものを抽出し、その「商品ID」を求めています。つまり、このサブクエリによって、次のようなクエリが生成されたわけです。

```
SELECT  [商品名]
FROM    [商品]
WHERE   [商品ID] IN (1, 3);
```

　[商品ID]が1と3の商品は、実際に2019年1月5日に売上があった商品です。サブクエリによって、事前に「売上」テーブルから2019年1月5日に売上があった商品の[商品ID]を求めておき、その[商品ID]で[商品]マスタを絞り込んだイメージとなります。

　そのため、次のようにサブクエリが[商品ID]を指定しておらず、「*」だった場合、当然ながらサブクエリによって返される結果がレコードとなってしまうので、エラーとなります。

```
--2019年1月5日に売上があった商品名を取得します。
-- （サブクエリ版）
SELECT  [商品名]
FROM    [商品]
WHERE   [商品ID] IN
        (
            SELECT  *    --ここが「*」ではエラーとなる！！
            FROM    [売上]
            WHERE   [日付] = '2019-01-05'
        );
```

■実行結果

```
メッセージ 116、レベル 16、状態 1、行 10
EXISTS を使用しないサブクエリでは、サブクエリの選択リストには、式を 1 つだけしか指定で
きません。
```

・FROM句に記述するサブクエリ

　さて、サブクエリはWHERE句だけではなく、FROM句にもSELECTステートメント内にも組み込むことができます。たとえば、先ほどのクエリは、FROM句にサブクエリを使用して次のようにすることも可能です。

204

右上: 5-1　データ抽出に関するテクニック　第2部 SQL基礎編

```
--2019年1月5日に売上があった商品名を取得します。
-- （FROM句にサブクエリを使った場合）
SELECT    [商品名]
FROM      [商品]
              INNER JOIN
                  (
                          SELECT    [商品ID]
                          FROM      [売上]
                          WHERE     [日付] = '2019-01-05'
                  ) AS [売上5日分]
              ON [商品].[商品ID] = [売上5日分].[商品ID];
```

　この場合は、[商品]テーブルとINNER JOINによって等結合するものが、テーブルではなくサブクエリによるデータの抽出結果となっています。

```
                  (
                          SELECT    [商品ID]
                          FROM      [売上]
                          WHERE     [日付] = '2019-01-05'
                  ) AS [売上5日分]
```

　[商品]テーブルと結合する前に、すでに2019年1月5日分の売り上げのみに絞り込んでいるので、等結合の際には日付による絞り込みが不要です。つまり、すでに2019年1月5日の売り上げしかない「売上」テーブルにした後で、「商品」マスタと結合したようなイメージとなります。

　WHERE句にサブクエリを記述したときは、IN演算子のための条件として使用したため、サブクエリが返す列は1つにしなければエラーとなってしまいましたが、今回のFROM句にサブクエリを記述した場合は、サブクエリはテーブルのように扱うことができます。すなわち、サブクエリが返す列は1つでなくても構わず、以下のようなクエリでもエラーにはなりません。

```
--2019年1月5日に売上があった商品名を取得します。
-- （FROM句にサブクエリを使った場合）
SELECT    [商品名]
FROM      [商品]
              INNER JOIN
                  (
                          SELECT    *         --「*」でもエラーにならない！
                          FROM      [売上]
```

205

第5章　データ操作に関するSQLコマンド例

```
                    WHERE    [日付] = '2019-01-05'
              ) AS [売上5日分]
       ON [商品].[商品ID] = [売上5日分].[商品ID];
```

むろん、実行結果は同じです。

・SELECTステートメントに記述するサブクエリ

　最後に、SELECTステートメント内にサブクエリを組み込んだ例も見てみましょう。次のようにSELECTステートメント内にサブクエリを組み込んだ場合でも、同様に2019年1月5日に売り上げがあった商品の商品名を求めることができます。

```
--2019年1月5日に売上があった商品名を取得します。
--（SELECTステートメント内にサブクエリを使った場合）
SELECT  (
              SELECT   [商品名]
              FROM     [商品]
              WHERE    [商品].[商品ID] = [売上].[商品ID]
        ) AS [商品名]
FROM     [売上]
WHERE    [売上].[日付] = '2019-01-05';
```

　このサブクエリは、「売上」テーブルがメインとなり、「商品」テーブルを使ったSELECTステートメントの方がサブクエリとなっています。

```
        (
              SELECT   [商品名]
              FROM     [商品]
              WHERE    [商品].[商品ID] = [売上].[商品ID]
        )
```

　このクエリは、「売上」テーブルから2019年1月5日の売り上げ分のレコードを求め、SELECTステートメントで実行結果を表示する段階において、改めて[売上]テーブルの「商品ID」と「商品」マスタの「商品ID」を結合することで、「商品」マスタから「商品名」を求めています。

　そのため、[商品名]を「*」に置き換えると当然エラーとなります。FROM句のサブクエリと違い、具体的な値でなければなりません。

206

> 5-1 データ抽出に関するテクニック

```
--2019年1月5日に売上があった商品名を取得します。
-- （SELECTステートメント内にサブクエリを使った場合）
SELECT   (
              SELECT   *        --「*」ではエラーとなる！！
              FROM     [商品]
              WHERE    [商品].[商品ID] = [売上].[商品ID]
         ) AS [商品名]
FROM     [売上]
WHERE    [売上].[日付] = '2019-01-05';
```

■実行結果

メッセージ 116、レベル 16、状態 1、行 7
EXISTS を使用しないサブクエリでは、サブクエリの選択リストには、式を 1 つだけしか指定で
きません。

　このように、サブクエリはさまざまな箇所で組み込むことが可能で、実装可能なクエリ
の幅を大きく広げます。1つのクエリに複数のサブクエリを組み込むことも可能です。

　今後、本書ではもっと複雑なサブクエリを用いた例を取り上げたりしますが、サブクエ
リを用いたクエリを解読するコツとしては、まずはサブクエリが抽出する結果を先に読み
解くことです。

増減する列を行で表現

　次のような社員別扶養者リストがあります。

■社員別扶養者リスト

社員	子1	子2	子3	子4	子5
鈴木太郎	一郎	二郎	三郎		
山田花子	桜	梅			

　社員と、その社員の扶養者が1つのレコードとして表現されています。これをどのよう
な形でテーブルに保存すればよいか、考えてみましょう。

　データベースシステムの種類によっては、データ型の定義として配列型というものが存
在します。またSQL Serverの場合、配列型とは違いますが、テーブル型というデータ型

があります（SQL Server 2008から）。

■ テーブル例1

社員	子リスト
鈴木太郎	（一郎,二郎,三郎）
山田花子	（桜,梅）

いずれのデータ型も、1つのレコードと1つのカラムが決まればスカラー値が求まるというリレーショナルデータベースにおける本質的な理解と相反します。これは、P.63で説明した第一正規形の考え方を思い出していただければわかるでしょう。しかしながら、データベースシステム側でこの本質に反した仕様を許諾してしまったのですから、配列型を用いて表現する方法も選択肢の1つとしてあり得るのですが、本書ではお勧めしません。

本書では、配列型（テーブル型）を使わずに配列を表現する方法を考察します。まずは、先ほど挙げた社員別扶養者リストと同じ構図のまま、テーブルに格納する方法があります。

■ テーブル例2

親	子1	子2	子3	子4	子5
鈴木太郎	一郎	二郎	三郎	NULL	NULL
山田花子	桜	梅	NULL	NULL	NULL

この方法だと、アプリケーション側との連携が容易です。なぜなら、社員別扶養者リストの出力の際には、テーブルの内容をそのまま出力すればよいだけだからです。

しかし、このテーブルでは、おそ松さんの六兄弟すべてを被扶養者として登録することができないのは一目瞭然です。いつまでもニートをさせておくわけにはいかず、一刻も早く自立してもらわなければなりません。自立するまでは、カラムの数を増やして対応するしかありません。では、いくつまで増やせばよいのでしょうか。そもそも、データベース設計の時点において、このようなことを想定したテーブル構造にしておかなければならないのですが、それでもカラムの数が想定以上だった場合には、その際にテーブル構造を変更する必要性が出てきてしまいます。そのテーブル構造の変更は、アプリケーション側にどの程度の影響を与えるでしょうか。できれば、一度確定したテーブル構造を変更するのは避けたいものです。

さて、では別の方法を考えてみましょう。今度紹介する方法は、カラムをレコードとして保持する方法です。社員別扶養者リストのデータは、次のようなテーブルに保存します。

5-1　データ抽出に関するテクニック

■ テーブル例3

親	子	順番
鈴木太郎	一郎	1
鈴木太郎	二郎	2
鈴木太郎	三郎	3
山田花子	桜	1
山田花子	梅	2

この方法なら、おそ松さんの六兄弟すべてを問題なく追加することができます。

■ テーブル例4

親	子	順番
鈴木太郎	一郎	1
鈴木太郎	二郎	2
鈴木太郎	三郎	3
山田花子	桜	1
山田花子	梅	2
松野松造	おそ松	1
松野松造	カラ松	2
松野松造	チョロ松	3
松野松造	一松	4
松野松造	十四松	5
松野松造	トド松	6

このテーブル構造の欠点（というほどの欠点でもないですが）と言えば、先ほどの社員別扶養者リストを作成する際のSQLが複雑になることです。前述の、社員別扶養者リストと同じ構造のテーブルにデータを格納した場合は、テーブルの内容をそのまま出力するだけで、リストが作成できます。

```
SELECT  親, 子1, 子2, 子3, 子4, 子5
FROM    社員別扶養者;
```

カラムをレコードとして保存するテーブルの場合だと、社員別扶養者リストを出力するために実行するSQLは、次のようになります。

第5章 データ操作に関するSQLコマンド例

```
SELECT  DISTINCT 親
      , (SELECT 子 FROM 社員別扶養者 AS s WHERE m.親 = s.親 AND 順番 = 1) AS 子1
      , (SELECT 子 FROM 社員別扶養者 AS s WHERE m.親 = s.親 AND 順番 = 2) AS 子2
      , (SELECT 子 FROM 社員別扶養者 AS s WHERE m.親 = s.親 AND 順番 = 3) AS 子3
      , (SELECT 子 FROM 社員別扶養者 AS s WHERE m.親 = s.親 AND 順番 = 4) AS 子4
      , (SELECT 子 FROM 社員別扶養者 AS s WHERE m.親 = s.親 AND 順番 = 5) AS 子5
FROM     社員別扶養者 AS m;
```

　この方法なら、おそ松さん一家をリストに出力したい場合でも、テーブル構造を変更せずに、SQLの変更だけで対応が可能です。SQLのサブクエリを1つ増やすだけで済みます。

　とくに、本番運用を開始したデータベースの場合、テーブルの構造変更は容易ではありません。すでに業務が開始されている本物のデータを壊さずに、テーブル構造を変更し、さらにデータに不整合が発生しないようにしなければなりません。

　それであれば、テーブル構造を変更する必要がない後者のほうが、より柔軟な対応が可能と言えます。無論、前者の場合でも、テーブル構造が発生しないように余裕をもったカラム数にすればよいだけなのですが、そのためには仕様確定の段階で十分な検討が必要です。これは、たとえ後者のテーブル構造を選択する場合でも同じではあります。

上位10件を表示

　大量のデータのなかからある項目に関して上位10位のレコードのみを取得する場合、TOP式を使用します。たとえば、以下の「県面積」テーブルから「面積」の値が大きい方から上位10位以内のレコードのみを取得する場合は、次のようにします。テーブルを作成するクエリは次のとおりです。

```
CREATE TABLE [県面積]
(
    [ID] INT
  , [県名] NVARCHAR(10)
  , [面積] NUMERIC(8, 2)
);

INSERT INTO [県面積] ([ID], [県名], [面積]) VALUES ( 1, '北海道'  ,83456.2);
INSERT INTO [県面積] ([ID], [県名], [面積]) VALUES ( 2, '岩手県'  ,15278.77);
INSERT INTO [県面積] ([ID], [県名], [面積]) VALUES ( 3, '福島県'  ,13782.75);
INSERT INTO [県面積] ([ID], [県名], [面積]) VALUES ( 4, '長野県'  ,13562.23);
INSERT INTO [県面積] ([ID], [県名], [面積]) VALUES ( 5, '新潟県'  ,12583.46);
INSERT INTO [県面積] ([ID], [県名], [面積]) VALUES ( 6, '秋田県'  ,11612.22);
INSERT INTO [県面積] ([ID], [県名], [面積]) VALUES ( 7, '岐阜県'  ,10621.17);
```

```
INSERT INTO [県面積] ([ID], [県名], [面積]) VALUES ( 8, '青森県'  ,9607.04);
INSERT INTO [県面積] ([ID], [県名], [面積]) VALUES ( 9, '山形県'  ,9323.44);
INSERT INTO [県面積] ([ID], [県名], [面積]) VALUES (10, '鹿児島県' ,9187.8);
INSERT INTO [県面積] ([ID], [県名], [面積]) VALUES (11, '広島県'  ,8478.52);
INSERT INTO [県面積] ([ID], [県名], [面積]) VALUES (12, '兵庫県'  ,8395.47);
INSERT INTO [県面積] ([ID], [県名], [面積]) VALUES (13, '静岡県'  ,7780.09);
INSERT INTO [県面積] ([ID], [県名], [面積]) VALUES (14, '宮崎県'  ,7734.78);
INSERT INTO [県面積] ([ID], [県名], [面積]) VALUES (15, '熊本県'  ,7405.21);
INSERT INTO [県面積] ([ID], [県名], [面積]) VALUES (16, '宮城県'  ,7285.73);
INSERT INTO [県面積] ([ID], [県名], [面積]) VALUES (17, '岡山県'  ,7113);
INSERT INTO [県面積] ([ID], [県名], [面積]) VALUES (18, '高知県'  ,7105.01);
INSERT INTO [県面積] ([ID], [県名], [面積]) VALUES (19, '島根県'  ,6707.57);
INSERT INTO [県面積] ([ID], [県名], [面積]) VALUES (20, '栃木県'  ,6408.28);
INSERT INTO [県面積] ([ID], [県名], [面積]) VALUES (21, '群馬県'  ,6363.16);
INSERT INTO [県面積] ([ID], [県名], [面積]) VALUES (22, '大分県'  ,6339.33);
INSERT INTO [県面積] ([ID], [県名], [面積]) VALUES (23, '山口県'  ,6112.22);
INSERT INTO [県面積] ([ID], [県名], [面積]) VALUES (24, '茨城県'  ,6095.69);
INSERT INTO [県面積] ([ID], [県名], [面積]) VALUES (25, '三重県'  ,5776.87);
INSERT INTO [県面積] ([ID], [県名], [面積]) VALUES (26, '愛媛県'  ,5677.38);
INSERT INTO [県面積] ([ID], [県名], [面積]) VALUES (27, '愛知県'  ,5164.06);
INSERT INTO [県面積] ([ID], [県名], [面積]) VALUES (28, '千葉県'  ,5156.58);
INSERT INTO [県面積] ([ID], [県名], [面積]) VALUES (29, '福岡県'  ,4976.17);
INSERT INTO [県面積] ([ID], [県名], [面積]) VALUES (30, '和歌山県' ,4726.12);
INSERT INTO [県面積] ([ID], [県名], [面積]) VALUES (31, '京都府'  ,4613);
INSERT INTO [県面積] ([ID], [県名], [面積]) VALUES (32, '山梨県'  ,4465.37);
INSERT INTO [県面積] ([ID], [県名], [面積]) VALUES (33, '富山県'  ,4247.4);
INSERT INTO [県面積] ([ID], [県名], [面積]) VALUES (34, '福井県'  ,4189.27);
INSERT INTO [県面積] ([ID], [県名], [面積]) VALUES (35, '石川県'  ,4185.47);
INSERT INTO [県面積] ([ID], [県名], [面積]) VALUES (36, '徳島県'  ,4145.69);
INSERT INTO [県面積] ([ID], [県名], [面積]) VALUES (37, '長崎県'  ,4095.22);
INSERT INTO [県面積] ([ID], [県名], [面積]) VALUES (38, '滋賀県'  ,4017.36);
INSERT INTO [県面積] ([ID], [県名], [面積]) VALUES (39, '埼玉県'  ,3797.25);
INSERT INTO [県面積] ([ID], [県名], [面積]) VALUES (40, '奈良県'  ,3691.09);
INSERT INTO [県面積] ([ID], [県名], [面積]) VALUES (41, '鳥取県'  ,3507.26);
INSERT INTO [県面積] ([ID], [県名], [面積]) VALUES (42, '佐賀県'  ,2439.58);
INSERT INTO [県面積] ([ID], [県名], [面積]) VALUES (43, '神奈川県' ,2415.84);
INSERT INTO [県面積] ([ID], [県名], [面積]) VALUES (44, '沖縄県'  ,2275.28);
INSERT INTO [県面積] ([ID], [県名], [面積]) VALUES (45, '東京都'  ,2187.42);
INSERT INTO [県面積] ([ID], [県名], [面積]) VALUES (46, '大阪府'  ,1896.83);
INSERT INTO [県面積] ([ID], [県名], [面積]) VALUES (47, '香川県'  ,1876.47);
```

上位10位以内のレコードのみを取得するクエリは次のとおりです。

```
SELECT  TOP(10)
        *
```

第5章　データ操作に関するSQLコマンド例

```
FROM      [県面積]
ORDER BY
          [面積] DESC;
```

実行結果は以下のようになります。

■実行結果

```
ID  県名           面積
--- ------------ ------------
1   北海道         83456.20
2   岩手県         15278.77
3   福島県         13782.75
4   長野県         13562.23
5   新潟県         12583.46
6   秋田県         11612.22
7   岐阜県         10621.17
8   青森県         9607.04
9   山形県         9323.44
10  鹿児島県       9187.80
```

　TOPの引数に指定した分のレコードの数だけ、抽出対象となります。TOPの引数に指定した数が全集合の数に満たない場合でも、エラーにはなりません。すなわち、上記のクエリにて、「県面積」テーブルに5件のレコードしか存在していなかった場合でもエラーにはならず、その5件のレコードのなかから、「面積」の値が大きいレコードの順番で抽出されます。

次の10件を表示

　前項にて、レコードの上位10件を求める方法を説明しましたが、今度は次の10件、つまり上位11位から20位までのレコードを求める方法を見てみましょう。
　単純に考えれば、上位1位から10位までのレコードを除いた集合のなかから、上位10位以内を求めるクエリとなります。

```
SELECT  TOP(10)
        *
FROM    [県面積]
WHERE   [ID] NOT IN
        (
```

5-1 データ抽出に関するテクニック

第2部 SQL基礎編

```sql
SELECT  TOP(10)
        [ID]
FROM    [県面積]
ORDER BY
        [面積] DESC
)
ORDER BY
    [面積] DESC;
```

実行結果は次のようになります。

■実行結果

ID	県名	面積
11	広島県	8478.52
12	兵庫県	8395.47
13	静岡県	7780.09
14	宮崎県	7734.78
15	熊本県	7405.21
16	宮城県	7285.73
17	岡山県	7113.00
18	高知県	7105.01
19	島根県	6707.57
20	栃木県	6408.28

上記の例では、[ID]列のように、レコードを一意にするキーが存在する場合には有効です。ちなみに、以下のようなクエリでも同様の結果が得られそうな気もしますが、実際はそうはなりません。

```sql
SELECT  TOP(10)
        *
FROM    [県面積]
WHERE   NOT EXISTS
        (
        SELECT  TOP(10)
                *
        FROM    [県面積]
        ORDER BY
                [面積] DESC
        )
ORDER BY
```

213

第 5 章　データ操作に関するSQLコマンド例

```
          [面積] DESC;
```

　上記クエリを実行すると、レコードは1件も抽出されません。

■実行結果

```
ID   県名     面積
───  ───────  ────────
```

　どうやら、TOP式を使って抽出された結果は、抽出された集合の内容が変わっているわけではなく、あくまでもその集合のなかからある項目の上位（もしくは下位）に選ばれたレコードを表示しているだけのようです。つまり、WHERE句で条件を指定して絞り込んだわけではないので、抽出された集合自体は変わりがありません。

　SQL Server 2005以降であれば、次のようなクエリも可能です。

```
SELECT  [ID]
      , [県名]
      , [面積]
FROM    (
            SELECT  ROW_NUMBER() OVER (ORDER BY [面積] DESC) AS [順位]
                  , *
            FROM    [県面積]
        ) AS [t]
WHERE   [順位] BETWEEN 11 AND 20;
```

　実行結果は次のようになります。

■実行結果

```
ID   県名     面積
───  ───────  ────────
11   広島県   8478.52
12   兵庫県   8395.47
13   静岡県   7780.09
14   宮崎県   7734.78
15   熊本県   7405.21
16   宮城県   7285.73
17   岡山県   7113.00
18   高知県   7105.01
19   島根県   6707.57
```

214

```
20   栃木県     6408.28
```

ROW_NUMBERは、レコードに順位を振るための式です。OVER句の後ろのカッコ内にて、どの列名の大小によって順位を決めるのかを指定します。WHERE句によってその順位を11位から20位までのレコードのみに絞り込んでいます。

さらに、SQL Server 2012以降では、次のような表記も可能となりました。

```
SELECT  *
FROM    [県面積]
ORDER BY
        [面積] DESC
OFFSET 10 ROWS FETCH NEXT 10 ROWS ONLY;
```

データをグループ化して抽出

次のような「社員」テーブルにて、性別による年齢の合計を求めるには、どのようにすればよいでしょうか？

■「社員」テーブル

コード	氏名	性別	年齢
1	竹中雅典	男	40
2	三枝正康	男	37
3	石川健	男	53
4	赤松穂花	女	21
5	陳幸作	男	23
6	北岡忠志	男	36
7	河崎春香	女	31
8	磯野佳奈子	女	23
9	坂元沙織	女	23
10	猪股環	女	30

このテーブルを作成するクエリは、次のとおりです。

```
--社員テーブルを作成します。
CREATE TABLE [社員]
(
```

```
    [コード]       INT
  , [氏名]        NVARCHAR(100)
  , [性別]        NVARCHAR(5)
  , [年齢]        INT
);
--社員テーブルにデータを追加します。
INSERT INTO [社員] ([コード], [氏名], [性別], [年齢])
    VALUES ( 1, '竹中雅典',  '男', 40);
INSERT INTO [社員] ([コード], [氏名], [性別], [年齢])
    VALUES ( 2, '三枝正康',  '男', 37);
INSERT INTO [社員] ([コード], [氏名], [性別], [年齢])
    VALUES ( 3, '石川健',    '男', 53);
INSERT INTO [社員] ([コード], [氏名], [性別], [年齢])
    VALUES ( 4, '赤松穂花',  '女', 21);
INSERT INTO [社員] ([コード], [氏名], [性別], [年齢])
    VALUES ( 5, '陳幸作',    '男', 23);
INSERT INTO [社員] ([コード], [氏名], [性別], [年齢])
    VALUES ( 6, '北岡忠志',  '男', 36);
INSERT INTO [社員] ([コード], [氏名], [性別], [年齢])
    VALUES ( 7, '河崎春香',  '女', 31);
INSERT INTO [社員] ([コード], [氏名], [性別], [年齢])
    VALUES ( 8, '磯野佳奈子', '女', 23);
INSERT INTO [社員] ([コード], [氏名], [性別], [年齢])
    VALUES ( 9, '坂元沙織',  '女', 23);
INSERT INTO [社員] ([コード], [氏名], [性別], [年齢])
    VALUES (10, '猪股環',    '女', 30);
```

性別による年齢の合計を求めるには、データをグループ化して抽出するGROUP BY句を使います。GROUP BY句の構文は、次のとおりです。

▎構文

```
SELECT   [グループ化もしくは集計する列1]
       , [グループ化もしくは集計する列2]
       , ・・・
FROM     [テーブル名]
GROUP BY
         [グループ化する列A]
       , [グループ化する列B]
       , ・・・;
```

たとえば、「社員」テーブルの「性別」による「年齢」の合計は、次のクエリで求めることができます。

```
SELECT  [性別]
      , SUM([年齢]) AS [合計年齢]
FROM    [社員]
GROUP BY
        [性別];
```

実行結果は次のようになります。

■実行結果

性別	合計年齢
女	128
男	189

　GROUP BY句を使用する場合、SELECTステートメントによって抽出される列は必ず集計されるか、もしくはグルーピングされている必要があります。つまり、以下のクエリは「コード」と「氏名」がグループ化されていないため、エラーとなります。

```
SELECT  *
      , SUM([年齢]) AS [合計年齢]
FROM    [社員]
GROUP BY
        [性別];
```

■実行結果

```
メッセージ 8120、レベル 16、状態 1、行 1
列 '社員.コード' は選択リスト内では無効です。この列は集計関数または GROUP BY 句に含まれていません。
```

　上記のように、集計されていない列、グルーピングされていない列がエラーメッセージに表示されるので、当該項目を集計するか、もしくはグループ化するか、排除することによってエラーを解消することができます。
　さらに、グルーピング化した結果を絞り込むには、HAVING句を使用します。

第 5 章　データ操作に関するSQLコマンド例

構文

```
SELECT　[グループ化もしくは集計する列1]
　　　, [グループ化もしくは集計する列2]
　　　, ・・・
FROM　　[テーブル名]
GROUP BY
　　　[グループ化する列A]
　　　, [グループ化する列B]
　　　, ・・・
HAVING
　　　[抽出条件となる式];
```

　たとえば、先ほどの「社員」テーブルの「性別」による「年齢」の合計にて、130を超過しているデータであれば表示するようにするには、次のクエリとなります。

```
SELECT　[性別]
　　　, SUM([年齢]) AS [合計年齢]
FROM　　[社員]
GROUP BY
　　　[性別]
HAVING
　　　SUM([年齢]) > 130;
```

■実行結果

性別	合計年齢
男	189

抽出結果の最終行に集計行を付加

　抽出結果の最終行に集計行を付加するには、GROUP BY句に次のようなオプションを追加します。

構文

```
GROUP BY [集計項目] WITH ROLLUP
```

もしくは

218

構文

```
GROUP BY ROLLUP [集計項目]
```

　先ほどの「社員」テーブルにて、男女別に年齢の合計と集計行を算出してみましょう。前述のGROUP BY句にROLLUPオプションを指定した次のようなクエリにて、男女別の年齢の合計と集計行を取得することができます。集計される場合は1を、集計されない場合は0を返すGROUPING関数を次のように使用することで、集計行であるかどうかを判別することができます。

```
SELECT  CASE GROUPING([性別])
            WHEN 1 THEN '合計'
            ELSE [性別]
        END AS [性別]
      , SUM([年齢]) AS [性別年齢合計]
FROM    [社員]
GROUP BY
        ROLLUP([性別])
ORDER BY
        GROUPING([性別])
      , [性別] DESC;
```

　実行結果は次のようになります。

■実行結果

性別	性別年齢合計
男	189
女	128
合計	317

　また、抽出結果にて、性別カラムの最下位に「合計」という文字が表示されていますが、これはSELECTステートメントにて、GROUPING(性別)が1、すなわち集計行の場合、「合計」という文字を表示するようにCASE句で切り分けを行っているためです。

第5章　データ操作に関するSQLコマンド例

レコードの存在をチェック

レコードの存在をチェックするには、いくつかの方法が考えられます。

1つ目の方法としては、COUNT関数で条件に合致するレコードの件数を取得する方法です。COUNT関数に関する説明は、P.171を参照してください。COUNT関数の結果が0であれば条件に合致するレコードはなし、1以上であれば条件に合致するレコードはありです。

```
SELECT   COUNT(*)
FROM     tbl_test
WHERE    code IN (1, 2, 3);
```

ただし、COUNT関数の挙動について、よく理解しておく必要があります。COUNT関数は、引数に列名を指定した場合、NULLをカウントしません。また、同一値のレコードをカウントしない場合、DISTINCTと併用します。詳しくは、P.163をご覧ください。

2つ目の方法は、EXISTSを使う方法です。EXISTSは、条件に合致するレコードが存在する場合は論理型の真（TRUE）を返し、条件に合致するレコードが存在しない場合は論理型の偽（FALSE）を返します。

```
IF (EXISTS(SELECT * FROM tbl_test))
BEGIN
    PRINT 'データあり';
END
ELSE
BEGIN
    PRINT 'データなし';
END
```

■実行結果

データあり

上記のクエリでは、[tbl_test]テーブルにレコードが存在する場合、EXISTS文は論理型の真（true）を返すため、PRINT文にて「データあり」と出力されます。逆に、[tbl_test]テーブルにレコードが存在しない場合、EXISTS文は論理型の偽（false）を返すため、PRINT文にて「データなし」と出力されます。

5-1 データ抽出に関するテクニック

第2部
SQL基礎編

NULLでない最初の項目を返す

COALESCE関数は、指定された式からNULLでない最初の式の値を返す関数です。

構文

```
SELECT COALESCE([式1], [式2], [式3], …)
```

左から順に式を参照し、NULLでない式の値を表示します。つまり、上の構文において、[式1]がNULLでなければ[式1]を返します。[式1]がNULLであれば[式2]を参照し、[式2]がNULLでなければ[式2]を返します。

たとえば、次のような「扶養者」テーブルがあります。

■「扶養者」テーブル

被扶養者	扶養者1	扶養者2	扶養者3	扶養者4	扶養者5
南信二	当麻	裕子	佐一	NULL	NULL
福地大造	良雄	千佐子	NULL	NULL	NULL
南田麻奈	NULL	NULL	NULL	NULL	NULL
原田亮	政幸	NULL	NULL	NULL	NULL
横田清	賢明	千紗	桃	健太	響

このテーブルを作成するクエリは次のとおりです。

```
CREATE TABLE [扶養者]
(
    [被扶養者]  NVARCHAR(10)
,   [扶養者1]   NVARCHAR(10)
,   [扶養者2]   NVARCHAR(10)
,   [扶養者3]   NVARCHAR(10)
,   [扶養者4]   NVARCHAR(10)
,   [扶養者5]   NVARCHAR(10)
);
INSERT INTO [扶養者] VALUES ('南信二','当麻','裕子','佐一',NULL,NULL);
INSERT INTO [扶養者] VALUES ('福地大造','良雄','千佐子',NULL,NULL,NULL);
INSERT INTO [扶養者] VALUES ('南田麻奈',NULL,NULL,NULL,NULL,NULL);
INSERT INTO [扶養者] VALUES ('原田亮','政幸',NULL,NULL,NULL,NULL);
INSERT INTO [扶養者] VALUES ('横田清','賢明','千紗','桃','健太','響');
```

このテーブルにて、扶養者の列がNULLをのぞいてもっとも右にある列の値を、レコー

221

第5章 データ操作に関するSQLコマンド例

ドごとに求めたい場合、次のようなクエリとなります。

```
SELECT  [被扶養者]
     , COALESCE([扶養者5], [扶養者4], [扶養者3], [扶養者2], [扶養者1]) AS [最年少扶養者]
FROM    [扶養者];
```

実行結果は次のようになります。

■実行結果

被扶養者	最年少扶養者
南信二	佐一
福地大造	千佐子
南田麻奈	NULL
原田亮	政幸
横田清	響

　COALESCE関数を使用せずにこれと同じ結果を求めるクエリを考えた場合、SELECT
ステートメント内にCASE文の入れ子を複数指定しなくてはなりません。そのような場合
は、項目数が増えれば増えるほどこの関数が重宝するかもしれませんが、実際のところ、
あまり使用頻度は高くないでしょう。

FROM句が存在しないSELECTステートメント

　SELECTステートメントは、FROM句が存在しなくてもエラーにはなりません。たとえ
ば、現在の日時を調べたい場合、CURRENT_TIMESTAMP関数をSELECTステートメン
トで求めることができます。FROM句は不要です。

```
SELECT CURRENT_TIMESTAMP;
```

■実行結果
```
（列名なし）
--------------------------------
2018-11-16 03:17:24.987
```

222

この例のとおり、スカラー値を返す関数の結果をSELECTステートメントで返したり、また固定値を返すときにも使えます。

```
SELECT '五十嵐貴之';
```

■実行結果

```
(列名なし)
--------------------
五十嵐貴之
```

FROM句のないSELECTステートメントを実行するケースとしては、関数の実行結果を取得する場合が頻度としては高いでしょう。たとえば、日付と金額を引数として渡すとそれに伴う消費税額を返すような関数があれば、その関数をFROM句なしのSELECTステートメントで結果を取得するケースが該当します。

メールアドレスをドメインを優先して並び替え

次のような「個人情報」テーブルがあります。

■「個人情報」テーブル

コード	氏名	氏名カナ	性別	電話番号	メールアドレス	生年月日
1	村木朱音	ムラキアカネ	女	0553101168	akane332@stjqshnso.ebw	1979/1/29
2	野本未央	ノモトミオ	女	0884900634	mio8490@ycwwd.sjv.jpf	1997/10/31
3	吉本哲郎	ヨシモトテツロウ	男	057468019	Tetsurou_Yoshimoto@qbofidqeh.pua.kq	1961/9/29
4	林田雄也	ハヤシダユウヤ	男	0158207290	yuuyahayashida@dnmfgyzpkd.tvm	1976/5/6
5	田所徹	タドコロトオル	男	0871222457	tooru77590@kjrqldjwz.inn	1969/6/24
6	小幡碧依	オバタアオイ	女	0243753648	aoi_obata@blwipmmhsq.pd	1959/6/27
7	石川紫音	イシカワシオン	女	0884133512	shionishikawa@yycxoquxi.oa	1978/1/4
8	内村優美	ウチムラユミ	女	0866121161	yumiuchimura@nyvpugqoz.rk	1978/6/13
9	村上葵衣	ムラカミアオイ	女	0468906952	aoi139@ftno.ndd	1977/6/22
10	安永知美	ヤスナガトモミ	女	0877962719	tomomi_yasunaga@oihlmchk.qy	1976/2/12

このテーブルを作成するクエリは次のとおりです。

第5章 データ操作に関するSQLコマンド例

```
CREATE TABLE [個人情報]
(
    [コード] INT
  , [氏名] NVARCHAR(10)
  , [氏名カナ] NVARCHAR(20)
  , [性別] NVARCHAR(1)
  , [電話番号] VARCHAR(15)
  , [メールアドレス] VARCHAR(100)
  , [生年月日] DATE
);
INSERT INTO [個人情報] VALUES (1,'村木朱音','ムラキアカネ','女',
'0553101168','akane332@stjqshnso.ebw','1979/1/29');
INSERT INTO [個人情報] VALUES (2,'野本未央','ノモトミオ','女',
'0884900634','mio8490@ycwwd.sjv.jpf','1997/10/31');
INSERT INTO [個人情報] VALUES (3,'吉本哲郎','ヨシモトテツロウ','男',
'057468019','Tetsurou_Yoshimoto@qbofidqeh.pua.kq','1961/9/29');
INSERT INTO [個人情報] VALUES (4,'林田雄也','ハヤシダユウヤ','男',
'0158207290','yuuyahayashida@dnmfgyzpkd.tvm','1976/5/6');
INSERT INTO [個人情報] VALUES (5,'田所徹','タドコロトオル','男',
'0871222457','tooru77590@kjrqldjwz.inn','1969/6/24');
INSERT INTO [個人情報] VALUES (6,'小幡碧依','オバタアオイ','女',
'0243753648','aoi_obata@blwipmmhsq.pd','1959/6/27');
INSERT INTO [個人情報] VALUES (7,'石川紫音','イシカワシオン','女',
'0884133512','shionishikawa@yycxoquxi.oa','1978/1/4');
INSERT INTO [個人情報] VALUES (8,'内村優美','ウチムラユミ','女',
'0866121161','yumiuchimura@nyvpugqoz.rk','1978/6/13');
INSERT INTO [個人情報] VALUES (9,'村上葵衣','ムラカミアオイ','女',
'0468906952','aoi139@ftno.ndd','1977/6/22');
INSERT INTO [個人情報] VALUES (10,'安永知美','ヤスナガトモミ','女',
'0877962719','tomomi_yasunaga@oihlmchk.qy','1976/2/12');
```

　この「個人情報」テーブルにて、メールアドレスのドメインで並び替えを行う場合を考えてみましょう。メールアドレスのドメインは、「@」以降の文字列が該当します。つまり、コードが「1」の氏名「村木朱音」のメールアドレスは「akane332@stjqshnso.ebw」ですが、そのドメインは「stjqshnso.ebw」となります。

　まずは、この「個人情報」テーブルから、レコードごとのドメイン部分を取得する必要があります。まずは、メールアドレスから"@"の位置を取得する必要があります。レコードごとにメールアドレスの「@」の位置を取得するには、次のようにします。

```
SELECT  [コード]
    , [メールアドレス]
    , CHARINDEX('@', [メールアドレス]) AS [位置]
```

224

```
FROM      [個人情報]
ORDER BY
          [コード];
```

実行結果は次のようになります。

■実行結果

```
コード   メールアドレス                                    位置
───────  ─────────────────────────────────────────────  ────────
1        akane332@stjqshnso.ebw                          9
2        mio8490@ycwwd.sjv.jpf                           8
3        Tetsurou_Yoshimoto@qbofidqeh.pua.kq             19
4        yuuyahayashida@dnmfgyzpkd.tvm                   15
5        tooru77590@kjrqldjwz.inn                        11
6        aoi_obata@blwipmmhsq.pd                         10
7        shionishikawa@yycxoquxi.oa                      14
8        yumiuchimura@nyvpugqoz.rk                       13
9        aoi139@ftno.ndd                                 7
10       tomomi_yasunaga@oihlmchk.qy                     16
```

「@」マークの位置が取得できましたので、次はRIGHT関数によってドメイン以降の文字列のみを取得するようにします。RIGHT関数によって取得する文字の数は、メールアドレスの全体の文字数から、「@」マークの位置を差し引いた数です。
たとえば、

12345@7890

というメールアドレスだった場合、CHARINDEX関数によって「@」マークの位置は左から6文字目とわかります。続いてLEN関数によってメールアドレスの全体の文字数10を取得し、その数から「@」マークの位置を差し引く、つまり10-6=4を求めることができます。これをRIGHT関数の引数として渡すことにより、ドメイン部分のみの文字列を取得することができます。
　さっそく、「個人情報」テーブルにこのクエリを実行します。

```
SELECT  [コード]
     , [メールアドレス]
     , CHARINDEX('@', [メールアドレス]) AS [位置]
```

第5章 データ操作に関するSQLコマンド例

```
        , RIGHT([メールアドレス], LEN([メールアドレス]) - CHARINDEX('@', [メール
アドレス])) AS [ドメイン]
FROM    [個人情報]
ORDER BY
        [コード];
```

実行結果は次のようになります。

■実行結果

コード	メールアドレス	位置	ドメイン
1	akane332@stjqshnso.ebw	9	stjqshnso.ebw
2	mio8490@ycwwd.sjv.jpf	8	ycwwd.sjv.jpf
3	Tetsurou_Yoshimoto@qbofidqeh.pua.kq	19	qbofidqeh.pua.kq
4	yuuyahayashida@dnmfgyzpkd.tvm	15	dnmfgyzpkd.tvm
5	tooru77590@kjrqldjwz.inn	11	kjrqldjwz.inn
6	aoi_obata@blwipmmhsq.pd	10	blwipmmhsq.pd
7	shionishikawa@yycxoquxi.oa	14	yycxoquxi.oa
8	yumiuchimura@nyvpugqoz.rk	13	nyvpugqoz.rk
9	aoi139@ftno.ndd	7	ftno.ndd
10	tomomi_yasunaga@oihlmchk.qy	16	oihlmchk.qy

　ここまでくれば、あとはかんたんです。上記手順によって求めたドメイン部分の文字列
をソート条件にすることにより、メールアドレスのドメインによって並び替えられた結果
を求めることができます。

```
SELECT  [コード]
        , [メールアドレス]
        , CHARINDEX('@', [メールアドレス]) AS [位置]
        , RIGHT([メールアドレス], LEN([メールアドレス]) - CHARINDEX('@', [メール
アドレス])) AS [ドメイン]
FROM    [個人情報]
ORDER BY
        [ドメイン];
```

実行結果は次のようになります。

226

5-1　データ抽出に関するテクニック

第2部 SQL基礎編

■実行結果

コード	メールアドレス	位置	ドメイン
6	aoi_obata@blwipmmhsq.pd	10	blwipmmhsq.pd
4	yuuyahayashida@dnmfgyzpkd.tvm	15	dnmfgyzpkd.tvm
9	aoi139@ftno.ndd	7	ftno.ndd
5	tooru77590@kjrqldjwz.inn	11	kjrqldjwz.inn
8	yumiuchimura@nyvpugqoz.rk	13	nyvpugqoz.rk
10	tomomi_yasunaga@oihlmchk.qy	16	oihlmchk.qy
3	Tetsurou_Yoshimoto@qbofidqeh.pua.kq	19	qbofidqeh.pua.kq
1	akane332@stjqshnso.ebw	9	stjqshnso.ebw
2	mio8490@ycwwd.sjv.jpf	8	ycwwd.sjv.jpf
7	shionishikawa@yycxoquxi.oa	14	yycxoquxi.oa

Column ▶ SQLは3つの種類に分けられる

　SQLは、処理の種類によって、「データ操作言語」「データ定義言語」「データ制御言語」の3つに分類することができます。

データ操作言語（DML:Data Manipulation Language）

　データ操作言語は、おもにプログラムから実行される命令で、一般にSQLと言えばこのデータ操作言語を指します。データ操作言語は、データベースに対して以下の4種類の操作を行なうことができます。

・新規データの追加
・既存データの検索
・既存データの更新
・既存データの削除

　データ操作言語にはこの4種類の操作しかありませんが、この4種類がもっとも頻繁に使用される命令でもあります。逆に言えば、これだけマスターしてしまえば、SQLをおおよそ使えるようになったといっても過言ではないでしょう。

データ定義言語（DDL:Data Definition Language）

　データ定義言語は、データベースやテーブルの構築を行なうための命令で、データベースの環境を整備するためのものです。データ定義言語のおもな命令は、次のとおりです。

- データベースの作成
- テーブルの作成
- インデックスやビューの作成

　データ定義言語には、このほかにもデータベースの種類によっていろいろな命令があります。

データ制御言語（DCL:Data Control Language）
　書籍によっては、このデータ制御言語を取り扱っていないものがありますが、データ制御言語に分類される命令とは、ユーザ権限の設定やトランザクション制御など、データベース処理を行なううえでの大事な命令です。データ制御言語のおもな命令は、次のとおりです。

- ユーザ定義や権限の設定
- トランザクションの制御
- ロック制御

5-2 データ追加／更新／削除に関するテクニック

5-2 データ追加／更新／削除に関するテクニック

今度は、データ操作言語（DML）のなかからデータの追加／更新／削除に関するテクニックを紹介します。SQL Server独自の記述方法も扱っていますが、たとえば大量のデータを扱う場合に知っているのと知らないのとでは作成するクエリの量が大きく変わってくる場合があります。

複数のINSERTコマンドを実行

SQL Server 2008以降、INSERTコマンドは複数行に対応されました。たとえば、以下のようなクエリがあります。

```
INSERT INTO tbl_test (id, name) VALUES (1,   'one');
INSERT INTO tbl_test (id, name) VALUES (2,   'two');
INSERT INTO tbl_test (id, name) VALUES (3, 'three');
INSERT INTO tbl_test (id, name) VALUES (4,   'for');
INSERT INTO tbl_test (id, name) VALUES (5,  'five');
```

これは、次のようなクエリに置き換えることができます。

```
INSERT INTO tbl_test (id, name) VALUES (1,   'one')
                                     , (2,   'two')
                                     , (3, 'three')
                                     , (4,   'for')
                                     , (5,  'five');
```

実行結果は次のようになります。

■実行結果

```
(5 行処理されました)
```

INSERTコマンドで1行ずつレコードを作成する場合と比較すると、後者のほうが高速

第5章 データ操作に関するSQLコマンド例

です。ただし、追加するデータが1つでもエラーがあると、すべてのレコードが追加され
ません。

たとえば、前述のクエリにて1行目は数値型ですが、これに誤って文字列型を指定した
クエリを構築してしまった場合、すべてのレコードは追加されません。次のクエリでは、
1レコード目のID列に文字データが入っていますが、この1行のためにこのクエリはエラー
となり、5行すべてのレコードは追加されません。

```
INSERT INTO tbl_test (id, name) VALUES ('A',   'one')
                                      , ( 2,   'two')
                                      , ( 3, 'three')
                                      , ( 4,   'for')
                                      , ( 5,  'five');
```

■実行結果

```
メッセージ 245、レベル 16、状態 1、行 1
varchar の値 'A' をデータ型 int に変換できませんでした。
```

データの抽出結果でINSERT

P.190では、データをコピーする方法として、SELECT INTO文について説明しました。
SELECT INTO文は、コピー先のテーブル名がデータベース内に存在しない場合に有効で
す。コピー先のテーブルは、SELECT INTO文によって生成されます。

```
SELECT  *
INTO    [コピー社員]
FROM    [社員];
```

今度は、「社員」テーブルとまったく同じ列構成である、既存の「コピー社員」テーブ
ルに対し、「社員」テーブルの内容をコピーする方法です。

その場合は、SELECTコマンドの実行結果でINSERTコマンドを実行します。構文は、
次のとおりです。

230

5-2 データ追加／更新／削除に関するテクニック

構文

```
INSERT INTO
    [コピー先のテーブル名]
(
    [列名1]
  , [列名2]
  , [列名3]
  , ・・・
)
SELECT   [列名1]
       , [列名2]
       , [列名3]
       , ・・・
FROM    [コピー元のテーブル名];
```

　コピー元のテーブルとコピー先のテーブルで、列の数とデータ型を揃える必要があります。逆に列の数とデータ型が揃っていれば、以下のように列名を指定する必要はありません。

構文

```
INSERT INTO
        [コピー先のテーブル名]
SELECT  *
FROM    [コピー元のテーブル名];
```

　「社員」テーブルと「コピー社員」テーブルの例で言えば、次のようなクエリになります。

```
INSERT INTO [コピー社員]
SELECT  *
FROM    [社員];
```

　以前、この構文を知らないばかりに、クライアントアプリケーション側にて発行したSELECTコマンドの実行結果を元に、INSERTコマンドを1件ずつ発行しているソースコードを見かけたことがあります。これでは、その都度クライアントアプリケーションとデータベース側でオーバーヘッドが発生するため、データ件数の数に比例して非常に遅くなってしまう可能性があります。

231

第**5**章　データ操作に関するSQLコマンド例

UPDATEコマンドにFROM句を指定

　たとえば、ほかのテーブルの実行結果を元に更新する値を変更する場合、UPDATEコマンドにFROM句を指定する方法があります。次の「社員」テーブルの「年齢」列の内容を、「コード」をキーにして別テーブルの「年齢」列に更新するクエリを考えてみましょう。

■「社員」テーブル

コード	氏名	性別	年齢
1	竹中雅典	男	40
2	三枝正康	男	37
3	石川健	男	53
4	赤松穂花	女	21
5	陳幸作	男	23
6	北岡忠志	男	36
7	河崎春香	女	31
8	磯野佳奈子	女	23
9	坂元沙織	女	23
10	猪股環	女	30

■「年齢一時保存」テンポラリテーブル

コード	年齢
1	NULL
2	NULL
3	NULL
4	NULL
5	NULL
6	NULL
7	NULL
8	NULL
9	NULL
10	NULL

```
ーー「年齢一時保存」テンポラリテーブルを作成します。
CREATE TABLE [#年齢一時保存]
(
    [コード]        INT
  , [年齢]          INT
);
```

232

5-2 データ追加／更新／削除に関するテクニック

```
-- 「年齢一時保存」テンポラリテーブルに初期データを追加します。
INSERT INTO [#年齢一時保存] ([コード], [年齢]) VALUES ( 1, NULL);
INSERT INTO [#年齢一時保存] ([コード], [年齢]) VALUES ( 2, NULL);
INSERT INTO [#年齢一時保存] ([コード], [年齢]) VALUES ( 3, NULL);
INSERT INTO [#年齢一時保存] ([コード], [年齢]) VALUES ( 4, NULL);
INSERT INTO [#年齢一時保存] ([コード], [年齢]) VALUES ( 5, NULL);
INSERT INTO [#年齢一時保存] ([コード], [年齢]) VALUES ( 6, NULL);
INSERT INTO [#年齢一時保存] ([コード], [年齢]) VALUES ( 7, NULL);
INSERT INTO [#年齢一時保存] ([コード], [年齢]) VALUES ( 8, NULL);
INSERT INTO [#年齢一時保存] ([コード], [年齢]) VALUES ( 9, NULL);
INSERT INTO [#年齢一時保存] ([コード], [年齢]) VALUES (10, NULL);
```

これには、次のクエリのように、UPDATEコマンドにFROM句を指定して、参照する「社員」テーブルの「コード」列で等結合します。

```
-- 「年齢一時テーブル」を更新します。
UPDATE    [#年齢一時保存]
SET       [#年齢一時保存].[年齢] = [社員].[年齢]
FROM      [社員]
WHERE     [#年齢一時保存].[コード] = [社員].[コード];
```

■実行結果

（10 行処理されました）

「年齢一時保存」テーブルを参照すると、次のように正しく「社員」テーブルの「年齢」列の値で更新されているのを確認することができます。

```
SELECT * FROM [#年齢一時保存] ORDER BY [コード];
```

■実行結果

コード	年齢
1	40
2	37
3	53
4	21
5	23
6	36
7	31

8	23
9	23
10	30

すべてのレコードを高速削除

これはデータ操作言語（DML）ではなく、データ制御言語（DCL）なのですが、すべてのレコードをDELETEコマンドよりも高速に削除する、TRUNCATEというコマンドがあります。TRUNCATEの構文は、次のとおりです。

構文

```
TRUNCATE TABLE [テーブル名];
```

TRUNCATE文は、WHERE句の指定ができません。常に全削除となります。冒頭で、TRUNCATE文はデータ制御言語（DCL）であることを説明しましたが、実はデータ制御言語であるにも関わらず、トランザクション制御が可能です。TRUNCATEだけでなく、DROP TABLEやCREATE TABLEなどのデータ制御言語についても、トランザクション制御が可能です。このあたり、ほかのデータベースシステムとは仕様が異なるところですので、注意が必要です。

つまり、TRUNCATE文の前にBEGIN TRANによってトランザクションを開始し、TRUNCATE後にROLLBACKすることにより、全データ削除がなかったことになります。また、DELETEコマンドではないため、TRUNCATE文では対象となるテーブルのDELETEコマンドのトリガーは実行されません。

実際、何十万何百万という大量レコードをテーブルから一括削除する場合、DELETEよりもTRUNCATEのほうがはるかに高速です。たとえば、Transact-SQL（第3部参照）で次のように作成した1,000,000件のレコードをDELETEする場合とTRUNCATEする場合で掛かる時間を計測してみましょう。

```
-- 「test」テーブルを作成します。
CREATE TABLE test (id INT);

--変数「@i」を宣言し、初期値として「1」を代入します。
DECLARE @i NUMERIC(8, 0);
SET @i = 1;
```

5-2 データ追加／更新／削除に関するテクニック

```
--変数「@i」の値が「1,000,000」以下の場合
WHILE (@i <= 1000000)
BEGIN
    --「test」テーブルに変数「@i」の値を追加します。
    INSERT INTO test VALUES (@i);
    --変数「@i」をインクリメントします。
    SET @i = @i + 1;
END
```

　上記クエリを実行すると、「test」テーブルに1,000,000件のレコードが作成されます。

```
--「test」テーブルの件数を確認します。
SELECT COUNT(*) AS 件数 FROM test;
```

■実行結果

```
件数
----------
1000000
```

　では、DELETEとTRUNCATEの実行時間の比較をしてみましょう。まずはDELETEの実行時間です。

```
--トランザクション処理を開始します。
BEGIN TRAN;

--実行前の日時を表示します。
SELECT CURRENT_TIMESTAMP AS 開始時刻;

--DELETEを実行します。
DELETE FROM test;

--実行後の日時を表示します。
SELECT CURRENT_TIMESTAMP AS 終了時刻;

--トランザクションをロールバックします。
ROLLBACK;
```

第5章　データ操作に関するSQLコマンド例

■実行結果

```
開始時刻
-------------------------
2018-11-17 21:36:11.023

終了時刻
-------------------------
2018-11-17 21:36:24.377
```

　13秒強の実行時間です。これに対し、TRUNCATEの場合は次のとおりです。

```
--トランザクション処理を開始します。
BEGIN TRAN;

--実行前の日時を表示します。
SELECT CURRENT_TIMESTAMP AS 開始時刻;

--TRUNCATEを実行します。
TRUNCATE TABLE test;

--実行後の日時を表示します。
SELECT CURRENT_TIMESTAMP AS 終了時刻;

--トランザクションをロールバックします。
ROLLBACK;
```

■実行結果

```
開始時刻
-------------------------
2018-11-17 21:38:02.293

終了時刻
-------------------------
2018-11-17 21:38:02.357
```

　なんと、1秒もかかりませんでした。ちなみに、DROP TABLE した場合も、TRUNCATE
とほぼ同じ程度の実行時間でした。

5-2 データ追加／更新／削除に関するテクニック

Column ▶ もっと高速にテストデータを作成する

　P.235のように1,000,000件のレコードを作成するクエリを実行すると、何分もかかってしまったかと思います。これは、1,000,000回のINSERT文を実行するためです。もっと早く1,000,000件のレコードを作成する方法はないでしょうか。

　P.235で作成した「test」テーブルでは、値が「1」から「1000000」までの連番になっていましたが、値にこだわらなければ、Transact-SQL（第3部参照）を使った次のような方法でもっと早く1,000,000件のレコードを作成することができます。

```
-- 「test」テーブルを作成します。
CREATE TABLE test (id INT);

--変数「@i」を宣言し、初期値を代入します。
DECLARE @i NUMERIC(8, 0);
SET @i = 1;

--変数「@i」の値が「100」以下の場合
WHILE (@i <= 100)
BEGIN
    -- 「test」テーブルに変数「@i」の値を追加します。
    INSERT INTO test VALUES (@i);
    --変数「@i」をインクリメントします。
    SET @i = @i + 1;
END

-- 「test」テーブル3つを交差結合します。(100×100×100)
SELECT  a.id AS id
INTO    test2
FROM    test AS a
      , test AS b
      , test AS c;
```

　上記のクエリであれば、INSERTコマンドは100回のみ、あとはSELECT文が1回きりです。ほんの数秒で1,000,000件のレコードを持つテーブルが作成できます。

第5章 データ操作に関するSQLコマンド例

データベースに画像を保存

データベースに画像などのバイナリデータを格納する場合は、次のようにします。まず、検証用として、「画像倉庫」テーブルを作成します。

```
-- 「画像倉庫」テーブルを作成します。
CREATE TABLE [画像倉庫]
(
    [ID]        INT IDENTITY
  , [PICTURE]   VARBINARY(MAX)
);
```

[ID]列は自動採番、[PICTURE]列に画像ファイルのバイナリデータを格納します。画像の格納先としては、IMAGE型というデータ型がSQL Serverに存在しますが、非推奨のデータ型です。今後SQL Serverのバージョンアップによって使用できなくなる可能性があります。詳しくは、P.47をご覧ください。

さて、このテーブルに対し、画像を追加するINSERTコマンドは、次のとおりです。追加する画像は、「C:¥TEMP」フォルダの「sample.jpg」ファイルです。

```
-- 「画像倉庫」テーブルに画像を追加します。
INSERT INTO [画像倉庫]
(
    [PICTURE]
)
SELECT  *
FROM    OPENROWSET(BULK N'C:¥TEMP¥a.jpg', SINGLE_BLOB) AS [IMG];
```

■実行結果

```
(1 行処理されました)
```

[ID]列は、IDENTITY列のため、自動採番されます。値を指定することはできません。

[PICTURE]列には、画像ファイルのバイナリデータが格納されます。OPENROWSET関数によって外部ファイルを読み込み、その内容が[画像倉庫]テーブルに書き込まれます。OPENROWSET関数は、テーブル値関数のため、上記のようにFROM句への記述が可能です。第1パラメータには、画像ファイルのパスが指定されていますが、これをBULKオプション付きで指定することで、ファイルの内容を一括で取得することができます。第2

238

パラメータの「SINGLE_BLOB」は、データをバイナリとして取得することを意味します。「SINGLE_BLOB」のほかには、ASCII文字ベースでデータを読み取る「SINGLE_CLOB」や、UNICODEベースでデータを読み取る「SINGLE_NCLOB」があります。

さて、実際に「画像倉庫」テーブルにどのような状態で格納されているかを見てみましょう。

```
SELECT * FROM [画像倉庫];
```

■実行結果

```
ID  PICTURE
--- ---------------------------------------------
1   0xFFD8FFE10018457869660000494 92A0008...
```

[PICTURE]列には、「C:¥TEMP」フォルダの「a.jpg」ファイルのバイナリデータが書き込まれています。このファイルは45KBの画像としては小さなファイルですが、たとえばスマートフォンで撮影した高画質の写真をデータベースに保存する場合は、当然ながらその分のデータサイズがデータベースに保存されることになります。1ファイルで何MBも使用できますが、Express Editionのようにデータベースのサイズに上限があるEditionの場合、大量のバイナリデータを保存するのには向かないので、注意してください。

第5章 データ操作に関するSQLコマンド例

5-3 データ結合に関するテクニック

複数のテーブルからデータを参照する場合のテーブル同士の結合方法としては、等結合や外部結合があります。本節では、テーブル同士の結合のテクニックについて触れてみたいと思います。テーブル同士の結合は、まさにリレーショナルデータモデル（関係データモデル）の基礎であると言えます。

交差結合

たまに、異常に処理が遅いプログラムの調査を行っていると、結合条件がないクエリに出会う場合があります。たとえば、次のようなクエリです。

```
SELECT    [納品].*
FROM      [納品]
WHERE
          [納品].[伝票番号] IN
          (
                SELECT    [売上].[伝票番号]
                FROM      [売上]
                        , [顧客マスタ]
                WHERE     [顧客マスタ].[顧客コード] = 10000
          )
ORDER BY
          [納品].[伝票番号];
```

このクエリを見ると、サブクエリ内において、「売上」テーブルと「顧客マスタ」テーブルの結合の際、結合条件が指定されていません。実際、結合条件のないテーブルの結合は、どのような結果となるのでしょうか。

例として、次のようなテーブルを結合条件なしで結合してみます。

240

5-3 データ結合に関するテクニック

第 **2** 部

SQL基礎編

■「test_a」テーブル

a
b
c
d
e

■「test_b」テーブル

A
B
C
D
E

テーブルを作成するクエリは次のとおりです。

```
-- 「test_a」「test_b」テーブルを作成します。
CREATE TABLE test_a (ch VARCHAR(1));
CREATE TABLE test_b (ch VARCHAR(1));

-- 「test_a」「test_b」テーブルに初期値を代入します。
INSERT INTO test_a (ch) VALUES ('a'), ('b'), ('c'), ('d'), ('e');
INSERT INTO test_b (ch) VALUES ('A'), ('B'), ('C'), ('D'), ('E');
```

このテーブルを結合条件なしで結合した場合のクエリは、次のとおりです。

```
SELECT  *
FROM    test_a
      , test_b;
```

このクエリを実行すると、次のような結果となります。

■実行結果

```
ch  ch
--- ---
a   A
b   A
c   A
d   A
e   A
a   B
b   B
c   B
d   B
e   B
a   C
b   C
```

241

第5章 データ操作に関するSQLコマンド例

```
c    C
d    C
e    C
a    D
b    D
c    D
d    D
e    D
a    E
b    E
c    E
d    E
e    E
```

　たった5件のレコードを持つテーブル同士の結合の結果が、25件のレコードとなりました。データを見ると、2つのテーブルのレコードの組み合わせのようです。つまり、「test_a」テーブルの「a」のレコードは、「test_b」テーブルのすべてのレコードと結合されています。ようは、「test_a」テーブルの5件と「test_b」テーブルの5件が乗算された25件のデータが返ってきたのです。これが、「交差結合」です。

　最初に紹介した「売上」テーブルの例では、「売上」テーブルの件数と「顧客」テーブルの件数を掛け算した結果がサブクエリの結果として抽出されるため、「売上」テーブルや「顧客」テーブルのレコードが増えていくたびに、サブクエリから返る結果セットが飛躍的に増大していき、結果として異常に処理が遅くなっていくのです。

　この「交差結合」は、この例のように結合条件を指定しなかった場合でも発生しますが、以下のように、明示的に交差結合であることを記すことも可能です。

▌構文

```
SELECT  *
FROM    [テーブル名A]
          CROSS JOIN [テーブル名B];
```

　先ほどの「test_a」テーブルと「test_b」テーブルの例で言えば、CROSS JOINを明示すると、次のようになります。

```
SELECT  *
FROM    [test_a]
```

```
CROSS JOIN [test_b];
```

　結合条件を指定しなければ交差結合になるのであれば、わざわざ「CROSS JOIN」などと指定する必要もないのでは？ と思うかもしれませんが、あえて「CROSS JOIN」を指定するメリットは、これが交差結合であることを明確化する目的があります。つまり、最初のクエリの例のように、ただ単純に結合条件を付け忘れているだけなのか、あえて交差結合を指示しているのか、判断することができます。

1つのSQLで同じテーブルを結合

　たとえば、次のような「従業員」テーブルがあります。

■「従業員」テーブル

コード	氏名	上司コード
1	丹野一義	NULL
2	山口灯	NULL
3	古市和茂	4
4	平井亜衣	1
5	古市巧	2
6	渥美亜沙美	NULL
7	塩見和正	2
8	小田金之助	2
9	宮坂信孝	6
10	末永徳美	1

　テーブルを作成するクエリは次のとおりです。

```
--「従業員」テーブルを作成します。
CREATE TABLE [従業員]
(
    [コード]          INT
  , [氏名]           NVARCHAR(10)
  , [上司コード]      INT
);

--「従業員」テーブルに初期データを追加します。
INSERT INTO [従業員] ([コード], [氏名], [上司コード]) VALUES ( 1, '丹野一義'     ,NULL)
                                                         , ( 2, '山口灯'       ,NULL)
```

```
                              , ( 3, '古市和茂'    ,4)
                              , ( 4, '平井亜衣'    ,1)
                              , ( 5, '古市巧'      ,2)
                              , ( 6, '渥美亜沙美'  ,NULL)
                              , ( 7, '塩見和正'    ,2)
                              , ( 8, '小田金之助'  ,2)
                              , ( 9, '宮坂信孝'    ,6)
                              , (10, '末永徳美'    ,1);
```

このテーブルでは、「上司コード」列はその従業員の上司である「従業員」の「コード」の値が格納されています。つまり、「コード」が「3」の「古市和茂」の上司は、「上司コード」列が「4」であるため、「コード」が「4」の「平井亜衣」となります。上司コードが「NULL」のデータは、上司が不在です。役職がもっとも上の従業員とします。

さて、この「従業員」テーブルを用いて、従業員の一覧を上司の氏名も一緒に抽出してみましょう。それには、「従業員」テーブルに「従業員」テーブルを結合する必要があります。ただ、テーブル名が重複してしまいますので、AS句を用いて「従業員」テーブルに別名を付ける必要があります。実際のクエリと実行結果は、次のとおりです。

```
SELECT  [本人].[コード]
      , [本人].[氏名]
      , [上司].[コード] AS [上司コード]
      , [上司].[氏名] AS [上司氏名]
FROM    [従業員] AS [本人]
            LEFT OUTER JOIN [従業員] AS [上司]
                ON [本人].[上司コード] = [上司].[コード]
ORDER BY
        [本人].[コード];
```

■実行結果

コード	氏名	上司コード	上司氏名
1	丹野一義	NULL	NULL
2	山口灯	NULL	NULL
3	古市和茂	4	平井亜衣
4	平井亜衣	1	丹野一義
5	古市巧	2	山口灯
6	渥美亜沙美	NULL	NULL
7	塩見和正	2	山口灯
8	小田金之助	2	山口灯
9	宮坂信孝	6	渥美亜沙美
10	末永徳美	1	丹野一義

5-3 データ結合に関するテクニック

　メインとなる「従業員」テーブルに「本人」という別名を付け、上司のデータを求める
ために結合した「従業員」テーブルに「上司」という別名を付けました。上司が存在しな
い従業員もいるため、「上司」は「本人」と外部結合しています。
　このように、別名を用いることで、同じテーブルやビューを複数結合してクエリを作成
することができます。このような結合を、「自己結合」とも呼びます。

自己結合による組み合わせの求め方

　上に紹介した交差結合と自己結合を用いて、組み合わせを求めるクエリを考えてみま
しょう。理系の生徒が確率の授業で何度も聞いたことがあるような例題ですが、たとえば
あるツボのなかに赤玉3つ、青玉2つ、黄玉1つがあります。このツボから玉を1回引き、
出た玉の色を確かめてツボに戻す、という作業を3回繰り返したとき、どのようなパター
ンがどのような確率で起こるでしょうか。
　まずは、検証用のテーブルを作成しましょう。次のようなテーブルを用意します。

■「ツボ」テーブル

ID	色
1	赤
2	赤
3	赤
4	青
5	青
6	黄

　テーブルを作成するクエリは次のとおりです。

```
-- 「ツボ」テーブルを作成します。
CREATE TABLE [ツボ]
(
    [ID]      INT
  , [色]      NVARCHAR(1)
);

--[ツボ]テーブルに初期データを追加します。
INSERT INTO [ツボ] ([ID], [色]) VALUES ( 1, '赤')
                                     , ( 2, '赤')
                                     , ( 3, '赤')
                                     , ( 4, '青')
```

245

第 **5** 章　データ操作に関する SQL コマンド例

```
                                   , ( 5, '青' )
                                   , ( 6, '黄' );
```

この例題を解くには、「ツボ」テーブルを交差結合で自己結合します。さらに、同じ結果のものをグルーピングし、その回数を求めます。つまり、クエリは次のようになります。

```
SELECT  [1回目].[色] + [2回目].[色] + [3回目].[色] AS [結果]
, COUNT(*) AS [回数]
FROM    [ツボ] AS [1回目]
            CROSS JOIN [ツボ] AS [2回目]
                CROSS JOIN [ツボ] AS [3回目]
GROUP BY
        [1回目].[色] + [2回目].[色] + [3回目].[色]
ORDER BY
        [回数] DESC;
```

実行結果は次のようになります。

■実行結果

結果	回数
赤赤赤	27
赤赤青	18
青赤赤	18
赤青赤	18
青赤青	12
赤青青	12
青青赤	12
黄赤赤	9
赤赤黄	9
赤黄赤	9
青青青	8
青赤黄	6
青黄赤	6
黄青赤	6
黄赤青	6
赤青黄	6
赤黄青	6
黄青青	4
青青黄	4
青黄青	4
黄赤黄	3

246

黄黄赤	3
赤黄黄	3
黄青黄	2
黄黄青	2
青黄黄	2
黄黄黄	1

たとえば、「赤」「青」「黄」の順番で引く確率は、

```
SELECT   [1回目].[色] + [2回目].[色] + [3回目].[色] AS [結果]
       , COUNT(*) AS [回数]
FROM     [ツボ] AS [1回目]
             CROSS JOIN [ツボ] AS [2回目]
                 CROSS JOIN [ツボ] AS [3回目]
GROUP BY
         [1回目].[色] + [2回目].[色] + [3回目].[色]
HAVING   [1回目].[色] + [2回目].[色] + [3回目].[色] = '赤青黄';
```

■実行結果

結果	回数
赤青黄	6

となるので、

$$6 \div (6 \times 6 \times 6) = \frac{1}{36}$$

となります。

それでは、今度はツボに玉を戻さないパターン（順列）を求めてみましょう。その場合、同じ玉を2度引かないようにするだけでよいですから、1回目に引いた玉と2回目に引いた玉、1回目に引いた玉と3回目に引いた玉、2回目に引いた玉と3回目に引いた玉は決して同じ玉であることはありえません。つまり、同じIDが抽出されないようにするだけでよいですので、次のようなクエリになります。

```
SELECT   [1回目].[色] + [2回目].[色] + [3回目].[色] AS [結果]
       , COUNT(*) AS [回数]
FROM     [ツボ] AS [1回目]
```

第 5 章 データ操作に関するSQLコマンド例

```
                    CROSS JOIN [ツボ] AS [2回目]
                         CROSS JOIN [ツボ] AS [3回目]
WHERE    [1回目].[ID] != [2回目].[ID]
AND      [1回目].[ID] != [3回目].[ID]
AND      [2回目].[ID] != [3回目].[ID]
GROUP BY
         [1回目].[色] + [2回目].[色] + [3回目].[色]
ORDER BY
         [回数] DESC;
```

■実行結果

結果	回数
青赤赤	12
赤青赤	12
赤赤青	12
赤赤赤	6
赤赤黄	6
赤黄青	6
赤黄赤	6
赤青黄	6
赤青青	6
黄青赤	6
黄赤青	6
黄赤赤	6
青黄赤	6
青青赤	6
青赤黄	6
青赤青	6
青青黄	2
青黄青	2
黄青青	2

この場合、「赤」「青」「黄」の順番で引く確率は、

```
SELECT   [1回目].[色] + [2回目].[色] + [3回目].[色] AS [結果]
      , COUNT(*) AS [回数]
FROM     [ツボ] AS [1回目]
              CROSS JOIN [ツボ] AS [2回目]
                   CROSS JOIN [ツボ] AS [3回目]
WHERE    [1回目].[ID] != [2回目].[ID]
AND      [1回目].[ID] != [3回目].[ID]
AND      [2回目].[ID] != [3回目].[ID]
```

```
GROUP BY
        [1回目].[色] + [2回目].[色] + [3回目].[色]
HAVING  [1回目].[色] + [2回目].[色] + [3回目].[色] = '赤青黄';
```

■実行結果

```
結果      回数
───────  ────
赤青黄     6
```

となるので、

$$6 \div (6 \times 5 \times 4) = \frac{6}{120} = \frac{1}{20}$$

となります。

　今度は、引いた順番を考慮しない場合を考えてみましょう。その場合、このテーブル構造では少々クエリが難しくなってしまいますので、まずは次のような表に変換します。

■ツボビュー

ID	赤	青	黄
1	1	0	0
2	1	0	0
3	1	0	0
4	0	1	0
5	0	1	0
6	0	0	1

　そこで、いったん次のようなビューを作成しておきます。

```
CREATE VIEW [vツボ]
AS
SELECT  [ID]
      , CASE
            WHEN [色] = '赤' THEN 1
                            ELSE 0
        END AS [赤]
      , CASE
            WHEN [色] = '青' THEN 1
```

第5章　データ操作に関するSQLコマンド例

```
                           ELSE 0
        END AS [青]
    , CASE
            WHEN [色] = '黄' THEN 1
                           ELSE 0
        END AS [黄]
FROM    [ツボ];
```

　今度は引いた順番を考慮しないわけですから、赤を引いた数、青を引いた数、黄を引いた数をSUM関数によって集計し、それが起きる回数をCOUNT関数で算出します。

```
SELECT   [1回目].[赤] + [2回目].[赤] + [3回目].[赤] AS [赤]
       , [1回目].[青] + [2回目].[青] + [3回目].[青] AS [青]
       , [1回目].[黄] + [2回目].[黄] + [3回目].[黄] AS [黄]
       , COUNT(*) AS [回数]
FROM     [vツボ] AS [1回目]
            CROSS JOIN [vツボ] AS [2回目]
                CROSS JOIN [vツボ] AS [3回目]
GROUP BY
         [1回目].[赤] + [2回目].[赤] + [3回目].[赤]
       , [1回目].[青] + [2回目].[青] + [3回目].[青]
       , [1回目].[黄] + [2回目].[黄] + [3回目].[黄]
ORDER BY
         [回数] DESC;
```

■実行結果

赤	青	黄	回数
2	1	0	54
1	1	1	36
1	2	0	36
2	0	1	27
3	0	0	27
0	2	1	12
1	0	2	9
0	3	0	8
0	1	2	6
0	0	3	1

　1度引いた玉を元に戻さないのであれば、順列の場合と同様、IDが重複しないようにするだけですので、結果は次のようになります。

5-3 データ結合に関するテクニック 第**2**部 SQL基礎編

```
SELECT  [1回目].[赤] + [2回目].[赤] + [3回目].[赤] AS [赤]
      , [1回目].[青] + [2回目].[青] + [3回目].[青] AS [青]
      , [1回目].[黄] + [2回目].[黄] + [3回目].[黄] AS [黄]
      , COUNT(*) AS [回数]
FROM    [vツボ] AS [1回目]
            CROSS JOIN [vツボ] AS [2回目]
                CROSS JOIN [vツボ] AS [3回目]
WHERE   [1回目].[ID] != [2回目].[ID]
AND     [1回目].[ID] != [3回目].[ID]
AND     [2回目].[ID] != [3回目].[ID]
GROUP BY
        [1回目].[赤] + [2回目].[赤] + [3回目].[赤]
      , [1回目].[青] + [2回目].[青] + [3回目].[青]
      , [1回目].[黄] + [2回目].[黄] + [3回目].[黄]
ORDER BY
        [回数] DESC;
```

■実行結果

赤	青	黄	回数
1	1	1	36
2	1	0	36
1	2	0	18
2	0	1	18
3	0	0	6
0	2	1	6

　この場合、「赤」「青」「黄」を1回ずつ引く確率は、それぞれが「1」のレコードのみを抽出します。

```
SELECT  [1回目].[赤] + [2回目].[赤] + [3回目].[赤] AS [赤]
      , [1回目].[青] + [2回目].[青] + [3回目].[青] AS [青]
      , [1回目].[黄] + [2回目].[黄] + [3回目].[黄] AS [黄]
      , COUNT(*) AS [回数]
FROM    [vツボ] AS [1回目]
            CROSS JOIN [vツボ] AS [2回目]
                CROSS JOIN [vツボ] AS [3回目]
WHERE   [1回目].[ID] != [2回目].[ID]
AND     [1回目].[ID] != [3回目].[ID]
AND     [2回目].[ID] != [3回目].[ID]
GROUP BY
        [1回目].[赤] + [2回目].[赤] + [3回目].[赤]
      , [1回目].[青] + [2回目].[青] + [3回目].[青]
      , [1回目].[黄] + [2回目].[黄] + [3回目].[黄]
```

第5章　データ操作に関するSQLコマンド例

```
HAVING   [1回目].[赤] + [2回目].[赤] + [3回目].[赤] = 1
AND      [1回目].[青] + [2回目].[青] + [3回目].[青] = 1
AND      [1回目].[黄] + [2回目].[黄] + [3回目].[黄] = 1;
```

■実行結果

赤	青	黄	回数
1	1	1	36

よって

$$36 \div (6 \times 5 \times 4) = \frac{36}{120} = \frac{3}{30}$$

となります。

Column ◗ *は使うな!?

　SELECTコマンドには、「*」（アスタリスク）をカラム名の代わりに指定することで、すべてのカラムをデータ抽出の対象とすることができます。わざわざカラム名を指定する必要がないため一見便利なようですが、カラム名を指定した場合よりもアプリケーション側のメンテナンスが面倒になりがちです。

　たとえば、新たなカラムを既存のカラムの途中に追加する場合、アプリケーション側の実装でカラムのインデックスを指定して値を取得していると、インデックスの振り直しが必要となります。

　また、INSERTコマンドにおいても列名を指定しない方法もありますが、「分散データベース」を実現するレプリケーション環境下におけるINSERTコマンドの場合は、必ず列名の指定が必要になります。というのも、レプリケーション環境下の場合、アーティクルに選択されたテーブルの列には、「guid」という名前の列が自動的に追加されます。これは、アーティクルに選択されたすべてのテーブル間において、必ずユニークとなるように生成されるID列です。テーブルに新たな列を追加した場合、列名を指定しないINSERTコマンドだとエラーが発生します。この構文は、VALUES句以降に指定した値の数と列数が同じ場合でのみ有効ですので、テーブルに列を追加した時点で、必ずこの構文で記述したSQLにも修正が必要となるわけです。

　その点、INSERTコマンドに列名が指定されている場合、新たに追加した列が次の条件を

5-3 データ結合に関するテクニック

満たしていない限り、SQLに修正を加える必要がありません。

・新たに追加した列にNOT NULL制約が設けてある
・新たに追加した列にDEFAULT値の指定がない

　列名を指定したINSERTコマンドにて、列名に指定されなかった列はNULLとなりますので、上記の2つの条件を同時に満たす場合は、NOT NULL制約の列がNULLとなってしまい、SQLエラーとなります。
　逆に言えば、NOT NULL制約を設けた列には必ずDEFAULT値を指定しておけばよいのです。基本的に、NULLを含んだレコードはテーブルに含めないようにしたほうが、NULLの伝播に伴うバグが混入しにくくなります。テーブル設計時に、可能な限りすべての列にはNOT NULL制約を設けたほうがよいでしょう。

　「新たに追加する列にNOT NULL制約を設けなければ、INSERTコマンドを修正しなくても、SQLエラーは発生しない」

と考えるのではなく、

　「新たに追加する列にもNOT NULL制約を設け、さらに列の指定がないINSERTコマンドの場合はあらかじめ定めた初期値が必ず代入されるよう、DEFAULT値も指定しておく」

と考えるようにしましょう。

第5章 まとめ

　本章では、データ操作に関するSQLコマンドのテクニックについて紹介しました。サブクエリやGROUP BY句などはよく使われます。一部、SQL Serverのバージョンによって使えないテクニックもありますが、クエリのパフォーマンスを向上することが可能なものは、積極的に使っていくべきです。

　たとえば、SQL Server 2008以降では複数のINSERTコマンドを1つにまとめて実行することができるので、その方が高速にデータを追加することができます。また、データの抽出結果でINSERTする場合、INSERT SELECTコマンドを使います。これは複数のレコードを追加する場合に便利で、1件ずつレコードを追加するよりも高速です。すべてのレコードを高速に削除するにはTRUNCATE文を使います。大量のレコードを削除する場合、DELETE文と比較するとはるかに高速に削除できます。

　そのほかにパフォーマンスについて、本文中でも述べましたが、まれに意図しない交差結合になっているクエリを見かけます。異常に時間がかかるクエリを調査していたら、結合条件が指定されていないままテーブルを結合しているケースです。100件のレコードを持つテーブル同士を交差結合した場合10,000件のレコードが結果として返るので気を付けましょう。

　自己結合については、1つのテーブルで階層関係も表しているような場合に使用します。本文内で例として挙げた「従業員」テーブルのような場合です。これは実践でもよく使うテクニックです。

　また、自己結合と交差結合を用いて順列や組み合わせを求めることができます。

第 3 部

Transact-SQL（拡張SQL）編

第 6 章	Transact-SQLの基本
第 7 章	Transact-SQLを使用するデータベースオブジェクト
第 8 章	実践的Transact-SQL
第 9 章	特殊な環境下におけるTransact-SQLの実装

　第3部では、SQL Serverが独自に拡張したSQLであるTransact-SQLについて説明します。

　第6章では、Transact-SQLについて学びます。Transact-SQLを学ぶ前に、まずはそのメリットやデメリットを知る必要があるでしょう。

　第7章では、Transact-SQLで使用するデータベースオブジェクトについて学びます。SQLについては、ANSI準拠のSQL92の規格が制定された時点では、まだストアドプロシージャやストアドファンクションといったデータベースオブジェクトは存在しませんでした。これらのデータベースオブジェクトは、各ベンダーによって独自の拡張を遂げたため、拡張SQLとも呼ばれます。

　第8章と第9章では、実践で使えるTransact-SQLの有効な活用方法とそのサンプルを紹介します。複雑な計算を行うためにわざわざクライアントアプリケーションに処理を戻していた方にとっては、目から鱗のサンプルとなるでしょう。

第6章 Transact-SQLの基本

　第6章では、まずTransact-SQLの基本について学びます。本章は、以下の7つの節によって構成されています。

6-1　Transact-SQLを使用するメリット
6-2　Transact-SQLを使用するデメリット
6-3　Transact-SQLの仕様
6-4　変数の定義
6-5　コメントの付け方
6-6　例外処理
6-7　構造化プログラミング

　Transact-SQLとは、SQL Serverの開発元であるMicrosoft社が独自に拡張したSQL言語のことです。ANSI（American National Standards Institute）によって標準化されているSQL92は、「非手続き型言語」に分類されます。非手続き型言語には言語自体に流れがなく、命令は単発で終わります。単発であるがゆえに、SQLが複雑になってしまったり、もしくは1回のSQL命令を発行しただけでは希望するデータ操作を行えないという事態が発生してしまいます。
　そのため、後のSQL規格であるSQL99では、「ストアドプロシージャ」という概念を取り入れ、SQLに構造化プログラミングの基本である「順次実行」「分岐」「繰り返し」の3つを実装可能としました。これは、データベースシステムの種類によって非常に方言の強いもので、「拡張SQL」とも呼ばれています。つまり、この「拡張SQL」が、SQL Serverで言えばTransact-SQLというわけです。
　この構造化プログラミングの基本である上記の3つを実装することで、SQL92だけでは実現できなかったさまざまな命令をSQLのみでこなすことができるようになります。

6-1 Transact-SQLを使用するメリット

Transact-SQLを学ぶ前に、まずはTransact-SQLを学ぶメリットを見てみましょう。Transact-SQLを学ぶことで、データベースアプリケーションの開発におけるシステムの実装方法に幅が広がります。知識として身に付けていなかったが故に選択肢として挙がることさえなかった方法が、意外なほど有用であることに気づくでしょう。本節では、Transact-SQLを学ぶメリットを3つほど紹介します。

メリット① オーバーヘッドの減少による処理速度の向上

　SQLを極めれば、一見複雑なデータ操作もSQLのみで解決できます。わざわざC#やVisual Basicに処理を戻す必要はありません。C#やVisual Basicに処理を戻す必要がなければ、その分だけデータベースとアプリケーションのオーバーヘッドが少なくなります。オーバーヘッドが少なくなれば、それだけアプリケーションの実行速度が向上します。

　たとえば、あるテーブルにデータを追加する際、INSERTコマンドを繰り返し実行しなくてはならない場合、Transact-SQLを知らないがゆえに以下のようなアプリを開発してしまいがちです。

■INSERTコマンドを繰り返し実行した場合

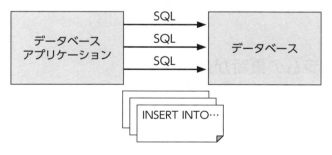

　この場合、アプリからSQLを発行する都度、データベースとのオーバーヘッドが発生します。コンピュータの処理速度にもよりますが、1回のオーバーヘッドはさほど気にならない程度の時間です。オーバーヘッドにかかる時間は1秒もないでしょう。しかし、

INSERTコマンドを数千回、数万回と発行する場合、そのたびにオーバーヘッドが発生します。仮に、オーバーヘッド時間を0.1秒として、INSERTコマンドを1,000回発行する場合、オーバーヘッドによる待ち時間だけでも100秒を超えてしまいます。もちろん、テーブルにデータを追加する時間、アプリ自体の処理時間も含めれば、さらに時間がかかります。

これに対し、Transact-SQL（ストアドプロシージャ）を用いて、INSERTコマンドの繰り返し実行をすべてデータベース側で処理した場合は次の図のようになります。

■INSERTコマンドの繰り返し実行をすべてデータベース側で処理した場合

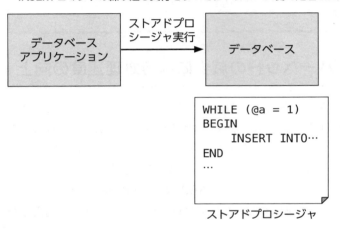

アプリとデータベース間におけるやりとりは1回で済みます。1,000回のINSERTコマンドを実行して100秒ものオーバーヘッド時間がかかった前者のケースと比較すると、1000分の1の0.1秒しかかかりません。

メリット②　プログラムの更新が楽

データ操作の多くをアプリ側で処理した場合、データ操作に変更が加わるたびにアプリを配信し直さなくてはなりません。つまり、バイナリをコンパイルし直して、すべてのユーザーにアプリを再インストールしてもらう必要があります。

■データ操作に変更が加わるたびにアプリの再配信が必要

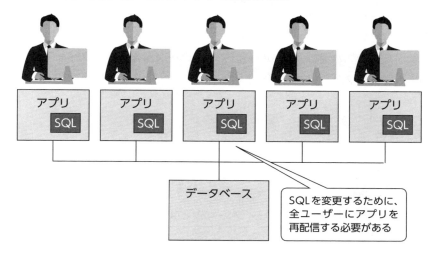

これに対し、データ操作をストアドプロシージャに記述していた場合、ストアドプロシージャの変更だけで済みます。アプリを再配信する必要はありません。

■データ操作に変更が加わってもアプリの再配信は不要

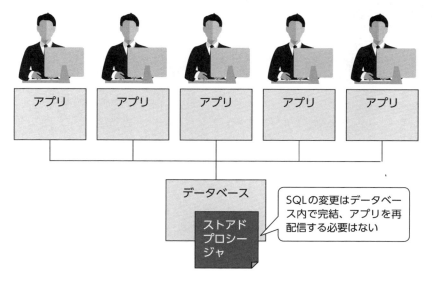

メリット③　アプリの処理が簡素化

　アプリ側の処理が簡素化されるというメリットもあります。いわゆるMVC（Model、View、Control）パターンで見た場合、Modelに該当するデータ操作をデータベースシステム側で実装することで、アプリ側はユーザーとのインターフェイス部分に専念することができます。

■アプリの処理が簡素化される

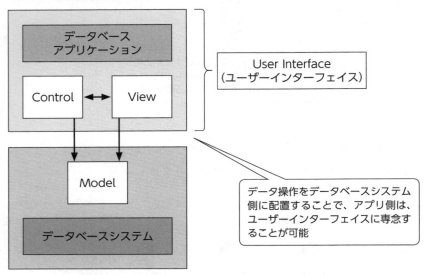

6-2 Transact-SQLを使用するデメリット

6-2 Transact-SQLを使用する デメリット

前節では、Transact-SQLを学ぶメリットについて述べました。本節では、Transact-SQLを
使用する際の注意点についても述べたいと思います。

デメリット① 進捗状況がわからない

先ほどのオーバーヘッドの例にて繰り返しSQLを実行する例について考えてみました
が、今度は1回のSQLの実行にそれなりの時間がかかる場合を考えてみましょう。たと
えば、1回のINSERTコマンドに1秒かかるとします（1回のINSERTコマンドに1秒も
かかるはずがないと思った読者がいるかもしれませんが、サブクエリを利用した複雑な
INSERTコマンドならば十分にあり得ます）。

オーバーヘッド時間とINSERTコマンドの実行時間だけを見れば、もちろんその場合で
もオーバーヘッドが少ないストアドプロシージャを利用したケースのほうが優位です。た
だし、データベース側でSQLが処理されており、その間の進捗がアプリ側では取得できま
せん。1秒かかるINSERTコマンドが1,000回実行されるのですから、1,000秒（約16分）
もの間、アプリから何の応答もないことになります。そうなると、どこまで処理が進んで
いるのかが把握できず、そもそもアプリがフリーズしてしまったのではないかと錯覚して
しまうかもしれません。多少知識のあるユーザーの場合、タスクマネージャからアプリを
強制終了してしまうことも十分にあり得ます。

反面、オーバーヘッドは発生するものの、1回ごとにアプリ側に処理を戻していれば、
1,000回のINSERTコマンドのうち、何回終わったのかを取得できるため、その進捗状況
を画面上に随時表示することができます。

図で説明すると、次のようになります。

第6章 Transact-SQLの基本

■ Transact-SQLを使用したすると進捗状況がわからない場合もある

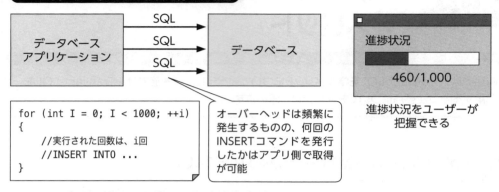

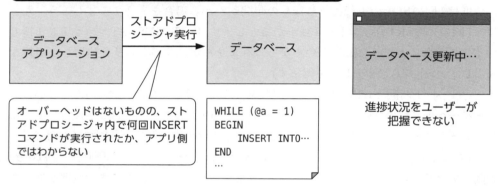

デメリット②　データベースサーバーに負荷がかかる

　Transact-SQLを利用しなかった場合と比較すると、アプリ側で行っていた処理をデータベース側で行うため、その分の負荷がデータベースサーバーにかかります。

　筆者の体験談ですが、以前、某薬品会社の在庫管理システムを構築したことがありました。ある薬品は、材料Aと材料Bと材料Cをそれぞれ60％、30％、10％の割合で混ぜ合わせることで構成されているとします。また、材料Aは材料Aaと材料Bbがそれぞれ75％、25％の割合で混ぜ合わせることで構成されており、さらに材料Aaは…というように、1つの薬品を構成するには複数の材料が階層的に混ざり合って作成されていました。

　その際、ある薬品をnグラム生成する場合、どの材料が何g必要になるかという処理を、ストアドプロシージャで計算していました。再帰呼び出しするストアドプロシージャを使

用し、難易度の高いシステムでしたが、何とか構築を終えました。

　ところが、そのストアドプロシージャは少々重く、指定した条件にもよりますが、何十分も実行されっぱなしになってしまいます。開発を終えたときには大した問題ではないと思っていたのですが、お客様に実際にシステムを触っていただきながら説明をしていた際、別の席から「さっきからデータベースが遅くないか？」などという会話が聞こえてきました。筆者が開発したシステムは、別のシステムが入っているデータベースサーバーを共存して使用していたため、そのストアドプロシージャのためにかかったデータベースの負荷が、別のシステムにも影響を与えてしまっていたのです。

　幸い、筆者が開発したシステムは1日に何度も使うようなシステムではなく、他のシステムが使用していない時間に運用することが可能だったため、とくにシステムの改修作業を行うことにはなりませんでしたが、よい教訓になりました。

　これを教訓に、あまりにもデータベースに負荷をかけすぎるシステムについては、他のシステムとデータベースを共存する場合、クライアント個別のアプリ側に負荷をかけたほうがよいかもしれません。

Column ▶ ムーアの法則

　ムーアの法則については、あまりにも有名な法則のため、本書の読者の多くはきっとご存知のことでしょう。集積回路上のトランジスタ数は18か月ごとに倍になると言われているもので、トランジスタ数の増加はコンピュータの処理速度の向上に直結し、つまりコンピュータの処理速度の向上を表す法則として知られています。

　先ほどの筆者の体験談は、本著の執筆時よりすでに10年以上が経過しています。すでに当時のコンピュータの処理速度は、現在では型落ちしたスマートフォンにすら及ばない程度の性能でしかありません。

　当時、筆者はほかにも会計システムの開発にも携わっていました。そのシステムから出力される総勘定元帳は、何十分、データ件数によっては何時間も実行しっぱなしになってしまうほど重いものでした。しかし、今のコンピュータの処理速度であれば、そのような待ち時間はもう必要なくなっていることでしょう。

　そして、今でもあの在庫管理システムがサーバーを変えて本番稼働しているのであれば、今ならほかのシステムにも影響を与えてしまうほどの負荷を与えずに済んでいることを願わずにいられません。

デメリット③
データベース側のプログラムも管理する必要がある

　ストアドプロシージャやストアドファンクションといったデータベースオブジェクトを利用していなかったときは、データベースが最新であるかどうかは、テーブルやビューが最新であるかどうかを確認する程度でしたが、今後はストアドプロシージャやストアドファンクションについても、最新になっているかどうかを確認する必要があります。

■ 管理する内容が増える

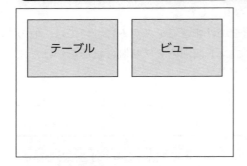

6-3 Transact-SQLの仕様

6-3 Transact-SQLの仕様

Transact-SQLを使用すれば、SQLで制御構文を記述することができます。つまり、SQLだけで処理の流れを作ることができます。まずは、本節にてTransact-SQLの制御構文の概要を説明します。そのあとに、各々の詳しい説明を後の節にてそれぞれ行います。

Transact-SQLにおける制御構文

　制御構文と言えば、エドガー・ダイクストラ氏によって提唱された構造化プログラミングです。すなわち、「順次実行」「分岐」「繰り返し」の3つのパターンによって記述される、フロー（Flow：流れ）のあるプログラミングです。

・「順次実行」を実現するための「変数の定義」

　まず最初に、6-4では「変数の定義」について説明します。「変数」は、「順次実行」を実現するにあたり、演算によって導き出した結果等をメモリ上に記憶しておくための仕組みです。

・プログラムの解読するための補助としての「コメントの付け方」

　6-5では、「コメントの付け方」について説明します。Transact-SQLで流れのあるプログラムを書くとなると、他の手続き型言語と同様、コメントを付けることが重要となります。コメントは、プログラムの概要などをメモとしてプログラム上に記しておくことで、プログラムの解読を補助するための機能です。

・プログラムが正常動作しない場合を想定した「例外処理」

　プログラムの実行時、思わぬ事態によってそのプログラムが正常な動作をとれなくなる場合があります。たとえば、読み込むはずのファイルが存在しない場合や、除算をするはずだったにも関わらず分母が0となる場合などです。このような場合は、「例外処理」として適切な処置を行う必要があります。6-6では、この「例外処理」を扱う仕組みを説明します。

・Transact-SQLの「構造化プログラミング」

　最後に、6-7で前述の構造化プログラミングを実装するための「順次実行」「分岐」「繰り返し」の具体的な記述方法について説明します。

第6章　Transact-SQLの基本

6-4　変数の定義

Transact-SQLで変数を定義する方法について説明します。Transact-SQLで変数を定義するには、「DECLARE」ステートメントを使用します。

変数の定義

変数を定義する場合、次の構文のように、先頭に「DECLARE」を付けます。

構文

```
DECLARE @[変数名] [変数のデータ型];
```

変数名の先頭には、アットマーク「@」を付けます。たとえば、「kingaku」という名前の変数を定義する場合、「@kingaku」となります。変数名の後ろには、変数のデータ型を指定します。指定可能なデータ型の種類は、テーブルのカラムで使用するデータ型と同じです。

変数への代入

実際に変数を定義する例を見てみましょう。MONEY型の変数「@kingaku」を定義し、その変数に値1000を代入する例です。

```
DECLARE @kingaku MONEY;
SET @kingaku = 1000;
```

定義した変数に値をセットするには、SETステートメントを使用します。SETステートメントの構文は、次のとおりです。

構文

```
SET @[変数名] = [値];
```

SETステートメントの代わりに、SELECTステートメントを使用することもできます。

構文

```
SELECT @[変数名] = [値];
```

さて、SELECTコマンドの実行結果を定義した変数の中に格納することも可能です。たとえば、先ほどの「sample」テーブルから「sample_id」が「1」のレコードの「name」を変数に格納してみましょう。

```
DECLARE @name VARCHAR(10);

SELECT @name = name FROM [sample]
WHERE [sample_id] = 1;

PRINT @name;
```

■実行結果

```
suzuki
```

まずは、1行目のDECLAREステートメントで文字列型変数「@name」を定義しています。次に、3行目でSELECTコマンドの実行結果を変数「@name」に格納し、6行目で「@name」に格納されている内容を表示しています。PRINTステートメントは、引数に指定された変数や値の内容を表示します。

構文

```
PRINT @[変数名];
```

変数は、演算子を用いて演算を行うことも可能です。2つの数値型変数を「+」演算子を用いて加算することができます。

第 6 章　Transact-SQLの基本

```
DECLARE @i1 INT;
SET @i1 = 15;

DECLARE @i2 INT;
SET @i2 = 3;

DECLARE @ans INT;
SET @ans = @i1 + @i2;

PRINT @ans;
```

■実行結果

```
18
```

　2つの文字列型変数を「+」演算子を用いて文字列結合することもできます。

```
DECLARE @v1 VARCHAR(5);
SET @v1 = '五十嵐';

DECLARE @v2 varchar(5);
SET @v2 = '貴之';

DECLARE @ans VARCHAR(10);
SET @ans = @v1 + @v2;

PRINT @ans;
```

■実行結果

```
五十嵐貴之
```

268

6-5 コメントの付け方

6-5 コメントの付け方

Transact-SQLでコメントを使用するには、行ごとにコメントを付ける方法と行をまとめてコメントにする方法の2種類があります。

コメントの付け方

行ごとにコメントを付けるには、「--」を用います。

構文

```
-- （ここに、コメントを入力します）
```

また、行をまとめてコメントにするには、「/*」と「*/」でコメントにしたい部分を囲みます。

構文

```
/*
（ここに、コメントを入力します）
*/
```

「/*」と「*/」を用いることで、行の途中だけをコメントにすることもできます。たとえば、次のようなコメントの付け方が可能です。

```
SELECT 'a' + /* ここは、コメントです */ 'b';
```

■実行結果

```
----
ab

（1 行処理されました）
```

269

第 6 章　Transact-SQLの基本

6-6　例外処理

Transact-SQLでの例外処理について見てみましょう。SQL Serverの場合、TRYステートメントを使用することで、例外処理を実装することができます。

例外処理

TRYステートメントの構文は、次のとおりです。

構文

```
BEGIN TRY
    （例外が発生しそうな処理）
END TRY
BEGIN CATCH
    （例外が発生した場合の処理）
END CATCH
```

　TRYステートメントは、SQL Server 2005から実装されました。そのため、SQL Server 2005よりも前のバージョンを使用している場合は、システム変数「@@error」を参照することで、エラーが発生しているかどうかを確認します。システム変数「@@error」は、その変数を参照する直前までの処理で何らかのエラーが発生していた場合、0以外の値が格納されます。

構文

```
（エラーが発生しそうな処理）

IF (@@error <> 0)
BEGIN
    （エラーが発生したときの処理）
END
```

270

6-6 例外処理

例外が発生した場合、その詳細は以下のシステム関数を参照することで入手できます。

■エラーに関するシステム関数

関数	内容
ERROR_LINE()	エラーが発生した行の番号を返す
ERROR_MESSAGE()	アプリケーションから返されるエラー メッセージのテキストを返す
ERROR_NUMBER()	エラー番号を返す
ERROR_PROCEDURE()	エラーが発生したストアド プロシージャまたはトリガの名前を返す
ERROR_SEVERITY()	重大度を返す
ERROR_STATE()	状態を返す

※引用元　Microsoft TechNet ～ Transact-SQL のエラー情報の取得
https://technet.microsoft.com/ja-jp/library/ms179495(v=sql.105).aspx

TRYステートメントで例外が発生した場合、これらのシステム関数からどのような値が返ってくるのか、実際の例を見てみましょう。たとえば、TRYステートメント内で0除算を発生させCATCHブロック内で上記関数を参照した場合、実行結果のような値が返ってきます。

```
BEGIN TRY
  DECLARE @ans INT;
  SET @ans = 1 / 0;
  PRINT @ans;
END TRY
BEGIN CATCH
  SELECT
    ERROR_LINE() AS [ErrorLine],
    ERROR_MESSAGE() AS [ErrorMessage],
    ERROR_NUMBER() AS [ErrorNumber],
    ERROR_PROCEDURE() AS [ErrorProcedure],
    ERROR_SEVERITY() AS [ErrorSeverity],
    ERROR_STATE() AS [ErrorState];
END CATCH
```

■実行結果

```
ErrorLine ErrorMessage                ErrorNumber ErrorProcedure ErrorSeverity ErrorState
--------- --------------------------- ----------- -------------- ------------- ----------
3           0 除算エラーが発生しました。  8134        NULL           16            1

(1 行処理されました)
```

6-7 構造化プログラミング

最後に、Transact-SQLでの構造化プログラミングについて学びます。構造化プログラミングでは、「順次実行」「分岐」「繰り返し」といった流れを持ったプログラミングが可能です。多くのプログラミング言語の最も基本となる部分であり、Transact-SQLにもそれが組み込まれています。それぞれについて、Transact-SQLでの実装方法を見てみましょう。

順次実行

まずは、Transact-SQLでの「順次実行」について説明します。「順次実行」とは、読書するときも文章を上から下へ読み進めるように、プログラムも上から下へ順番に流れるしくみのことを言います。

これまでに取り上げたいくつかのクエリでも、何の説明もなく、上から下へプログラミングが流れているのを前提で話しを進めていましたが、順次実行を知らなかったが故に説明が理解できなかったということはなかったかと思います。

プログラムがいろんな行をまたがって飛びまわるようでは、見づらくてかないません。プログラムを人の目から見ても理解できるよう、上から下へ順番に処理が流れるしくみ、これが「順次実行」です。

■順次実行

分岐

次は、「分岐」についてです。いわゆる「IF文」と呼ばれるもので、処理を分岐させることができます。Transact-SQLでも、IFステートメントを使用します。IF文の構文は、次のとおりです。

構文

```
IF （条件式）
BEGIN
    （条件式が真の場合）
END
ELSE
BEGIN
    （条件式が偽の場合）
END
```

「（条件式が偽の場合）」の記述が不要の場合、ELSE以降は省略可能です。また、「（条件式が真の場合）」もしくは「（条件式が偽の場合）」に実行するクエリが1行のみの場合、次のように「BEGIN」および「END」の表記はそれぞれで省略することができます。

構文

```
IF （条件式）
    （条件式が真の場合）
ELSE
    （条件式が偽の場合）
```

筆者の個人的な意見ですが、IF文のなかで実行するクエリが1行のみの場合でも、常にBEGINとENDを記述したほうが見やすくなるのではないかと思います。

■分岐

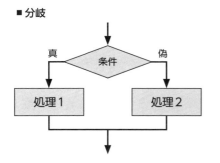

繰り返し

最後に、「繰り返し」についてです。Transact-SQLで繰り返しを行うには、WHILEステートメントを使用します。WHILEステートメントの構文は、次のとおりです。

構文
```
WHILE（条件式が真の間、以降の処理を繰り返す）
BEGIN
    (条件式が真の間に繰り返すクエリ)
END
```

WHILEステートメントにて繰り返し処理を実行中、「BREAK」キーワードを使用すると、その時点で強制的に繰り返し処理を抜けることができます。たとえば、上記の構文はBREAKキーワードを使用して、次のように書き直すことができます。

構文
```
WHILE（常に真となる条件式）
BEGIN
    IF（条件式が偽の場合）
    BEGIN
        BREAK;
    END

    (条件式が真の間に繰り返すクエリ)
END
```

■繰り返し

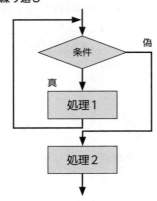

6-7 構造化プログラミング

また、WHILEステートメントでは「CONTINUE」キーワードを使用することができます。「CONTINUE」キーワードを使用すると、1回分の繰り返し処理をその時点で中断し、次の繰り返し処理に移行します。

構文

```
WHILE （条件式が真の間、以降の処理を繰り返す）
BEGIN
  IF （条件式A）
  BEGIN
    CONTINUE;
  END

  （処理B）
END
```

上記構文の場合、「（条件式A）」が真の場合、「（処理B）」はスキップされて次の繰り返し処理を行います。

Column ● ビッグデータとNoSQL

長年隆盛を極め、データベースの主流となっていたリレーショナルデータベースですが、昨今の大規模情報化社会において、その欠点が顕著に目立ち始めました。

「リレーショナルデータベースは、大量のデータ処理に弱い」

この「大量のデータ」は「ビッグデータ（Big Data）」と呼ばれています。現在の主流であるリレーショナルデータベースは、ビッグデータに弱いのです。二次元表のデータ構造において、データの整合性を常に完全な状態で確保するリレーショナルデータベースは、大量のデータ処理に不向きです。

これは、パソコンだけでなくスマートフォンやタブレット端末から、いつでもどこでもかんたんにビッグデータにアクセスできるようになった現代のクラウド社会においては、かなり重大な欠点です。実際、検索エンジンで有名なGoogleでは、Googleが保持している大量のWebページに関するデータは、Bigtableというリレーショナルデータベース以外のデータベースによって管理されています。リレーショナルデータベースを採用しなかったもっとも大きな理由、それは「リレーショナルデータベースでは遅いから」です。検索ボタンをクリッ

クしたら、瞬時に検索結果を表示する必要があります。ユーザーを何秒も待たせるわけには
いかないのです。

　Googleのデータベースだけではありません。大量データを扱うようになった現代のクラ
ウド社会においては、リレーショナルデータベースでは不都合な点が散見し始めました。そ
して、リレーショナルデータデータベースから別のデータベースを利用するための動きが高
まり始めました。リレーショナルデータベースと対話するための言語である「SQL」をその
名に含む「NoSQL(Not Only SQL)」という動きです。その名から「SQLはもう不要(NoSQL)」
ともとれる挑発的なこの動きは、時代の必要性によって、着実に広まり始めています。

　NoSQLに分類されるデータベースは、リレーショナルデータベースほど高機能ではない
ものの、その軽量さが特徴です。今後、より多くのデータ処理を行う可能性が増えるにつれ、
NoSQLに分類されるデータベースがリレーショナルデータベースを代替する場面も増えて
いくことでしょう。

　とはいえ、現在の主流と言えるデータベースは、やはりリレーショナルデータベースです。
データの処理速度よりもデータの整合性を保ち続けることのほうが重要であることも多いで
しょう。いくら高速に処理できるATMとはいえ、振り込んだ金額がたまに預金通帳に反映
されていないなどということはあってはなりません。現時点では、ATMのデータベースには、
軽量ではないが高機能なリレーショナルデータベースに軍配が上がることでしょう。ATM
だけの話しではなく、今後もさまざまな業務において、リレーショナルデータベースが一気
にNoSQLによって塗り替えられるということはあり得ません。

第6章 まとめ

　本章では、SQL Serverの拡張SQLであるTransact-SQLの基本について解説しました。

　拡張SQLは、データベースシステムによって仕様がまちまちであるため、あまり重要視されていないように思われます。SQLは集合論に立脚した言語であり、ダイクストラの構造化プログラミングによるフロー（流れ）でのプログラム開発に慣れたユーザーにとっては、習得しづらい言語であることは間違いありません。「拡張SQLを使えば、SQLでフローを実装できる」と言っても、今までどおり、クライアント側のアプリケーションでフローを実装したほうがやりやすいと感じる場合もあるでしょう。

　そこで、本章の冒頭では、拡張SQLを学ぶメリットから説明しました。とくにアプリケーションとデータベースとのオーバーヘッドの減少が、もっともわかりやすいメリットではないでしょうか。

　また、障害対応がすべてデータベース側のオブジェクトの修正で済むとしたら、わざわざすべてのユーザーにアプリケーションを再配布する必要がないのも大きなメリットと言えるでしょう。

　Transact-SQLは、変数の定義から、コメント、例外処理、分岐や繰り返しなどが使えます。リレーショナルデータベースが、もともと、プログラマーにとって理解しづらい「メモリ」からの解放を目指して開発された言語であることを考えると、しょせんは「変数」という機能に置き換えて隠蔽しているにすぎないメモリの管理を再度SQLが実装したわけですから、正直なところ、機能向上という呼び方に置き換えてはいるものの、本来のSQLのアプローチからしてみれば退化であると考える人もいるかもしれません。

第7章 Transact-SQLを使用するデータベースオブジェクト

　本章では、Transact-SQLを使用する例として、以下のデータベースオブジェクトについて各節で説明します。

7-1　ストアドプロシージャ
7-2　ストアドファンクション
7-3　トリガー

　それぞれのデータベースオブジェクトについて、各々のデータベースオブジェクトの特徴とともに、

・新規のデータベースオブジェクトを定義する方法（CREATE）
・既存のデータベースオブジェクトを実行する方法（EXECUTE）
・既存のデータベースオブジェクトを更新する方法（ALTER）
・既存のデータベースオブジェクトを削除する方法（DROP）

についても説明します。

7-1 ストアドプロシージャ 第3部 Transact-SQL（拡張SQL）編

7-1 ストアドプロシージャ

Transact-SQLを使用したデータベースオブジェクトとして、まず最初にストアドプロシージャについて説明します。ストアドプロシージャについては、前章の例外処理の説明の際にもストアドプロシージャのサンプルを紹介していますが、ここで深く掘り下げてみましょう。

ストアドプロシージャの定義

ストアドプロシージャとは、一連のデータ操作の手順をまとめた複数（もしくは単体）のクエリを、データベースのオブジェクトとして保存したものを言います。データベースアプリケーションは、そのストアドプロシージャを実行することで、同時に複数のデータ操作を行うことができるメリットがあるのは、すでに前述のとおりです。

実際にストアドプロシージャを作成してみましょう。ストアドプロシージャを作成するには、「CREATE PROCEDURE」コマンドを実行します。「CREATE PROCEDURE」コマンドの構文は、次のとおりです。

構文

```
CREATE PROCEDURE ［ストアドプロシージャ名］
    ［パラメータ1］［パラメータ1のデータ型］,
    ［パラメータ2］［パラメータ2のデータ型］,
    ・・・
AS
BEGIN
    （クエリ群）
END
```

P.271で紹介したクエリをベースに、次のようなストアドプロシージャを考えてみます。

第 7 章 Transact-SQLを使用するデータベースオブジェクト

```sql
CREATE PROCEDURE [sp_SAMPLE_PROCEDURE]
  @param1 INT,
  @param2 INT
AS
BEGIN
  SET NOCOUNT ON;

  BEGIN TRY

    --[SAMPLE_TABLE]からデータを取得します。
    SELECT
      [ID],
      [CODE],
      [NAME]
    FROM
      [SAMPLE_TABLE]
    WHERE
      [ID] = @param1
    OR
      [ID] = @param2
    ORDER BY
      [ID];
  END TRY
  BEGIN CATCH

    --発生したエラーを取得します。
    SELECT
      ERROR_NUMBER() AS [ErrorNumber],
      ERROR_SEVERITY() AS [ErrorSeverity],
      ERROR_STATE() AS [ErrorState],
      ERROR_PROCEDURE() AS [ErrorProcedure],
      ERROR_LINE() AS [ErrorLine],
      ERROR_MESSAGE() AS [ErrorMessage],
      @message AS [ApplicationMessage];

    --異常終了を返します。
    RETURN -1;
  END CATCH

  --正常終了を返します。
  RETURN 0;
END
```

　このストアドプロシージャは、2つのINT型のパラメータを保持しています。つまり、このストアドプロシージャを実行するには、2つのINT型のパラメータを引き渡す必要が

あります。

　省略可能なパラメータを保持するストアドプロシージャを作成することもできます。た
とえば前述のストアドプロシージャの第2パラメータを省略可能なパラメータとする場合、
以下のように記述します。

```
CREATE PROCEDURE [sp_SAMPLE_PROCEDURE]
  @param1 INT,
  @param2 INT = 0
AS
BEGIN

... （以下略）
```

　この例では、第2パラメータを省略してストアドプロシージャを実行した場合、第2パ
ラメータには「0」が指定されたものとみなされます。また、省略可能なパラメータは、
最後尾から配置する必要があります。

　また、ストアドプロシージャ内で「RETURN」ステートメントを使用すると、そのステー
トメントを処理が通過した時点でストアドプロシージャを強制的に終了することができま
す。RETURNステートメントにパラメータを指定することで、ストアドプロシージャの戻
り値としてそのパラメータの値を使用することができます。

　たとえば、上記サンプルでは、例外処理が発生した場合はRETURNステートメントに
「-1」を返し、発生しなかった場合はRETURNステートメントに「0」を返します。アプ
リ側ではそのRETURNステートメントの値を「ReturnValue」という項目名から取得する
ことができるため、ストアドプロシージャが正常に処理を終了したのか、それとも例外が
発生したのかを判別することができます。

ストアドプロシージャの実行

　さて、実際にこのストアドプロシージャをデータベースに作成し、実行してみましょう。
ストアドプロシージャを実行するには、「EXECUTE」コマンドを実行します。EXECUTE
コマンドの構文は、次のとおりです。

構文

```
EXECUTE ［ストアドプロシージャ名］［パラメータ1］，［パラメータ2］，...
```

第7章 Transact-SQLを使用するデータベースオブジェクト

　ストアドプロシージャにパラメータが存在しなければ、パラメータの指定は不要です。また、「EXECUTE」コマンドは「EXEC」と省略することが可能です。

■ 構文

```
EXEC ［ストアドプロシージャ名］［パラメータ1］, ［パラメータ2］, ...
```

　たとえば、上記サンプルのストアドプロシージャを実行する場合は、次のようになります。

```
EXECUTE [sp_SAMPLE_PROCEDURE] 1, 0;
```

　第1パラメータには「1」を、第2パラメータには「0」を指定しています。もちろん、前述の省略パラメータを使用した場合は、該当部分のパラメータを省いて実行することも可能です。

　「CREATE PROCEDURE」コマンドで作成しようとしたストアドプロシージャ名と同じ名前のデータベースオブジェクトが存在する場合、「CREATE PROCEDURE」コマンドはエラーを返します。

■ 実行結果

```
メッセージ 2714、レベル 16、状態 3、プロシージャ spTEST、行 4
データベースに 'sp_SAMPLE_PROCEDURE' という名前のオブジェクトが既に存在します。
```

　ストアドプロシージャの戻り値は、以下のようにして取得することができます。

■ 構文

```
［戻り値］= EXECUTE ［ストアドプロシージャ名］［パラメータ1］, ［パラメータ2］, ...
```

　先ほどの「sp_SAMPLE_PROCEDURE」プロシージャを例にとれば、このストアドプロシージャの戻り値が「0」か「-1」かにより、当該ストアドプロシージャが正常終了したのか、異常終了したのかを知ることができます。

　また、パラメータがストアドプロシージャの内部によって変更となった値を受け取ることもできます。たとえば、次のようなストアドプロシージャがあります。解説用に行番号を付加しています。

7-1 ストアドプロシージャ

```
01: CREATE PROCEDURE [sp_SAMPLE_PROCEDURE]
02:     @param1 INT,
03:     @param2 INT OUTPUT
04: AS
05: BEGIN
06:     SET @param1 = @param1 + @param1;
07:     SET @param2 = @param1 * @param1;
08: END
```

　第2パラメータの後ろに「OUTPUT」という記述があります。これを記述すると、当該パラメータの値が変更された場合、変更後の値をストアドプロシージャの呼び出し元に返すことを意味します。ちなみに、これを「参照渡し」と言います。反対に、パラメータの値が呼び出し元に影響を与えないものを「値渡し」と言います。また、記述を「OUT」と省略することもできます。

　実際に、上記のストアドプロシージャを実行して「値渡し」と「参照渡し」の例を見てみましょう。

```
DECLARE @p1 INT;
SET @p1 = 10;

DECLARE @p2 INT;
SET @p2 = 0;

EXECUTE sp_SAMPLE_PROCEDURE @p1, @p2 OUTPUT;

PRINT '@p1の値は、' + CONVERT(VARCHAR, @p1);
PRINT '@p2の値は、' + CONVERT(VARCHAR, @p2);
```

　上記クエリを実行すると、次のような結果が得られます。

■実行結果

```
@p1の値は、10
@p2の値は、400
```

　さて、なぜこのような結果となるのか、詳しく見てみましょう。まず、このストアドプロシージャを実行する際の第1パラメータと第2パラメータの値は、それぞれ「10」と「0」です。ストアドプロシージャ内で演算を行っているのは、次の6行目と7行目です。

283

第7章 Transact-SQLを使用するデータベースオブジェクト

```
06:     SET @param1 = @param1 + @param1;
07:     SET @param2 = @param1 * @param1;
```

　6行目では、第1パラメータに第1パラメータを加算し、さらに第1パラメータにセットしています。つまり、第1パラメータを2倍にしています。第1パラメータの値は「10」でしたので、6行目の演算により、第1パラメータの値は「20」に変わります。

　次に7行目では、第1パラメータと第1パラメータを乗算し、その結果を第2パラメータにセットしています。つまり、第1パラメータを2乗した値を第2パラメータにセットしています。第1パラメータの値は6行目の演算結果によって「20」に変化していますので、20×20＝400となります。

　このストアドプロシージャを実行した際、第1パラメータは「値渡し」（OUTPUTなし）で第2パラメータは「参照渡し」（OUTPUTあり）でした。第1パラメータの「値渡し」はパラメータの値が呼び出し元に影響を与えないため、このストアドプロシージャを実行した際の「10」の値のままとなります。第2パラメータの「参照渡し」はストアドプロシージャ内の演算結果が呼び出し元に影響を与えるため、演算後の「400」が表示されるというわけです。

ストアドプロシージャの更新

　既存のストアドプロシージャを修正するには、「ALTER PROCEDURE」コマンドを実行します。「ALTER PROCEDURE」コマンドの構文は、次のとおりです。

構文

```
ALTER PROCEDURE ［ストアドプロシージャ名］
　［パラメータ1］［パラメータ1のデータ型］,
　［パラメータ2］［パラメータ2のデータ型］,
　・・・
AS
BEGIN
　（クエリ群）
END
```

　基本的に、

・新たなストアドプロシージャを作成する場合は「CREATE PROCEDURE」コマンド

284

7-1 ストアドプロシージャ

・既存のストアドプロシージャを修正する場合は「ALTER PROCEDURE」コマンド

を実行します。

　ちなみに、指定したストアドプロシージャがデータベースに存在するかどうかを確認するには、以下のSQLで確認できます。

```
SELECT COUNT(*) FROM [sys].[objects]
WHERE [name] = 'sp_SAMPLE_PROCEDURE';
```

　上記のクエリは、「sp_SAMPLE_PROCEDURE」というデータベースオブジェクトがすでに使用されているかどうかを調べるためのクエリです。すでに同一名のデータベースオブジェクトが使用されている場合、クエリの実行結果にて該当オブジェクトのレコードが返ります。むろん、データベースオブジェクト名を重複させることはできないので、0もしくは1が返ります。

　[sys].[objects]テーブルには、データベースに含まれるデータベースオブジェクトの一覧が格納されています。このシステムテーブルを参照することで、これから作成しようとするデータベースオブジェクトと同じ名前がすでに使われていないかなどを確認することができます。

　上記のクエリでは、データベースオブジェクトの種類を指定していませんが、「type」カラムに次ページの表に示すデータベースオブジェクトの種類を示す文字列をクエリの結合条件に付加することで、データベースオブジェクトの種類を指定することが可能です。

第7章 Transact-SQLを使用するデータベースオブジェクト

■ データベースオブジェクトの種類を示す文字列

記号	意味
AF	集計関数（CLR）
C	CHECK制約
D	DEFAULT制約
F	外部キー制約
L	ログ
FN	スカラー値関数
FS	アセンブリ（CLR）スカラー値関数
FT	アセンブリ（CLR）テーブル値関数
IF	インラインテーブル値関数
IT	内部テーブル
P	ストアドプロシージャ
PC	アセンブリ（CLR）ストアドプロシージャ
PK	主キー制約（typeはK）
RF	レプリケーションフィルターストアドプロシージャ
S	システムテーブル
SN	シノニム
SQ	サービスキュー
TA	アセンブリ（CLR）DMLトリガー
TF	テーブル値関数
TR	SQLDMLトリガー
TT	テーブルの種類
U	ユーザーテーブル
UQ	UNIQUE制約（typeはK）
V	ビュー
X	拡張ストアドプロシージャ

　たとえば、データベースに存在するストアドプロシージャを取得するには、次のように します。

```
SELECT * FROM [sys].[objects]
WHERE [type] = 'P'
ORDER BY [name];
```

　このクエリを実行すると、データベースに存在するストアドプロシージャをストアドプ ロシージャ名の昇順で取得することができます。

7-1　ストアドプロシージャ

ストアドプロシージャごとにソースコードとしてそのクエリをテキストファイルで保存する場合、次のように「CREATE PROCEDURE」コマンドの上に作成するストアドプロシージャの存在チェックを行い、もしすでに同一名のストアドプロシージャが存在する場合はいったん削除して再作成するようにしておくと便利です。

```
IF (EXISTS(SELECT [object_id] FROM [sys].[objects]
  WHERE [type] = 'P' AND [name] = 'sp_SAMPLE_PROCEDURE'))
BEGIN
  DROP PROCEDURE [sp_SAMPLE_PROCEDURE];
END

CREATE PROCEDURE [sp_SAMPLE_PROCEDURE]
... (以下、略)
AS
```

ストアドプロシージャの削除

作成したストアドプロシージャを削除するには、「DROP PROCEDURE」コマンドを実行します。「DROP PROCEDURE」コマンドの構文は、次のとおりです。

構文

```
DROP PROCEDURE [ストアドプロシージャ名];
```

「DROP PROCEDURE」の後ろに、削除したいストアドプロシージャ名を指定し、実行します。存在しないストアドプロシージャ名を指定して「DROP PROCEDURE」コマンドを実行した場合、「DROP PROCEDURE」コマンドはエラーを返します。

■実行結果

```
メッセージ 3701、レベル 11、状態 5、行 1
プロシージャ 'sp_SAMPLE_PROCEDURE' を 削除 できません。存在しないか、権限がありません。
```

第 7 章　Transact-SQLを使用するデータベースオブジェクト

7-2　ストアドファンクション

SQL Serverの関数には、大きく分けて２つあります。データベースシステムが最初から保持している「組み込み関数」と、ユーザーが独自に作成した「ユーザー定義関数」です。関数には、単一の値を返す「スカラー値関数」と、演算結果の集合をテーブルとして返す「テーブル値関数」の２種類が存在します。

ストアドファンクションとは

　SQL Serverの関数には、「組み込み関数」と「ユーザー定義関数」の２つがあります。ユーザー定義関数は、ユーザーが独自に作成した関数です。これを、「ストアドファンクション」と言います。文字列を置換する「REPLACE」関数や、データの型を変換する「CONVERT」関数、合計を求める「SUM」関数などは、組み込み関数です。

　関数なので、ある値を指定すると関数に定義されている内容に則って演算され、それが結果として返ります。数学の「y=f(x)」と同じです。「f」が関数、パラメータとして「x」を指定すると、「y」という結果が返ってきます。

　ストアドプロシージャにもデータベースシステムにあらかじめ用意されているものもあります。データベースシステムに関する情報は、システムテーブルを直接参照する代わりにそれらのストアドプロシージャを実行することで参照するのが一般的です。

　ストアドプロシージャとストアドファンクションの違いは、次のとおりです。

・ストアドプロシージャは、戻り値を返す必要がないもの。おもに、複数のクエリをまとめて実行するために使用
・ストアドファンクションは、必ず戻り値を返す必要があるもの。SELECTステートメントの列内に組み込んだり、テーブルのように使用することも可能

　また、ストアドファンクション内でCREATE TABLEステートメントやPRINTステートメントなど、一部のステートメントをストアドファンクション内に記述することができません。

288

7-2 ストアドファンクション

ストアドファンクションの定義

ユーザー定義関数を作成するには、「CREATE FUNCTION」コマンドを実行します。
「CREATE FUNCTION」コマンドの構文は、次のとおりです。

構文

```
CREATE FUNCTION ［ストアドファンクション名］
(
  ［パラメータ1］［パラメータ1のデータ型］,
  ［パラメータ2］［パラメータ2のデータ型］,
  ...
)
RETURNS ［ストアドファンクションの戻り値のデータ型］
AS
BEGIN
  （クエリ群）

  RETURN ［ストアドファンクションの戻り値］
END
```

ストアドプロシージャの作成と似ていますが、違いはストアドプロシージャが戻り値の
データ型を定義する必要がなく、ストアドプロシージャ自体の戻り値の返還も必須ではな
いのに対し、ストアドファンクションの場合は戻り値の返還が必須で、その戻り値のデー
タ型を定義する必要があります。

かんたんな例を見てみましょう。次のようなテーブルがあります。

■「書籍」テーブル

ID	書籍名	金額
1	これならわかるSQL入門の入門	1800.00
2	Windows自動処理のためのWSHプログラミングガイド	2500.00
3	いちばんやさしいデータベースの本	1680.00
4	SQLite ポケットリファレンス	2480.00
5	サンプルで覚えるMySQL―データベース接続の基本から応用まで	2400.00

この「書籍」テーブルからデータを抽出する際、金額欄に「1.08」を乗算した消費税込
みの金額を同時に求めるとします。このように、SELECTステートメントの実行結果と組
み合わせて使うと便利なのが、ストアドファンクションです。

第 7 章　Transact-SQLを使用するデータベースオブジェクト

　消費税額を算出する関数としては少々荒っぽい方法ですが、パラメータとして渡された金額に対して「1.08」を乗算して返す「fn_税込み」関数を作成してみましょう。このストアドファンクションを作成するクエリは、次のとおりです。

```
CREATE FUNCTION fn_税込み
(
    @金額 MONEY
)
RETURNS MONEY
AS
BEGIN
    --パラメータで渡された金額に対して1.08を乗算して返す
    RETURN @金額 * 1.08;
END
```

ストアドファンクションの実行

　上記のストアドファンクションを作成したら、今度は「書籍」テーブルの抽出の際に税込み金額も一緒に出力してみます。クエリは、次のとおりです。

```
SELECT
    [ID],
    [書籍名],
    [金額] AS [税抜金額],
    dbo.fn_税込み([金額]) AS [税込金額]
FROM
    [書籍]
ORDER BY
    [ID];
```

　実行結果は次のようになります。

■ 税込金額が追加された「書籍」テーブル

ID	書籍名	税抜金額	税込金額
1	これならわかるSQL入門の入門	1800.00	1944.00
2	Windows自動処理のためのWSHプログラミングガイド	2500.00	2700.00
3	いちばんやさしいデータベースの本	1680.00	1814.40
4	SQLite ポケットリファレンス	2480.00	2678.40
5	サンプルで覚えるMySQL─データベース接続の基本から応用まで	2400.00	2592.00

ユーザー定義関数「fn_税込み」を使用している箇所が、前述のクエリの5行目です。関数名の前に、「dbo.」という文字列が付いていますが、これはDatabase Owner（データベース所有者）のことで、「sa」ユーザー（SQL Serverの管理者権限のアカウント）でログインして関数を作成した場合、「データベース所有者である"sa"ユーザーが作成した関数」という意味で、先頭にその関数の所有者を指定する必要があります。

この「dbo」の記述がないと、クエリは次のようにエラーとなります。

■実行結果

```
メッセージ 195、レベル 15、状態 10、行 1
'fn_税込み' は 関数名 として認識されません。
```

ストアドファンクションの更新

このサンプルでは、パラメータによって引き渡された値に対して「1.08」を乗算するという、少々荒っぽい方法で税込金額を算出しましたが、たとえば期間日付とその期間に該当する消費税率を格納したテーブルを設け、ストアドファンクションではそのテーブルを参照するように変更すれば、消費税率が「1.08」以外の期間についても対応ができそうです。たとえば、次のとおりです。

■「消費税率」テーブル

ID	開始日付	終了日付	税率
1	1989-4-1	1997-3-31	3
2	1997-4-1	2014-3-31	5
3	2014-4-1	2019-9-30	8
4	2019-10-1	9999-12-31	10

先ほど作成したユーザー定義関数を、この「消費税率」テーブルを利用したものに書き換えてみましょう。ストアドファンクションの更新は、ストアドプロシージャと同様、ALTERステートメントを使用します。

第7章　Transact-SQLを使用するデータベースオブジェクト

構文

```
ALTER FUNCTION ［プロシージャ名］
(
  ［パラメータ1］［パラメータ1のデータ型］,
  ［パラメータ2］［パラメータ2のデータ型］,
  ...
)
RETURNS ［ストアドファンクションの戻り値のデータ型］
AS
BEGIN
  （クエリ群）

  RETURN ［ストアドファンクションの戻り値］
END
```

実際のクエリは、次のようになります。

```
ALTER FUNCTION fn_税込み
(
  @税抜金額 MONEY,
  @対象日付 DATETIME
)
RETURNS MONEY
AS
BEGIN
  --対象日付に該当する消費税率を消費税率マスタから取得します。
  DECLARE @消費税率 INT;
  SET @消費税率 = 0;
  SELECT @消費税率 = ［税率］ FROM ［消費税率］
  WHERE @対象日付 BETWEEN ［開始日付］ AND ［終了日付］;

  --取得した消費税率と税抜金額を乗算して消費税額を求めます。（四捨五入）
  RETURN ROUND(@税抜金額 * @消費税率 / 100, 0, 1);
END
```

　このストアドファンクションならば、パラメータに指定した対象日付に該当する消費税率を「消費税率」テーブルから取得し、その値に金額を乗算した金額を求めることが可能です。

292

ストアドファンクションの削除

ストアドファンクションの削除は、ストアドプロシージャと同様にDROPステートメントを使用します。

構文

```
DROP FUNCTION [ストアドファンクション名];
```

先ほどのストアドファンクション、「fn_税込み」を削除するのであれば、次のようになります。

```
DROP FUNCTION fn_税込み;
```

ストアドファンクションの実行時にはストアドファンクションの作成者である「dbo」を先頭に付加しましたが、ストアドファンクションの作成（CREATE FUNCTION）、更新（ALTER FUNCTION）、削除（DROP FUNCTION）の際に「dbo」を付加する必要はありません。もちろん、付加されていてもエラーとなることはありません。

スカラー値関数とテーブル値関数

さて、上記に説明したストアドファンクションは、単一の値、すなわちスカラー値を返すため、「スカラー値関数」と呼ばれます。これに対し、二次元表のデータを返す「テーブル値関数」というものがあります。

テーブル値関数の例を見てみましょう。次の「fn_若手社員」関数は、指定した年齢より若い社員を社員テーブルから抽出します。

■「社員」テーブル

コード	名前	ふりがな	性別	年齢	誕生日	部署コード
101	立石 沙知絵	たちいし さちえ	女	55	1963/3/14	10
102	水田 米蔵	みずた よねぞう	男	54	1964/7/7	20
103	菅井 亮	すがい りょう	男	46	1971/9/8	10
104	三木 圭	みき けい	男	38	1979/12/2	30
105	八木 慶太	やぎ けいた	男	21	1996/11/2	30

第7章 Transact-SQLを使用するデータベースオブジェクト

```
CREATE FUNCTION fn_若手社員
(
    @年齢 INT
)
RETURNS @table TABLE
(
    コード        INT
  , 名前          VARCHAR(40)
  , ふりがな      VARCHAR(40)
  , 性別          VARCHAR(2)
  , 年齢          INT
  , 誕生日        DATE
  , 部署コード    INT
)
AS
BEGIN
    INSERT @table
    SELECT  コード
          , 名前
          , ふりがな
          , 性別
          , 年齢
          , 誕生日
          , 部署コード
    FROM    社員
    WHERE   年齢 <= @年齢
    RETURN;
END
```

スカラー値関数と違い、テーブル値関数はテーブルのように使います。たとえば、上記の「fn_若手社員」関数は、次のように使用します。

```
SELECT
        *
FROM
        fn_若手社員(40)
ORDER BY
        コード;
```

実行結果は次のようになります。

294

■40歳以下の年齢の「社員」テーブル

コード	名前	ふりがな	性別	年齢	誕生日	部署コード
104	三木 圭	みき けい	男	38	1979/12/2	30
105	八木 慶太	やぎ けいた	男	21	1996/11/2	30

　機能がビューにも似ていますが、Transact-SQLが使える分、ビューよりも複雑な条件を指定することができます。

　テーブル値関数もスカラー値関数と同様、ALTER FUNCTION、およびDROP FUNCTIONにて、既存の関数に対して修正および削除が可能です。

第**7**章 Transact-SQLを使用するデータベースオブジェクト

7-3 トリガー

最後に説明するTransact-SQLを使用したデータベースオブジェクトは、トリガー (Trigger) です。トリガーは、テーブルに付随するデータベースオブジェクトで、テーブルのデータが変更されたタイミングで発生するイベントを定義することができます。

トリガーの定義

トリガーの意味は、「引き金」です。銃の引き金のように、トリガーには次の3つを指定する必要があります。

・トリガーを作成するテーブル（引き金を引くテーブル）
・トリガーによって作動するSQLの対象となるテーブル（銃口が向けられるテーブル）
・トリガーを作動する条件（引き金を引く条件）

トリガーの作成は、「CREATE TRIGGER」コマンドを実行します。「CREATE TRIGGER」コマンドの構文は、次のとおりです。

構文

```
CREATE TRIGGER [トリガー名] ON [テーブル名]
    {FOR | AFTER} {INSERT | UPDATE | DELETE}
AS
BEGIN
  (クエリ群)
END
```

上記構文にて、2行目の「{FOR | AFTER}」は、「FOR」または「AFTER」のいずれかを指定することを意味します。「FOR」を指定した場合、データ操作が行われる前にトリガーが実行され、「AFTER」を指定した場合、データ操作が行われた後にトリガーが実行されます。同様に、「{INSERT | UPDATE | DELETE}」は、どのデータ操作が行われたときに実行するトリガーかを指定します。

296

7-3 トリガー

　トリガーは、テーブルの変更履歴のログを取るのに非常に便利です。たとえば、テーブルの変更履歴を別のテーブルに保存するサンプルを見てみましょう。

■「社員」テーブル

コード	名前	ふりがな	性別	年齢	誕生日	部署コード
101	立石 沙知絵	たちいし さちえ	女	55	1963/3/14	10
102	水田 米蔵	みずた よねぞう	男	54	1964/7/7	20
103	菅井 亮	すがい りょう	男	46	1971/9/8	10
104	三木 圭	みき けい	男	38	1979/12/2	30
105	八木 慶太	やぎ けいた	男	21	1996/11/2	30

　今までに何度か使用してきた社員テーブルです。このテーブルに対し、

・新規レコードの追加……INSERT ステートメント
・既存レコードの更新……UPDATE ステートメント
・既存レコードの削除……DELETE ステートメント

の3種類のデータ操作が行われたときのログを、そのデータ操作が実行された日時とともにログとして出力します。
　ログの出力先となる「社員変更履歴」テーブルは、次のようになります。

■ ログの出力先となる「社員変更履歴」テーブル

「社員」テーブル

フィールド名	データ型	サイズ
コード	INT	
名前	VARCHAR	40
ふりがな	VARCHAR	40
性別	VARCHAR	2
年齢	INT	
誕生日	DATE	
部署コード	INT	

「社員変更履歴」テーブル

フィールド名	データ型	サイズ
コード	INT	
名前	VARCHAR	40
ふりがな	VARCHAR	40
性別	VARCHAR	2
年齢	INT	
誕生日	DATE	
部署コード	INT	
変更内容	VARCHAR	10
変更日時	DATETIME	

社員テーブルに対し、これらのフィールドが追加されている

297

第7章　Transact-SQLを使用するデータベースオブジェクト

　「社員」テーブルとの違いは、列の最後に「変更内容」列と「変更日時」列が追加されていることです。この2つの列に対し、それぞれ「どのような変更だったのか（INSERT／UPDATE／DELETE)」と「その変更はいつだったのか」を保存します。

　その際、INSERTステートメントであればそのときに追加されたレコードの内容が、UPDATEステートメントであれば更新対象となったすべてのレコードの変更前の内容が、DELETEステートメントであれば削除前のレコードの内容が、「社員変更履歴」テーブルに保存されます。

　これを満たすには、「社員」テーブルに対し、3つのトリガーを生成する必要があります。

　まず最初に、社員テーブルにレコードが追加されたタイミングで、社員変更履歴テーブルにも同一内容のレコードを追加するトリガーを作成します。

```
CREATE TRIGGER [trg社員_INSERT] ON [社員]
    FOR INSERT
AS
BEGIN
    INSERT INTO [社員変更履歴]
    (
        [コード]
    , [名前]
    , [ふりがな]
    , [性別]
    , [年齢]
    , [誕生日]
    , [部署コード]
    , [変更内容]
    , [変更日時]
    )
    SELECT
        [コード]
    , [名前]
    , [ふりがな]
    , [性別]
    , [年齢]
    , [誕生日]
    , [部署コード]
    , 'INSERT'
    , CURRENT_TIMESTAMP
    FROM
        [inserted];
END
```

298

生成されるトリガーの名前は、「trg社員_INSERT」です。「社員」テーブルに紐づきます。2行目で「FOR INSERT」キーワードが指定されているため、INSERTコマンドが「社員」テーブルに対して実行されたときに引き金が引かれます。

INSERTコマンドによって、「社員変更履歴」テーブルに対してレコードが追加されますが、FROM句に指定されているテーブル名が「inserted」となっています。このテーブルには、トリガーが紐づくテーブルに対してINSERTコマンドが実行された際に、まさに追加されたレコードが格納されています。そのため、WHERE句による条件の指定なしに「inserted」テーブルの内容を抽出すれば、追加されたばかりのレコードを全件取得することができます。むろん、WHERE句によって条件を追加することで、たとえば「社員変更履歴」テーブルに対して追加するレコードに対して制限をかけることも可能です。

では、次に「社員」テーブルに対してUPDATEステートメントが実行されたときに引き金が引かれるトリガーを作成してみましょう。

```
CREATE TRIGGER [trg社員_UPDATE] ON [社員]
    FOR UPDATE
AS
BEGIN
    INSERT INTO [社員変更履歴]
    (
        [コード]
      , [名前]
      , [ふりがな]
      , [性別]
      , [年齢]
      , [誕生日]
      , [部署コード]
      , [変更内容]
      , [変更日時]
    )
    SELECT
        [コード]
      , [名前]
      , [ふりがな]
      , [性別]
      , [年齢]
      , [誕生日]
      , [部署コード]
      , 'UPDATE'
      , CURRENT_TIMESTAMP
    FROM
        [deleted];
```

第7章 Transact-SQLを使用するデータベースオブジェクト

```
END
```

　「社員」テーブルに対してINSERTステートメントが実行されたときのトリガーと比較すると、「FOR UPDATE」キーワードになっています。また、FROM句で参照しているテーブル名が「deleted」になっています。

　この「deleted」テーブルは、UPDATEステートメントによって変更になる前の社員レコードの内容が格納されています。つまり、このトリガーは、「社員」テーブルに対してUPDATEステートメントが実行された場合、そのUPDATEステートメントによって変更になる前のレコードが「社員変更履歴」テーブルに格納されるのです。

　最後に、「社員」テーブルに対してDELETEステートメントが実行されたときに引き金が引かれるトリガーを作成してみましょう。

```
CREATE TRIGGER [trg社員_DELETE] ON [社員]
    FOR DELETE
AS
BEGIN
    INSERT INTO [社員変更履歴]
    (
        [コード]
    ,   [名前]
    ,   [ふりがな]
    ,   [性別]
    ,   [年齢]
    ,   [誕生日]
    ,   [部署コード]
    ,   [変更内容]
    ,   [変更日時]
    )
    SELECT
        [コード]
    ,   [名前]
    ,   [ふりがな]
    ,   [性別]
    ,   [年齢]
    ,   [誕生日]
    ,   [部署コード]
    ,   'DELETE'
    ,   CURRENT_TIMESTAMP
    FROM
        [deleted]
END
```

7-3　トリガー

このトリガーは、DELETEステートメントが実行されたときに引き金が引かれるため、「FOR DELETE」キーワードになっています。FROM句で参照するテーブルは、UPDATEのトリガーと同様、「deleted」テーブルです。これにより、DELETEステートメントによって削除されたレコードが、「社員変更履歴」テーブルに追加されます。

「社員変更履歴」テーブルは、「社員」テーブルのログを出力するテーブルのため、基本的には追加（INSERTステートメント）のみが実行されます。

トリガーの実行

前述のとおり、トリガーの実行は対象となるテーブルに対して引き金を引く行為、たとえばレコードの追加やレコードの更新が行われたときなどに自動的に行われます。

試しに、先ほど作成したトリガーが、正常に動作するかどうかを見てみましょう。まずは、「社員」テーブルに対してレコードが追加された際に実行される、「trg社員_INSERT」トリガーを検証してみます。「社員」テーブルに対して、実際にレコードを追加してみましょう。追加するレコードは、次のとおりです。

■ 追加するレコード

コード	名前	ふりがな	性別	年齢	誕生日	部署コード
106	大久保 寛	おおくぼ ひろし	男	26	1992/6/23	20

以下のクエリを実行します。

```
INSERT INTO [社員]
(
    [コード]
  , [名前]
  , [ふりがな]
  , [性別]
  , [年齢]
  , [誕生日]
)
VALUES
(
    106
  , '大久保 寛'
  , 'おおくぼ ひろし'
  , '男'
  , 26
```

第 **7** 章 Transact-SQLを使用するデータベースオブジェクト

```
    , '1992/6/23'
    , 20
);
```

上記クエリを実行後、当然「社員」テーブルには当該レコードが追加されています。

■ レコード追加後の「社員」テーブル

コード	名前	ふりがな	性別	年齢	誕生日	部署コード
101	立石 沙知絵	たちいし さちえ	女	55	1963/3/14	10
102	水田 米蔵	みずた よねぞう	男	54	1964/7/7	20
103	菅井 亮	すがい りょう	男	46	1971/9/8	10
104	三木 圭	みき けい	男	38	1979/12/2	30
105	八木 慶太	やぎ けいた	男	21	1996/11/2	30
106	大久保 寛	おおくぼ ひろし	男	26	1992/6/23	20

そして、「社員変更履歴」テーブルにも、同一内容のレコードが自動的に追加されています。

■ レコード追加後の「社員変更履歴追加後」シート

コード	名前	ふりがな	性別	年齢	誕生日	部署コード	変更内容	変更日時
106	大久保 寛	おおくぼ ひろし	男	26	1992/6/23	20	INSERT	2018/8/22 12:18:56

「変更内容」列には、「INSERT」の文字列が、「変更日時」列には、「社員」テーブルに対してINSERTステートメントが実行された日時が自動的に保存されます。

この処理をトリガーを使わずに実装することを考えると、おそらくはクライアントアプリケーション側にて、変更や削除が行われる前のレコードをあらかじめ取得しておき、その内容を「社員変更履歴」テーブルに追加するといった処理が必要になります。

いかにトリガーが便利なものであるか、おわかりいただけるかと思います。

トリガーの更新

既存のトリガーを更新するには、ALTER TRIGGERコマンドを実行します。

構文

```
ALTER TRIGGER [トリガー名] ON [テーブル名]
    {FOR | AFTER} {INSERT | UPDATE | DELETE}
AS
BEGIN
  (クエリ群)
END;
```

トリガーを生成するCREATE TRIGGERコマンドの構文にて、「CREATE」の代わりに「ALTER」になること以外は同じです。

トリガーの削除

トリガーの削除は、DROP TRIGGERコマンドを実行します。

構文

```
DROP TRIGGER [トリガー名];
```

たとえば、先ほど作成したトリガーのうち、「trg社員_INSERT」トリガーのみを削除する場合は、次のコマンドを実行します。

```
DROP TRIGGER trg社員_INSERT;
```

前述のとおり、トリガーはテーブルに紐づきます。そのため、テーブルを削除すると、そのテーブルに紐づくトリガーも同時に削除されます。

上記の場合、「trg社員_INSERT」は「社員」マスタに紐づいているので、「社員」テーブルを削除すると「trg社員_INSERT」トリガーも削除されます。

第 **7** 章　Transact-SQLを使用するデータベースオブジェクト

Column ▶ DMLトリガーとDDLトリガー

　前ページまでで説明した「社員」テーブルに紐づくトリガーは、「DMLトリガー」と言います。この「DML」は、P.227でも説明したようにデータ操作言語のことです。つまり、「DMLトリガー」は、DML（INSERT、UPDATE、DELETE）がきっかけで実行されるトリガーです。

　これに対して「DDLトリガー」は、DDL（データ定義言語）がきっかけで実行されるトリガーです。よって、CREATE、ALTER、DROPステートメントなどが引き金となって実行されます。

　使い方としては、特定のデータベースオブジェクトに対してデータの再定義ができないようにしたり、DMLトリガーと同様、その変更内容をログとして保存しておく場合などの用途に使用できます。

　このDDLトリガーは、SQL Server 2008から実装されました。しかし、データベースアプリケーションのユーザーレベルでDDLがそうそう発行されるものではなく、DDLが開発レベルの時点でのクエリであると考えれば、DDLトリガーの使用頻度は高くないでしょう。

　DDLトリガーを実行するためのトリガーとなるクエリについて、詳しくは以下のMicrosoft Docsのサイトをご覧ください。

・DDLイベントグループ

　https://docs.microsoft.com/ja-jp/sql/relational-databases/triggers/ddl-event-groups?view=sql-server-2017

　上記URLの説明のとおり、DDLトリガーは入れ子構造になっています。すなわち、「DDL_TABLE_EVENTS」を指定したDDLトリガーは、「CREATE TABLE」「ALTER TABLE」「DROP TABLE」の実行によって作動します。むろん、DDLトリガーに「CREATE_TABLE」のみを指定することにより、「CREATE TABLE」でのみ作動するトリガーを作成することも可能です。

7-3　トリガー

第 **7** 章　まとめ

　本章では、Transact-SQLを使用するデータベースオブジェクトとして、

・ストアドプロシージャ（Stored Procedure）
・ストアドファンクション（Stored Function）
・トリガー（Trigger）

の3つを説明しました。

　ストアドプロシージャは、一連のデータ操作の手順をまとめた複数（もしくは単体）のクエリを、データベースのオブジェクトとして保存したものです。ストアドファンクションは、ユーザーが独自に作成するユーザー定義関数です。トリガーは特定のテーブルに対して行われたデータ操作に対し、事前に定義したクエリを実行するための機能です。

　上記3つのうち、トリガーだけは少々特殊です。トリガーは、テーブルに付随するデータベースオブジェクトであり、テーブルがなければ単独では生成することができません。

　関数についても紹介しましたが、実践であまり使用されていないように思えるのが、テーブル値関数です。関数が返す戻り値には、単一の値を返す「スカラー値」と二次元表を返す「テーブル値」の2種類があります。スカラー値関数は見かけるのですが、おそらくはテーブル値関数の存在を知らない人が意外と多いのではないでしょうか。

　また、「ストアドプロシージャをC#からどうやって呼べばよいか？」「ストアドプロシージャのエラーをどうやってC#でキャッチすればよいか？」などの質問を受けることがありますが、これについては後述します。

　.NET FrameworkでC#やVB.NET、Excel VBAなどでフロー（流れ）があるプログラミング言語に慣れ親しんだ方にとっては、Transact-SQLの存在はうれしいかぎりかもしれません。

305

第 8 章

実践的 Transact-SQL

　本章では、実践で使われる高度な Transact-SQL について、説明します。本章は、以下の 6 つの節によって構成されています。

8-1　カーソル
8-2　動的 SQL（組み立て SQL）
8-3　CTE
8-4　クライアントアプリケーションからストアドプロシージャを実行
8-5　テーブル変数
8-6　動的 SQL とテンポラリテーブルの関係

　ここまで学んだ Tranasct-SQL の基本だけでは、まだまだ実践で Transact-SQL を使えるレベルには及んでいないことはご理解いただけるでしょう。たとえば、SELECT ステートメントによって得た実行結果を元に、該当レコード 1 件ごとに何かしらのデータ操作を行うことを想定してみてください。これまでに学んだ知識だけでは、たったこれだけのことが実装できないことがおわかりいただけるかと思います。8-1 で詳しく説明しますが、これにはカーソル（CURSOR）という技術が必要となります。
　さらに、ストアドプロシージャ内で SQL を組み立てる操作についても、本章で説明します。このような処理は、Transact-SQL 内でも実装することができます。「動的 SQL」もしくは「組み立て SQL」と呼ばれている技術です。
　さらには、この動的 SQL を利用してユニークな名称のテンポラリテーブル（Temploraly Table）を作成する方法や、カーソルとの連携についても説明します。

8-1　カーソル

8-1　カーソル

本節では、カーソルの使い方について説明します。カーソルは、SELECTステートメントの実行結果からレコードを1件ずつ取得するための技術です。前ページでも触れましたが、データベースアプリケーション側でSQLの実行結果を1件ずつ処理している部分がTransact-SQL側に処理を移動することを考えてみれば理解しやすいかと思います。

カーソルと例外処理

カーソルは、SELECTステートメントの実行結果からレコードを1件ずつ取得する際に使います。使い方にはいくつかの決まり事があり、カーソルを定義した後は、必ず後始末をしなくてはなりません。もし、ストアドプロシージャが想定外のエラーによって処理を中断した場合、定義済みのカーソルは必ず解放しなくてはなりません。そうでないと、同一名のカーソルを作成する際、すでにカーソルは定義済みであるエラーが発生してしまうためです。

そのため、カーソルを使用するには、前述したTransact-SQLの例外処理に関する知識も重要になってきます。

カーソルを利用したサンプル

まずは、カーソルを利用したサンプルを見てみましょう。サンプルとなるストアドプロシージャで使用するテーブルは、次のとおりです。

■「顧客」テーブル

顧客コード	顧客名
1	ニコニコ証券　株式会社
2	株式会社　速攻運輸
3	株式会社　最新パソコン
4	五十嵐　貴之
5	山田　太郎

307

第8章 実践的Transact-SQL

　この「顧客」テーブルのデータを1件ずつ取得し、顧客名に「株式会社」の文字列が含まれている場合は顧客名の最後に「御中」を付記、「株式会社」の文字列が含まれていない場合は顧客名の最後に「様」を付記します（もちろん、この程度のクエリであれば、わざわざカーソルを用いるまでもなく1つのクエリだけで十分です）。

　サンプルとなるストアドプロシージャ「sp_顧客敬称付記」は、次のとおりです。解説用に行番号を付加しています。

```
01: CREATE PROCEDURE [sp_顧客敬称付記]
02: AS
03: BEGIN
04:   SET NOCOUNT ON;
05:
06:   --[顧客]テーブルのすべてのレコードをカーソルで取得します。
07:   DECLARE [cur顧客] CURSOR FOR
08:   SELECT [顧客コード], [顧客名]
09:   FROM [顧客]
10:   ORDER BY [顧客コード];
11:
12:   --カーソルを開きます。
13:   OPEN [cur顧客];
14:
15:   --カーソルで取得したレコードを1件ずつ処理する際に各カラムの値を格納する変数を定義します。
16:   DECLARE @顧客コード INT;
17:   DECLARE @顧客名 NVARCHAR(40);
18:
19:   --カーソルから1件データを抽出します。
20:   FETCH NEXT FROM [cur顧客] INTO
21:     @顧客コード,
22:     @顧客名;
23:
24:   --カーソルで取得した[顧客]データを1件ずつ処理します。
25:   WHILE (@@FETCH_STATUS = 0)
26:   BEGIN
27:     IF (0 < INSTR(1, @顧客名, '株式会社'))
28:     BEGIN
29:       PRINT CONVERT(VARCHAR, @顧客コード) + ':' + @顧客名 + ' 御中';
30:     END
31:     ELSE
32:     BEGIN
33:       PRINT CONVERT(VARCHAR, @顧客コード) + ':' + @顧客名 + ' 様';
34:     END
35:
36:     --カーソルから次のデータを抽出します。
37:     FETCH NEXT FROM [cur顧客] INTO
```

```
38:        @顧客コード,
39:        @顧客名;
40:    END
41:
42:    --カーソルを閉じ、解放します。
43:    CLOSE [cur顧客];
44:    DEALLOCATE [cur顧客];
45:
46:    --完了メッセージを表示します。
47:    PRINT '終わり';
48: END
```

実行結果は次のようになります。

■実行結果

```
ニコニコ証券株式会社　御中
株式会社　速攻運輸　御中
株式会社　最新パソコン　御中
五十嵐　貴之　様
山田　太郎　様
```

それでは、ストアドプロシージャを見ながらカーソルの使い方を解説します。

カーソルの定義は、7行目から10行目の部分です。

```
07:    DECLARE [cur顧客] CURSOR FOR
08:    SELECT [顧客コード], [顧客名]
09:    FROM [顧客]
10:    ORDER BY [顧客コード];
```

カーソル定義の構文は、次のとおりです。

┃構文

```
DECLARE [カーソル名] CURSOR FOR
[SELECTステートメント]
```

カーソルを定義すると、SELECTステートメントの結果セットがカーソルに格納されます。カーソルに格納されたレコードは、1件ずつ抽出することが可能で、SQLで繰り返し処理を行うときに利用されます。

第 **8** 章　実践的Transact-SQL

定義したカーソルを読み込むには、OPEN命令でカーソルを開く必要があります。

```
12:    --カーソルを開きます。
13:    OPEN [cur顧客];
```

OPEN命令の後に、開きたいカーソル名を指定します。開いたカーソルは、FETCHステートメントによって1件ずつ、カーソルに格納されているレコードを抽出することができます。

```
19:    --カーソルから1件データを抽出します。
20:    FETCH NEXT FROM [cur顧客] INTO
21:      @顧客コード,
22:      @顧客名;
```

FETCHステートメントの構文は、次のとおりです。

▌構文

```
FETCH NEXT FROM [カーソル名] INTO
    [変数1]
  , [変数2]
  , ...
```

[変数]には、カーソルの定義時に指定したSELECTステートメントによって抽出される列と同じデータ型を指定します。たとえばこのストアドプロシージャで言えば、[顧客]テーブルからINT型の[顧客コード]とNVARCHAR型の[顧客名]を取得するため、1つ目の変数にはINT型の変数を、2つ目の変数にはNVARCHAR型の変数を指定しています。FETCHステートメントによって、この変数のなかにSELECTステートメントの結果が1件ずつ代入されるわけです。

カーソルによる繰り返し処理は、25行目のWHILE文によって実装されます。

```
24:    --カーソルで取得した[顧客]データを1件ずつ処理します。
25:    WHILE (@@FETCH_STATUS = 0)
26:    BEGIN
  ⋮
40:    END
```

310

@@FETCH_STATUSは、カーソルから抽出するレコードが取得できなくなった時点で0以外の値を返します。WHILE文は、あとに続く式が論理値の真を返す間はBEGINブロック内の処理を繰り返し行いますので、つまりはカーソルから抽出するレコードが存在しなくなるまで繰り返し処理を行うことができます。

この繰り返し処理のなかで、顧客名に「株式会社」の文字が含まれているかどうかを判断し、「御中」か「様」のいずれかを顧客名に付加しています。

最後に、繰り返し処理のあと、次のようなコマンドによって定義中のカーソルを解放しています。

```
42:     --カーソルを閉じ、解放します。
43:     CLOSE [cur顧客];
44:     DEALLOCATE [cur顧客];
```

43行目は、OPEN命令によって開いていたカーソルを閉じるCLOSE命令です。開いていたカーソルをCLOSE命令で閉じた後、今度はDEALLOCATE命令によって定義していたカーソルを解放します。

ちなみに、カーソルを解放せずに、再度同一名のカーソルを作成しようとすると、次のようなエラーが発生します。

■ 実行結果

```
メッセージ 16915、レベル 16、状態 1、行 2
名前 [カーソル名] のカーソルは既に存在します。
```

もし、カーソルの定義中に実行したクエリがエラーで中断された場合、きちんとした例外処理を行っていないと、再度同じストアドプロシージャを実行した際、上記のようにカーソルを定義する時点でエラーが発生します。そのため、カーソル定義中に複雑なクエリを実行する場合は、例外が発生した場合もカーソルの解放を行うようにしましょう。

カーソル内で別のストアドプロシージャを実行する場合は、次のような方法でカーソルの解放を行うことができます。

呼び出し先のストアドプロシージャ

```
CREATE PROCEDURE [sp_子プロシージャ]
AS
BEGIN
```

第8章 実践的 Transact-SQL

```
  SET NOCOUNT ON;

  --クエリを実行します
  BEGIN TRY
    (例外が発生する可能性があるクエリ)
  END TRY
  BEGIN CATCH
    --例外が発生した場合、ストアドプロシージャの戻り値に（-1）を返します。
    RETURN (-1);
  END CATCH

  --正常終了の場合、ストアドプロシージャの戻り値に（0）を返します。
  RETURN (0);
END
```

呼び出し元のストアドプロシージャ

```
CREATE PROCEDURE [sp_親プロシージャ]
AS
BEGIN
  SET NOCOUNT ON;

  --カーソルを定義します。
  DECLARE curTEST;

  --カーソルで取得したレコードを1件ずつ処理する際に各カラムの値を格納する変数を定義します。
  DECLARE @field1 INT;
  DECLARE @field2 INT;

  --カーソルから1件データを抽出します。
  FETCH NEXT FROM [curTEST] INTO
    @field1,
    @field2;

  --カーソルで取得したデータを1件ずつ処理します。
  WHILE (@@FETCH_STATUS = 0)
  BEGIN
    DECLARE @iRet INT;
    EXECUTE @iRet = [sp_子プロシージャ];
    IF (@iRet != 0)
    BEGIN
      --[sp_子プロシージャ]の実行で例外が発生した場合
      CLOSE [curTEST];
      DEALLOCATE [curTEST];

      --定義済みのカーソルを解放して処理を抜けます。
      RETURN (-1);
```

```
    END

    --カーソルから次のデータを抽出します。
    FETCH NEXT FROM [cur顧客] INTO
      @field1,
      @field2;
  END

  --カーソルを閉じ、解放します。
  CLOSE [curTEST];
  DEALLOCATE [curTEST];

  --正常終了を返します。
  RETURN (0);
END
```

　上記のように、呼び出し先のストアドプロシージャで例外が発生した場合、そのストアドプロシージャの戻り値に（-1）を返すようにし、呼び出し元のストアドプロシージャではそのストアドプロシージャを実行するたびに戻り値を参照します。その戻り値によって呼び出し先にて例外が発生していると判別できた場合、カーソルを解放して処理を抜けるようにします。

第 **8** 章　実践的 Transact-SQL

8-2　動的 SQL（組み立て SQL）

━━━━━━━━━━━━━━━━━━━━━━━━━━━━

動的SQLとは、組み立てSQLとも呼ばれており、SQL内で実行するSQLを組み立てる方法のことを言います。さまざまな条件によって実行するSQLを切り分ける方法として、非常に有効です。C#などで構築したデータベースアプリケーションから、実行するSQLを文字列として組み立てるところを想像すると、理解しやすいでしょう。

動的 SQL とは

データベースアプリケーションの場合、特定の状態によってSQLを組み立てるといった処理があります。C#による例を挙げると、次のとおりです。

ExecSQLメソッド（C#）

```csharp
private void ExecSQL(int flg)
{
  string sql = "";

  sql += " SELECT * FROM [社員]";
  if (flg == 1)
  {
    sql += " WHERE [コード] < 5";
  }
  else
  {
    sql += " WHERE 5 <= [コード]";
  }

  ... （以下略）

}
```

このような処理は、Transact-SQL内でも実装することができます。「動的SQL」もしくは「組み立てSQL」と呼ばれている技術です。SQLで上記と同じような処理を行う場合、次のようなクエリとなります。

314

8-2　動的SQL（組み立てSQL）

第**3**部

Transact-SQL（拡張SQL）編

```
--変数「@flg」を宣言し、初期値を代入します。
DECLARE @flg INT;
SET @flg = 1;          --1もしくはそれ以外を代入します。

--SQLを格納する変数を宣言し、初期化します。
DECLARE @sql VARCHAR(8000);
SET @sql = '';

--SQLを組み立てます。
SET @sql = @sql + ' SELECT * FROM [社員]';
IF (@flg = 1)
BEGIN
    SET @sql = @sql + ' WHERE [コード] < 5';
END
ELSE
BEGIN
    SET @sql = @sql + ' WHERE 5 <= [コード]';
END
```

　文字列同士の結合に関して、上記の例では

```
SET @sql = @sql + [結合する文字列];
```

のようにして文字列を結合していますが、SQL Server 2008以降の場合、文字列同士を結合には以下のように演算子を指定することも可能です。

```
SET @sql += ' WHERE ';
```

この「+=」演算子は、「加算代入演算子」と言います。これに対し、「=」演算子は「代入演算子」と言います。

　本書では、とくに断りがなければSQL Server 2005でも動作するクエリを記述するように心掛けていますので、上記のような加算代入演算子の使用を控えます。

　余談ですが、たとえばExcel VBAや6.0以前のVisual Basicには、この加算代入演算子がありませんでした。つまり、変数「i」に「1」を加算する場合、以下のように記述するしかありませんでした。

```
i = i + 1
```

315

第 8 章　実践的 Transact-SQL

　本来ならば等号を表す「=」演算子は、代入演算子であるためなのですが、一見、数学的にはあり得ない記述です。つまり、「i」に「1」を加算しても値が変わらないことを意味しているようにも見えるからです。さらに言えば、左辺の「i」を右辺に移項すると

```
i - i = 1
```

つまりは、

```
0 = 1
```

となってしまいます。

　そのため、この記述は理系が多いプログラマーにはあまり好まれないため、最近のプログラミング言語では加算代入演算子が使用されるようになっています。このような時代背景を受け、SQL Server も 2008 からこの加算代入演算子の記述が可能となったのです。

　さて、クエリとなる文字列を組み立てたあとは、それを実行してみましょう。組み立てたクエリ文字列を実行するには、EXECUTE コマンドを実行します。先ほど組み立てたクエリの最後尾に、以下の 1 行を追加し、クエリを実行します。

```
EXECUTE(@sql);
```

　実行結果は以下の 2 通りとなります。

■ 変数「@flg」に 1 を代入した場合

コード	氏名	性別	年齢
1	竹中雅典	男	40
2	三枝正康	男	37
3	石川健	男	53
4	赤松穂花	女	21

■ 変数「@flg」に 1 以外を代入した場合

コード	氏名	性別	年齢
5	陳幸作	男	23
6	北岡忠志	男	36
7	河崎春香	女	31
8	磯野佳奈子	女	23
9	坂元沙織	女	23
10	猪股環	女	30

　また、EXECUTE コマンドは、EXEC と略すことができます。つまり、

```
EXEC(@sql);
```

でも動的SQLを実行することが可能です。

かんたんな例を用いて説明しましたが、この動的SQLは、ストアドプロシージャ内で指定された引数の値に応じてクエリを切り替える際に利用する頻度が高くなるでしょう。

動的SQLを利用したサンプル

それでは、動的SQLを利用したサンプルとして、引数に指定されたテーブルを削除 (DROP TABLE) するストアドプロシージャ「sp_droptable」を作成してみましょう。

このプロシージャでは、削除するテーブルがデータベース内に存在しない場合でもエラーが発生しないように、ストアドプロシージャ内で当該テーブルの存在チェックを行っています。

テーブルの存在チェックを行う場合、および実際にテーブルを削除する場合において、動的SQLを使います。ストアドプロシージャ「sp_droptable」は、次のとおりです。

```
--ストアドプロシージャ「sp_droptable」がすでにデータベース内に存在する場合
IF (EXISTS(SELECT * FROM sysobjects WHERE (type = 'P') AND (name =
'sp_droptable')))
BEGIN
    --当該ストアドプロシージャをデータベースから削除します。
    DROP PROCEDURE sp_droptable;
END
GO

--ストアドプロシージャ「sp_droptable」を作成します。
CREATE PROCEDURE sp_droptable
    @テーブル名 VARCHAR(40)
AS
BEGIN
    --クエリの実行結果の件数を表示しません。
    SET NOCOUNT ON;
/*
=============================
変数定義
=============================
*/
    --組み立てSQLを格納する変数を定義します。
    DECLARE @sql VARCHAR(MAX);

/*
*****************************
```

第 8 章　実践的 Transact-SQL

```
テーブル削除
*****************************
*/
  --該当するテーブルを削除します。
    SET @sql = '';
    SET @sql = @sql + ' IF (   (EXISTS(SELECT * FROM tempdb.sys.
objects WHERE type = ''U'' AND name = ''' + @テーブル名 + '''))';
    SET @sql = @sql + '     OR (EXISTS(SELECT * FROM sys.objects WHERE
type = ''U'' AND name = ''' + @テーブル名 + ''')))';
    SET @sql = @sql + '      DROP TABLE ' + @テーブル名;
    BEGIN TRY
        EXECUTE (@sql);
    END TRY
    BEGIN CATCH
        PRINT 'sp_droptable:テーブル削除に失敗しました。';
        RETURN -1;
    END CATCH

    --正常終了を返します。
    RETURN 0;
END
```

　上記クエリを実行すると、該当するデータベースにストアドプロシージャ「sp_
droptable」が作成されます。試しに、このストアドプロシージャを実行し、「社員」テー
ブルを削除してみましょう。このストアドプロシージャを利用して「社員」テーブルを削
除するクエリは、次のとおりです。

```
--ストアドプロシージャ「sp_droptable」を実行し、「社員」テーブルを削除します。
EXECUTE sp_droptable '社員';
```

■実行結果

```
コマンドは正常に完了しました。
```

　このストアドプロシージャを実行すると、引数に指定したテーブルがデータベースから
削除されます。

```
SELECT * FROM [社員];
```

318

8-2 動的SQL (組み立てSQL)

第**3**部
Transact-SQL
(拡張SQL) 編

■実行結果

```
メッセージ 208、レベル 16、状態 1、行 1
オブジェクト名 '社員' が無効です。
```

　ストアドプロシージャを実行する際も、動的SQLを実行する場合と同様、EXECUTEコマンドを使用します。ストアドプロシージャを実行する場合は、ストアドプロシージャ名を括弧でくくる必要はありません。括弧でくくる必要があるのは、動的SQLの際にクエリが格納されている変数の場合です。

　ストアドプロシージャに引き渡す引数の指定は、ストアドプロシージャ名の後ろに半角スペースで区切ってしています。引数が複数存在する場合は、続いてカンマで区切って指定します。

構文

```
EXECUTE ［ストアドプロシージャ名］［パラメータ1］,［パラメータ2］,［パラメータ3］, ...
```

　注意が必要なのが、動的SQL内で文字列を使用する場合です。「'」（シングルクォーテーション）の数が増えて若干わかりにくくなってしまいますが、SQL Server Management Studioでクエリを記述している際は、文字列扱いの文字色が赤色で表示されるので、テキストエディタでクエリを記述するよりもわかりやすいかと思います。

　もう1つ注意が必要なのが、SQL Serverでは定義直後の変数はNULLであるという点です。たとえば、以下の動的SQLは、どのような結果になるか想像してみてください。

```
--動的SQL用変数を宣言します。
DECLARE @sql VARCHAR(8000);

--動的SQLを構築します。
SET @sql = @sql + ' SELECT  *';
SET @sql = @sql + ' FROM    [社員]';
SET @sql = @sql + ' WHERE   [コード] < 5';

--動的SQLを実行します。
EXECUTE (@sql);
```

　上記のクエリを実行すると、次のような結果が得られます。

319

第 8 章　実践的 Transact-SQL

■実行結果

```
コマンドは正常に完了しました。
```

　正しい結果も得られずに、さらにエラーも出力されていません。なぜでしょう？
EXECUTEコマンドの前に、SELECT文で@sqlの値を参照してみましょう。

```
SELECT @sql;
```

■実行結果

```
(列名なし)
------------
NULL
```

　動的SQLの内容が、NULLとなっています。つまり、EXECUTEコマンドはNULLで実行されていたようです。
　NULLで実行されていた理由は、ずばり「@sqlの初期化を行っていないから」です。
DECLARE文で変数「@sql」を定義した後、初期化せずに「@sql」に対して文字列連結を開始したためです。つまり、

```
--動的SQLを構築します。
SET @sql = @sql + ' SELECT  *';
```

から開始した動的SQLですが、最初に@sqlがNULLのため、NULLに文字列連結をしたところで常にNULLとなってしまいます。複雑なクエリを動的SQLで実装する際には、案外気づきにくいものです。とくにSQLに限らずとも、

「定義した変数は常に最初に初期化する」

というのを心掛けておきましょう。

320

8-3 CTE

8-3 CTE

CTEは、クエリ内で使用するレコードの集合体をあらかじめ定義しておく方法です。たとえば、同じサブクエリをいくつも使う場合などに、そのサブクエリの定義を記述しておくことで、クエリの冗長化と複雑化を防ぐことができます。また、CTEを利用した再帰についても後述します。

CTEとは

CTEは、Common Table Expressionsの略で、日本語では「共通テーブル式」と訳されます。クエリ内で使用するレコードの集合体をあらかじめ定義しておくことで、たとえば同じようなサブクエリをいくつも作成しなければならないようなクエリを簡便化します。また、CTEは再帰することができます。再帰とは、自分自身のオブジェクトを参照することを言います。つまり、CTEで定義したオブジェクトを同じCTEが呼び出すことを言います。

CTEは、次のように記述します。

構文

```
WITH [CTE名] ([列名1], [列名2], [列名3], ...)
AS
(
    [CTEの定義]
)
```

たとえば、P.162で使用した「成績」テーブルにて、各生徒の合計点数だけを使用してサブクエリを作成するのであれば、次のように合計点数を求めるクエリをCTEとして定義しておくことも可能です。

■「成績」テーブル

学籍番号	氏名	国語	数学	理科	社会	英語
1	江成秋雄	74	90	99	49	69
2	宇野修子	91	34	93	56	80
3	柴崎信子	38	56	8	59	34
4	大矢八重子	50	42	84	19	98
5	浜本雅子	50	34	68	16	78

321

第 8 章　実践的 Transact-SQL

```
WITH ［生徒別合計］（［学籍番号］, ［氏名］, ［合計］）
AS
(
    SELECT    ［学籍番号］
            , ［氏名］
            , （［国語］ + ［数学］ + ［理科］ + ［社会］ + ［英語］） AS ［合計］
    FROM      ［成績］
)
SELECT  *
FROM      ［生徒別合計］
ORDER BY
        ［合計］ DESC;
```

実行結果は次のようになります。

■ クエリの実行結果

学籍番号	氏名	合計
1	江成秋雄	381
2	宇野修子	354
4	大矢八重子	293
5	浜本雅子	246
3	柴崎信子	195

再帰呼び出し

　CTEは、再帰的に呼び出すことが可能です。つまり、CTEの定義のなかで、自分自身のCTEを呼び出すことができます。プログラミング用語では、「再帰呼び出し」と言われているものです。かんたんな例を見てみましょう。次のCTEクエリは、1から30の連番を生成します。

```
--1から30の連番を生成します。
WITH ［連番］ AS
(
    SELECT  1 AS ［行番号］
    UNION ALL
    SELECT  ［行番号］ + 1
    FROM      ［連番］
    WHERE    ［行番号］ < 30
)
```

```
SELECT    *
FROM      [連番];
```

　CTEの名前は「連番」と付けられています。このCTEの名前は、CTEを構成するクエリのなかでも使用されており、つまりこれが「再帰呼び出し」です。
　CTEで実装する再帰呼び出しの例については、その記述方法が以下のMicrosoft Docsのサイトに掲載されています。

・共通テーブル式を使用する再帰クエリ
　https://docs.microsoft.com/ja-jp/previous-versions/sql/sql-server-2005/ms
　186243(v=sql.90)

　上記のクエリは、この記述方法に則った、もっともかんたんな例と言えます。これを元に、たとえば従属関係を持つオブジェクトの階層図を作成する場合などに使えそうです。

第 8 章　実践的 Transact-SQL

8-4 クライアントアプリケーションから ストアドプロシージャを実行

データベースシステムにSQL Serverを使用する場合、クライアント側のアプリケーションは.NET Frameworkで開発するケースが最も多いかと思います。本節では、ストアドプロシージャをC#で開発したクライアント・アプリケーションから実行する方法を見てみます。

C#からストアドプロシージャを実行

　C#からSQL Serverに接続するには、ADO.NETという機能を使います。Excel VBAやVisual Basic 6.0からデータベースに接続するシステムを開発した経験があれば、ADOというCOMコンポーネントを使用した経験があるかと思いますが、ADO.NETは、ADOの.NET版です。ADOは、Active Data Objectの略で、データベースと接続するためのさまざまな機能を提供するライブラリです。

　クライアントアプリケーションがデータベースに対してクエリを実行するために、最初にクライアントアプリケーションは当該データベースに接続する必要があります。データベースに接続するためには、データベースサーバー名、データベース名、ログインユーザー、ログインユーザーのパスワードの4つが必要です（Windows認証モードの場合、Windows OSにログインしたWindowsユーザーアカウントによってSQL Serverに接続します）。

　データベースへの接続に成功したら、データベースに対してクエリを実行することができます。クエリの実行には、結果セット（レコードセット）を伴うクエリ（SELECTコマンド）と、結果セットを伴わないクエリ（INSERT、UPDATE、DELETEコマンドなど）の2つに大分できます。これは、ストアドプロシージャに関しても同様で、結果セットを伴うストアドプロシージャと、結果セットを伴わないストアドプロシージャがあります。

　データベースに対してストアドプロシージャを実行したのち、クライアントアプリケーション側にて、ストアドプロシージャの実行に成功したか否かを取得することが可能です。そのため、ストアドプロシージャの実行に成功したか否かによって、その後に後続する処理の内容を切り替えることができます。

　ストアドプロシージャの実行が完了したら、接続中のデータベースから切断することで、データベースに関する一連の処理は完了です。

324

8-4 クライアントアプリケーションからストアドプロシージャを実行

では、C#から指定のデータベースにストアドプロシージャを実行するサンプルコードを見てみましょう。

```
/// <summary>
/// データ操作に関するクラスです。
/// </summary>
internal partial class Model
{
    /// <summary>
    /// 指定した条件でストアドプロシージャを実行し、結果セットをDataTableに格納してこのメソッドの
    ///    戻り値として返します。
    /// </summary>
    /// <param name="Param1">条件その1</param>
    /// <param name="Param2">条件その2</param>
    /// <param name="Param3">条件その3</param>
    /// <returns>指定した条件に合致する結果 (DataTable型)</returns>
    internal DataTable GetData(int Param1, int Param2, int Param3)
    {
        //実行するストアドプロシージャの名前を定義します。
        const string SP_NAME = "sp_sample";        //ストアドプロシージャ名「sp_sample」

        //データベースに接続し、ストアドプロシージャを実行します。
        using (SqlConnection cn = new SqlConnection())
        {
            cn.ConnectionString = Config.Database.GetConnectionString();
            cn.Open();

            //ストアドプロシージャをセットします。
            SqlCommand cmd = new SqlCommand(SP_NAME, cn);
            cmd.CommandType = CommandType.StoredProcedure;

            //第1パラメータを定義します。
            cmd.Parameters.Add(new SqlParameter("Param1", SqlDbType.Int));
            cmd.Parameters["Param1"].Direction = ParameterDirection.Input;
            cmd.Parameters["Param1"].Value = Param1;

            //第2パラメータを定義します。
            cmd.Parameters.Add(new SqlParameter("Param2", SqlDbType.Int));
            cmd.Parameters["Param2"].Direction = ParameterDirection.Input;
            cmd.Parameters["Param2"].Value = Param2;

            //第3パラメータを定義します。
            cmd.Parameters.Add(new SqlParameter("Param3", SqlDbType.Int));
            cmd.Parameters["Param3"].Direction = ParameterDirection.Input;
            cmd.Parameters["Param3"].Value = Param3;
```

第8章　実践的 Transact-SQL

```csharp
            //戻り値を定義します。
            cmd.Parameters.Add(new SqlParameter("ReturnValue", SqlDbType.Int));
            cmd.Parameters["ReturnValue"].Direction = ParameterDirection.Return
Value;

            //ストアドプロシージャを実行し、結果セットをDataTableに格納します。
            DataTable dt = new DataTable();
            dt.Load(cmd.ExecuteReader());

            //ストアドプロシージャからの戻り値を取得します。
            int ret = ((int)cmd.Parameters["ReturnValue"].Value);

            //ストアドプロシージャからの戻り値が異常終了なら
            if (ret != 0)
            {
                //結果セットからエラー内容を取得します。
                string emsg = "";
                emsg += dt.Rows[0]["ErrorNumber"].ToString() + ":" + dt.Rows[0]
["ErrorMessage"].ToString() + Environment.NewLine;
                emsg += Environment.NewLine;
                emsg += dt.Rows[0]["ApplicationMessage"].ToString();

                //エラー内容をスローします。
                throw new Exception(emsg);
            }

            //戻り値を返します。
            return dt;
        }
    }
}
```

　このサンプルは、Model クラスに実装されている GetData メソッドにて、sp_sample ストアドプロシージャを実行し、その結果セットを DataTable 型でメソッドの呼び出し元に返します。

　sp_sample ストアドプロシージャは、次のように実装しています。

```sql
--概要:ストアドプロシージャのサンプル
--引数:[@param1]...パラメータ1
--     [@param2]...パラメータ2
--     [@param3]...パラメータ3
CREATE PROCEDURE sp_sample
```

```
    @param1 INT        --パラメータ1
  , @param2 INT        --パラメータ2
  , @param3 INT        --パラメータ3
AS
BEGIN
    --結果件数表示をOFFにします。
    SET NOCOUNT ON;

    BEGIN TRY
        --サンプルテーブルからすべてのデータを取得します
        SELECT  code
              , name
        FROM    tbl_sample;
    END TRY
    BEGIN CATCH
        --エラーが発生した場合、エラー出力ストアドプロシージャを実行し、戻り値に-1を指
          定して処理を抜けます。
        EXECUTE sp_returnerror 'sp_sample:ワークテーブルの作成に失敗しました。';
        RETURN -1;
    END CATCH

    --正常終了（戻り値0）を返します。
    RETURN 0;
END
```

　サンプルテーブル（tbl_sample）のすべての内容を結果セットとして返すだけの単純なストアドプロシージャです。もし、何らかの原因でサンプルテーブルからのデータ取得に失敗した場合、エラー出力ストアドプロシージャ（sp_returnerror）を実行し、sp_sampleストアドプロシージャ自体は戻り値として-1を返します。sp_sampleストアドプロシージャが正常に処理を終えた場合は、戻り値として0を返します。

　では、C#側のソースコードを順を追ってみます。GetDataメソッドは、3つのINT型パラメータ（Param1、Param2、Param3）を保持しています。この3つのパラメータは、ストアドプロシージャを実行する際の引数として用います。

```
internal DataTable GetData(int Param1, int Param2, int Param3)
```

　メソッド内の1行目では、実行するストアドプロシージャの名称（sp_sample）を定数で定義しています。

第 8 章　実践的 Transact-SQL

```
        const string SP_NAME = "sp_sample";        //ストアドプロシージャ名「sp
_sample」
```

　次に、using 句を使用し、データベースに接続するためのデータベース接続オブジェク
ト（SqlConnection）を生成しています。using 句を使うことにより、using 句を抜けた際
には、using 句にて生成したオブジェクトが必ず破棄されることが約束されます。

```
    //データベースに接続し、ストアドプロシージャを実行します。
    using (SqlConnection cn = new SqlConnection())
```

　生成したデータベース接続オブジェクトは、データベース接続文字列（Connection
String）プロパティに対し、接続先のデータベース情報となる文字列をセットすることで、
指定のデータベースに対して接続することができます。
　その後、データベース接続オブジェクトの Open メソッドを実行することで、該当する
データベースに接続します。

```
        cn.ConnectionString = Config.Database.GetConnectionString();
        cn.Open();
```

　指定のデータベースに接続後、続いて実行するストアドプロシージャを指定しま
す。データベースに対してクエリを実行したり、ストアドプロシージャを実行する場合、
SqlCommand オブジェクトを使用します。この SqlCommand オブジェクトに対し、実行
するクエリの種類がストアドプロシージャであること、またそのストアドプロシージャの
名前とデータベース接続オブジェクトを指定します。

```
        SqlCommand cmd = new SqlCommand(SP_NAME, cn);
        cmd.CommandType = CommandType.StoredProcedure;
```

　サンプルとなるストアドプロシージャは、3つの INT 型パラメータを保持しています。
そのため、C#からこのストアドプロシージャを実行する場合も、この3つのパラメータに
値を指定する必要があります。
　値を指定する方法は、SqlCommand オブジェクトの Parameters コレクションにて Add
メソッドを実行することにより、Add メソッドを実行した分だけのパラメータを指定する

8-4 クライアントアプリケーションからストアドプロシージャを実行

ことができます。

つまり、今回のサンプルとなるストアドプロシージャの場合、3つのパラメータが必要となります。第1パラメータの指定は、次のようになります。

```
cmd.Parameters.Add(new SqlParameter("Param1", SqlDbType.Int));
cmd.Parameters["Param1"].Direction = ParameterDirection.Input;
cmd.Parameters["Param1"].Value = Param1;
```

1行目は、ストアドプロシージャの「Param1」という名前の引数に対し、INT型の値をセットするためのお膳立てです。

2行目は、このパラメータが入力パラメータ（ストアドプロシージャに対し、値が返らない入力専用の引数）であることを指定しています。パラメータが値を返すようにしたい場合、ParameterDirection.InputにはOutputを指定する必要があります。もちろん、この場合はストアドプロシージャ側にも当該引数にOUTPUTの指定が必要です。

3行目は、実際に引数に渡す値をセットしています。

続いて、同じくParameters.Addメソッドにて、今度はストアドプロシージャの戻り値を取得するためのお膳立てを行います。ストアドプロシージャの戻り値は、パラメータの名前として「ReturnValue」を指定します。

```
        cmd.Parameters.Add(new SqlParameter("ReturnValue", SqlDb
Type.Int));
        cmd.Parameters["ReturnValue"].Direction = Parameter
Direction.ReturnValue;
```

必要なパラメータの指定を終えたら、ストアドプロシージャを実行します。このサンプルでは、結果セットを返すストアドプロシージャですので、その結果セットをDataTableに格納します。

```
        DataTable dt = new DataTable();
        dt.Load(cmd.ExecuteReader());
```

ストアドプロシージャは、SqlCommandのExecuteReaderメソッドを実行することで、先に定義したストアドプロシージャやパラメータに指定した値をもって、実行されます。その結果は、DataTableのLoadメソッドのパラメータにセットすることで、ストアドプロ

第 8 章　実践的 Transact-SQL

シージャの結果セットはすべてDataTableに追加されます。

　次に、ストアドプロシージャからの戻り値を見てみましょう。前述のとおり、ストアド
プロシージャの戻り値は、ReturnValueという引数に格納されています。サンプルのスト
アドプロシージャは、戻り値が「0」の場合は正常終了、「-1」の場合が異常終了ですので、
ReturnValueの値が「0」か「-1」かによって、ストアドプロシージャが正常終了だった
のか異常終了だったのかを判別できます。

```
int ret = ((int)cmd.Parameters["ReturnValue"].Value);
```

　ReturnValueが「0」だった場合は、DataTableの内容をそのままGetDataメソッドの
戻り値として返し、ReturnValueが「-1」だった場合は、エラー出力ストアドプロシージャ
(sp_returnerror) から出力されたエラー情報をもって、C#側の例外処理に処理を流しま
す。

Column ◉ ストアドプロシージャ内でSET NOCOUNT ONを記述するメリット

　SQL Server Management Studioから、たとえばSELECTステートメントを実行する
とその抽出結果の件数が、INSERTステートメントであれば追加したレコードの件数が返る
のを確認できます。

■実行結果

```
（10 行処理されました）
```

　さて、この件数表示ですが、SET NOCOUNTをONに指定することで、表示しないよう
にすることが可能です。試しに、SET NOCOUNTをONにしてSELECTステートメントを
実行してみましょう。

```
SET NOCOUNT ON;

SELECT * FROM tbl_test;
```

　この場合、件数表示ではなく次のようなメッセージが返るようになります。

8-4 クライアントアプリケーションからストアドプロシージャを実行

■実行結果

コマンドは正常に完了しました。

　Microsoft Docsの「SET NOCOUNT (Transact-SQL)」(https://docs.microsoft.com/ja-jp/sql/t-sql/statements/set-nocount-transact-sql?view=sql-server-2017) によれば、

　SET NOCOUNT ONを指定すると、ストアドプロシージャ内の各ステートメントに対するDONE_IN_PROCメッセージは、クライアントに送信されなくなります。 このため、実際に返すデータが少量のステートメントで構成されるストアドプロシージャ、またはTransact-SQLループを含むプロシージャの場合、ネットワーク通信量が大きく減少するので、SET NOCOUNTをONに設定するとパフォーマンスが大きく向上します。

とのことで、ストアドプロシージャ内にSET NOCOUNT ONの記述をしておくことで、パフォーマンスを大きく向上することができます。

第 8 章　実践的 Transact-SQL

8-5　テーブル変数

テーブル変数は、テーブルと同じような二次元表のデータを格納することができる変数で、SQL Server 2000から導入されています。P.194で説明したテンポラリテーブルと同じように、二次元表のデータを一時的に格納しておく器として利用します。

テーブル変数とは

テーブル変数とは、テーブルと同じように行と列を持った二次元表のデータを格納するための変数で、テンポラリテーブルと同じように一時的に二次元表のデータを格納しておくために使用します。

通常の変数と同じようにDECLARE文で定義することができます。テーブル変数を作成するときの構文は、次のとおりです。

構文

```
DECLARE ［変数名］ TABLE
(
    ［列名1］［データ型1］
  , ［列名2］［データ型2］
  , ［列名3］［データ型3］
  , ・・・
);
```

たとえば、INT型の[id]列とVARCHAR型の[code]列、NVARCHAR型の[name]列を持つテーブル変数「@wtbL_sample」を作成する場合、次のようなクエリとなります。

```
--テーブル変数「@wtbl_sample」を定義します。
DECLARE @wtbl_sample TABLE
(
    [id]    INT
  , [code]  VARCHAR(5)
  , [name]  NVARCHAR(20)
);
```

332

8-5 テーブル変数

■実行結果

```
コマンドは正常に完了しました。
```

　テーブル変数に値を代入する場合も、テーブルと同じようにINSERTコマンドで行います。今ほど作成した「@wtbl_sample」にデータを追加する場合、次のようにします。

```
--テーブル変数にデータを追加します。
INSERT INTO @wtbl_sample ([id], [code], [name])
VALUES (1, '00001', '鈴木一郎');
```

■実行結果

```
(1 行処理されました)
```

　INSERTコマンドを実行する際、上記のテーブル変数の定義と一緒にステートメントを実行する必要があります。各々を単独で実行した場合、INSERTコマンドはエラーとなります。

■実行結果

```
メッセージ 1087、レベル 15、状態 2、行 2
テーブル変数 "@wtbl_sample" を宣言してください。
```

　通常の変数と同様、ステートメントが実行された時点で変数のインスタンスは破棄されるためです。つまり、GOコマンドによってステートメントが実行された後も、テーブル変数を参照するとエラーになります。

```
--テーブル変数「@wtbl_sample」を定義します。
DECLARE @wtbl_sample TABLE
(
    [id]     INT
  , [code]   VARCHAR(5)
  , [name]   NVARCHAR(20)
);
GO

--テーブル変数にデータを追加します。
INSERT INTO @wtbl_sample ([id], [code], [name])
VALUES (1, '00001', '鈴木一郎');
```

333

第 8 章 実践的 Transact-SQL

```
GO
```

■実行結果

```
メッセージ 1087、レベル 15、状態 2、行 11
テーブル変数 "@wtbl_sample" を宣言してください。
```

　UPDATEコマンド、DELETEコマンドについても、通常のテーブルと同じように利用できます。むろん、WHERE句による条件の指定や、テーブル変数同士の結合および実テーブルとの結合も可能です。

　また、主キーの指定やNOT NULL制約、DEFAULT制約なども通常のテーブルのようにDECLARE宣言時にて設定可能です。DROP TABLEやALTER TABLEはできません。

テンポラリテーブルとテーブル変数の使い分け

　一時的に二次元表のデータを格納するといった面で見れば、テンポラリテーブルとテーブル変数は使われ方が似ています。では、どのように使い分ければよいでしょうか。決定的な違いは、そのスコープです。

　8-6でも解説しますが、テンポラリテーブルであれば動的SQL内でも呼び出し元でも、同じテンポラリテーブルを参照することができます。しかし、テーブル変数の場合、動的SQL内で宣言したテーブル変数を呼び出し元から参照することはできませんし、呼び出し元で宣言したテーブル変数を動的SQL内で参照することはできません。次のようにエラーとなります。

```
--テーブル変数「@wtbl_sample」を定義します。
DECLARE @wtbl_sample TABLE
(
    [id]    INT
  , [code]  VARCHAR(5)
  , [name]  NVARCHAR(20)
);

--動的SQLを組み立てる変数を宣言します。
DECLARE @sql VARCHAR(8000);
SET @sql = '';

--動的SQLにINSERTコマンドを追加します。
SET @sql = @sql + ' INSERT INTO @wtbl_sample ([id], [code], [name])';
```

334

```
SET @sql = @sql + ' VALUES (1, ''00001'', ''鈴木一郎'');';

--動的SQLを実行します。
EXECUTE (@sql);
```

■実行結果

```
メッセージ 1087、レベル 15、状態 2、行 1
テーブル変数 "@wtbl_sample" を宣言してください。
```

　またテーブル変数は、同一セッション内でもGOコマンドによってステートメントが区切られた時点で参照できなくなるのは前述のとおりです。プライベートセッションのテンポラリテーブルであれば、セッションが継続する間は引き続き使用できます。

　さらに、テーブル変数はSELECT INTOコマンドによって生成することができません。たとえば、以下のようなコマンドはエラーとなります。

```
--「社員」テーブルの内容をコピーします。
SELECT  *
INTO    @wtbl_sample
FROM    [社員];
```

■実行結果

```
メッセージ 102、レベル 15、状態 1、行 3
'@wtbl_sample' 付近に不適切な構文があります。
```

　ただし、テーブル変数でもINSERT SELECTによるデータ追加は可能です。

```
--テーブル変数を定義します。
DECLARE @wtbl社員 TABLE
(
    [コード]    INT
  , [氏名]      NVARCHAR(100)
  , [性別]      NVARCHAR(5)
  , [年齢]      INT
);

--テーブル変数にデータを追加します。
INSERT INTO @wtbl社員 ([コード], [氏名], [性別], [年齢])
SELECT  [コード], [氏名], [性別], [年齢]
```

第 8 章　実践的 Transact-SQL

```
FROM     [社員];
```

■実行結果

```
（10  行処理されました）
```

　テーブル変数は、通常の変数と同様、テンポラリテーブルよりも手軽に使えるのが長所です。テンポラリテーブルのように、生成前に存在チェックを行う必要がありません。変数名が重複しないようにすればよく、ステートメントの実行が終われば自動的に解放されます。

　そういう意味ではテーブル変数はCTE（8-3参照）とも使いどころが似ており、複雑だが同じサブクエリを何度も使う必要がある場合などにサブクエリの代わりとして使用することもあります。

8-6 動的SQLとテンポラリテーブルの関係

第**3**部 Transact-SQL（拡張SQL）編

8-6 動的SQLとテンポラリテーブルの関係

動的SQL内で定義した変数の値は、動的SQLを実行した側では参照することができません。そこで、動的SQL内で発生した値はテンポラリテーブルに格納し、動的SQLを実行した側ではテンポラリテーブルを参照するようにします。

▶ 動的SQLで取得した値を呼び出し元から参照

試しに、動的SQL内で変数を定義し、それを呼び出し元で参照してみましょう。次のクエリをご覧ください。

```
--「社員」テーブルのすべてのレコードから「年齢」の合計を取得します。
DECLARE @変数 INT;
SELECT  @変数 = SUM([年齢])
FROM    [社員];

--取得した「年齢」の合計を出力します。
PRINT @変数;
```

上記クエリを動的SQLにして実行すると、エラーが発生します。

```
--SQLを格納する変数を定義します。
DECLARE @sql VARCHAR(8000);
SET @sql = '';

SET @sql = @sql + ' DECLARE @変数 INT;';
SET @sql = @sql + ' SELECT  @変数 = SUM([年齢])';
SET @sql = @sql + ' FROM    [社員];';

--SQLを実行します。
EXECUTE (@sql);

--変数の値を確認します。
PRINT @変数;
```

337

第8章　実践的 Transact-SQL

■実行結果

```
メッセージ 137、レベル 15、状態 2、行 13
スカラー変数 "@変数" を宣言してください。
```

　動的SQL内で定義した変数を参照することができないためです。同様に、呼び出し側で変数を宣言したとしても、動的SQL内で当該変数を参照することができません。

```
--変数を定義します。
DECLARE @変数 INT;
SET @変数 = 1;

--動的変数で上記に定義した変数の値を表示します。
DECLARE @sql VARCHAR(8000);
SET @sql = 'PRINT @変数';

--動的SQLを実行します。
EXECUTE (@sql);
```

■実行結果

```
メッセージ 137、レベル 15、状態 2、行 1
スカラー変数 "@変数" を宣言してください。
```

　動的SQLとその呼び出し元の間で値をやりとりする場合は、テンポラリテーブルを用いるのが一般的です。たとえば、先ほどのクエリはテンポラリテーブルを用いることで次のように書き換えることができます。

```
--テンポラリテーブルを作成します。
CREATE TABLE [#wtbl_sample]
(
    [value] INT
)

--SQLを格納する変数を定義します。
DECLARE @sql VARCHAR(8000);
SET @sql = '';
SET @sql = @sql + ' INSERT INTO [#wtbl_sample]';
SET @sql = @sql + ' (';
SET @sql = @sql + '      [value]';
SET @sql = @sql + ' )';
SET @sql = @sql + ' SELECT  SUM([年齢])';
```

338

8-6 動的SQLとテンポラリテーブルの関係

```
SET @sql = @sql + ' FROM      [社員];';

--SQLを実行します。
EXECUTE (@sql);

--変数の値を確認します。
SELECT   [value] AS [合計年齢]
FROM     [#wtbl_sample];
```

■実行結果

```
合計年齢
---------
317
```

　もちろん、呼び出し側でテンポラリテーブルに対して追加した値を、動的SQL内で参照することも可能です。ただ、テンポラリテーブルを作成する際に、すでに同一名のテンポラリテーブルが存在していないかのチェックをし、存在している場合はいったん削除するなどの方法をとる必要があります。その場合、他のセッションから作成されたテンポラリテーブルを削除してしまわないよう、テンポラリテーブル名はセッションごとにユニークになるように命名しなくてはなりません。

　また、先ほどのクエリでは、ローカルセッションのテンポラリテーブル（「#」が1つだけのテンポラリテーブルで、異なるセッションの場合は参照できない）を使用しました。ということはつまり、次のように動的SQL内で参照するセッションIDと、動的SQLの呼び出し元で参照するセッションIDは同じとなることがわかります。

```
--動的SQL内でセッションIDを確認します。
EXECUTE ('PRINT @@spid');

--動的SQLの呼び出し元でセッションIDを確認します。
PRINT @@spid;
```

■実行結果

```
52
52
```

339

第8章 まとめ

本章では、「実践的Transact-SQL」というタイトルでTransact-SQLに関するさまざまなテクニックを紹介しました。

とくに重要なのが、カーソルと動的SQL（組み立てSQL）でしょう。カーソルは、SQLで繰り返し処理を行う際に使用します。構造化プログラミングにおいて、「順次実行」「分岐」「繰り返し」のなかの「繰り返し」に該当します。C#やVisual Basic、Javaといった手続き型言語の繰り返し処理と比較すると少々使い方が特殊ですが、使いこなせばテーブル内のデータを効率よく処理することができます。

動的SQLは、SQLをクエリ内で組み立てるときに使用します。動的にSQLを組み立てる処理をクライアントアプリケーション側でしか行っていなかった人にとっては、目からうろこの情報でしょう。

CTEは、日本語では共通テーブル式と呼ばれサブクエリの代替として使用されます。1つのクエリのなかで同じサブクエリを複数記述しなければならないような場合、CTEの利用を考慮します。

また、C#限定ではありますが、クライアントアプリケーションからストアドプロシージャを実行する方法についても説明しました。ストアドプロシージャ内でエラーが発生した場合の対処がよくわからないといった質問を受けることがありますので、初めてストアドプロシージャを使う方にとっては有益な情報だと思います。

テーブル変数は、二次元表のデータを格納する変数です。テンポラリテーブルとは違い、動的SQL内で生成したテーブル変数を呼び出し元から参照することはできません。また、呼び出し元で生成したテーブル変数を動的SQL内で参照することもできません。

また、動的SQL内で宣言した変数も、呼び出し元から参照できません。呼び出し元で宣言した変数も動的SQL内では参照できないので、呼び出し元と動的SQL内で値を受け渡すにはテンポラリテーブルを使用するのが一般的です。

第9章 特殊な環境下におけるTransact-SQLの実装

第9章では、特殊な環境下におけるTransact-SQLの実装を中心に解説します。本章は、以下の7つの節によって構成されています。

9-1　同一サーバー内の複数のデータベースからデータを抽出
9-2　複数のサーバーからデータを抽出
9-3　データベースのセキュリティ
9-4　データベースのデタッチとアタッチ
9-5　自動採番（IDENTITY列）
9-6　第三・第四水準漢字の扱い
9-7　パフォーマンスチューニング

9-1と9-2では、同一セッションから異なるデータベース、さらには異なるサーバーまでまたがってデータを抽出する方法を紹介します。

9-3では、データベースのセキュリティと題してWindows認証をまったく使えないようにする方法を紹介します。

9-4では、デタッチとアタッチを一覧紹介利用してデータベースを別サーバーに安全に移行する方法を紹介します。

9-5では、自動採番する列を作成・管理する方法を紹介します。

9-6では、第三・第四水準漢字や1文字で2文字の扱いとなる特殊なサロゲートペア文字の扱い方について紹介します。

9-7では、データベースアプリケーションをより高速化するためのテクニックを紹介します。

第 **9** 章　特殊な環境下におけるTransact-SQLの実装

9-1 同一サーバー内の複数の データベースからデータを抽出

本節では、同一サーバー内に複数のデータベースが存在し、それらデータベースをまたがって
データを参照する場合のテクニックについて紹介します。

同一サーバー内の異なるデータベースからデータを抽出

同一サーバー内の異なるデータベースからデータを参照する場合、わざわざクライアン
トアプリケーション側からデータベース接続文字列を切り替えてデータベースを選択し直
してはいませんか？そのようなことをしなくても、同一セッション内でデータベースを切
り替えることは可能です。

データベースの切り替えは、次のコマンドを実行します。

構文

```
USE [データベース名];
```

「testdb」というデータベースに接続する場合は、次のようにします。

```
USE [testdb];
```

たとえば、「database_a」データベースの「sample」テーブルと「database_b」データベー
スの「sample」テーブルを参照したい場合、USE ステートメントを使って次のようにします。

```
--"database_a"データベースに接続します。
USE [database_a];

--"database_a"データベースの"sample"テーブルを参照します。
SELECT * FROM [sample];

--今度は"database_b"データベースに接続します。
USE [database_b];
```

9-1 同一サーバー内の複数のデータベースからデータを抽出

```
--"database_b"データベースの"sample"テーブルを参照します。
SELECT * FROM [sample];
```

また、次のようにテーブルを指定することで、USEステートメントを使用しなくても参照先のデータベースを変更することができます。

構文

```
[データベース名].[スキーマ名].[テーブル名]
```

たとえば、先ほどの例において、「database_a」データベースに対してスキーマ「dbo」で「sample」テーブルを参照する場合、クエリは次のようになります。

```
--"database_a"の"sample"テーブルを"dbo"スキーマで参照します。
SELECT * FROM [database_a].[dbo].[sample];
```

スキーマは、データベースオブジェクトの名前空間で、dboスキーマは新しく作成されたデータベースに使用される既定のスキーマです。省略することも可能で、その場合、SQL Serverに接続した際のログインユーザーが属するスキーマが適用されます。スキーマを省略した場合、次のように「.」（ピリオド）だけは記述する必要があります。

```
--"database_a"データベースの"sample"テーブルを参照します。
SELECT * FROM [database_a]..[sample];
```

そのため、USEステートメントを使用しなくても、「database_a」データベースと「database_b」データベースを切り替えて「sample」テーブルを参照する例は、次のようになります。

```
--"database_a"データベースの"sample"テーブルを参照します。
SELECT * FROM [database_a]..[sample];

--"database_b"データベースの"sample"テーブルを参照します。
SELECT * FROM [database_b]..[sample];
```

343

さらに、後述するリンクサーバーを使用することで、サーバーの指定さえも可能です。テーブルなどのデータベースオブジェクトの指定は、次のように4つの識別子を指定することが可能です。

構文

```
[サーバー名].[データベース名].[スキーマ名].[テーブル名]
```

ただ、Microsoftのクラウド製品であるAzure SQL Databaseの場合、データベースの切り替えができません。最初に接続したデータベースでのみ、クエリを発行することができます。USEステートメントや識別子の指定によるデータベースの指定をするとエラーになります。

同一サーバー内のすべてのデータベースからデータを抽出

続いて、同一サーバー内のすべてのデータベースから同じ名前のテーブルを参照し、データを抽出する方法を見てみましょう。次のようなイメージとなります。

■同一サーバー内のすべてのデータベースから同じ名前のテーブルを参照し、データを抽出

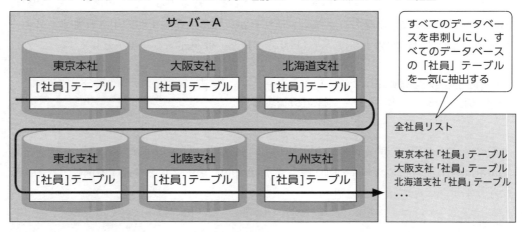

サンプルとしては、上のイメージのように、「東京本社」データベース、「大阪支社」データベースのように拠点ごとに分かれたデータベースのなかから、「社員」テーブルを参照し、全社員リストを作成してみます。対象となるデータベースには、必ず「本社」もしくは「支社」の文字列が含まれているとします。

まずは、sys.databaseシステムテーブルより、該当するすべてのデータベースの名前を列挙します。次のようなSQLが考えられます。

```
SELECT   name
FROM     sys.database
WHERE    (name LIKE '%本社%' OR name LIKE '%支社%');
```

実行結果は次のようになります。

■実行結果

```
name
----------
東京本社
大阪支社
北海道支社
東北支社
北陸支社
九州支社
```

むろん、データベース名とテーブル名を直書きして全社員リストを作成してもよいのですが、支社が増えたデータベースが追加された際、その都度べた書きしているソースコードに追加されたデータベース名も加えてあげなければならないため、動的SQLを用いてべた書きしないクエリを作成します。

全社員リストを作成するクエリは、次のようになります。解説用に行番号を付加しています。

```
01: --動的SQLを格納する変数を定義します。
02: DECLARE @sql VARCHAR(8000);
03: SET @sql = '';
04:
05: --セッションごとのテンポラリテーブルの名前を決定します。
06: DECLARE @wtblnm VARCHAR(50);
07: SET @wtblnm = '##wtbl社員' + CONVERT(VARCHAR, @@spid);
08:
09: --全社員リストを格納するテンポラリテーブルの存在チェックを行います。
10: IF (EXISTS(SELECT * FROM tempdb.sys.tables WHERE name = @wtblnm))
11: BEGIN
12:     --すでにテンポラリテーブルが存在する場合、削除します。
```

第 9 章 特殊な環境下におけるTransact-SQLの実装

```
13:      EXECUTE ('DROP TABLE ' + @wtblnm);
14: END
15:
16: --全社員リストを格納するテンポラリテーブルを作成します。
17: SET @sql = '';
18: SET @sql = @sql + ' CREATE TABLE ' + @wtblnm;
19: SET @sql = @sql + ' (';
20: SET @sql = @sql + '      [拠点] VARCHAR(50)';
21: SET @sql = @sql + '    , [コード] INT';
22: SET @sql = @sql + '    , [氏名] NVARCHAR(100)';
23: SET @sql = @sql + '    , [性別] NVARCHAR(5)';
24: SET @sql = @sql + '    , [年齢] INT';
25: SET @sql = @sql + ' );';
26:
27: EXECUTE (@sql);
28:
29: --対象となるデータベースを取得するカーソルを定義します。
30: DECLARE [curdb] CURSOR FOR
31: SELECT  name
32: FROM    sys.databases
33: WHERE   (name LIKE '%本社%' OR name LIKE '%支社%');
34:
35: --定義したカーソルを開きます。
36: OPEN [curdb];
37:
38: --データベース名を格納する変数を定義します。
39: DECLARE @dbname VARCHAR(50);
40: SET @dbname = '';
41:
42: --カーソルから1件データを取得します。
43: FETCH NEXT FROM [curdb] INTO @dbname;
44:
45: --カーソルのデータがなくなるまで繰り返します。
46: WHILE (@@fetch_status = 0)
47: BEGIN
48:     SET @sql = '';
49:     SET @sql = @sql + ' INSERT INTO ' + @wtblnm;
50:     SET @sql = @sql + ' (';
51:     SET @sql = @sql + '      [拠点]';
52:     SET @sql = @sql + '    , [コード]';
53:     SET @sql = @sql + '    , [氏名]';
54:     SET @sql = @sql + '    , [性別]';
55:     SET @sql = @sql + '    , [年齢]';
56:     SET @sql = @sql + ' )';
57:     SET @sql = @sql + ' SELECT';
58:     SET @sql = @sql + '      ''' + @dbname + ''' AS [拠点]';
59:     SET @sql = @sql + '    , [コード]';
```

9-1 同一サーバー内の複数のデータベースからデータを抽出

```
60:     SET @sql = @sql + '    , [氏名]';
61:     SET @sql = @sql + '    , [性別]';
62:     SET @sql = @sql + '    , [年齢]';
63:     SET @sql = @sql + ' FROM';
64:     SET @sql = @sql + '        [' + @dbname + ']..[社員]';
65:
66:     EXECUTE (@sql);
67:
68:     --カーソルから次のデータを取得します。
69:     FETCH NEXT FROM [curdb] INTO @dbname;
70: END
71:
72: --カーソルを閉じ、解放します。
73: CLOSE [curdb];
74: DEALLOCATE [curdb];
75:
76: --テンポラリテーブルのデータを取得します。
77: SET @sql = '';
78: SET @sql = @sql + ' SELECT';
79: SET @sql = @sql + '        [拠点]';
80: SET @sql = @sql + '    , [コード]';
81: SET @sql = @sql + '    , [氏名]';
82: SET @sql = @sql + '    , [性別]';
83: SET @sql = @sql + '    , [年齢]';
84: SET @sql = @sql + ' FROM';
85: SET @sql = @sql + '        ' + @wtblnm;
86: SET @sql = @sql + ' ORDER BY';
87: SET @sql = @sql + '        [拠点]';
88: SET @sql = @sql + '    , [コード]';
89:
90: EXECUTE (@sql);
```

少々長めのサンプルとなりましたが、要点を説明します。まずは、5行目から7行目です。

```
05: --セッションごとのテンポラリテーブルの名前を決定します。
06: DECLARE @wtblnm VARCHAR(50);
07: SET @wtblnm = '##wtbl社員' + CONVERT(VARCHAR, @@spid);
```

セッションごとのテンポラリテーブルを作成するためのテーブル名を決定しています。テンポラリテーブルを作成する理由は、各データベースから取得した「社員」テーブルのレコードを、いったんこのテンポラリテーブルに格納するためです。

9行目から14行目までは、定義したテンポラリテーブル名と同一のテンポラリテーブル

第9章　特殊な環境下におけるTransact-SQLの実装

の存在チェックを行い、あれば削除します。

```
09: --全社員リストを格納するテンポラリテーブルの存在チェックを行います。
10: IF (EXISTS(SELECT * FROM tempdb.sys.tables WHERE name = @wtblnm))
11: BEGIN
12:     --すでにテンポラリテーブルが存在する場合、削除します。
13:     EXECUTE ('DROP TABLE ' + @wtblnm);
14: END
```

　テンポラリテーブルの格納先は、システムデータベースの「tempdb」です。そのため、テンポラリテーブルの存在チェックは、「tempdb」データベースの「sys.tables」を参照します。また、テーブル名は変数に格納されているため、DROP TABLEも動的SQLで実行する必要があります。

　16行目から27行目が、全社員リストを格納するテンポラリテーブルを作成している箇所です。

```
16: --全社員リストを格納するテンポラリテーブルを作成します。
17: SET @sql = '';
18: SET @sql = @sql + ' CREATE TABLE ' + @wtblnm;
19: SET @sql = @sql + ' (';
20: SET @sql = @sql + '     [拠点] VARCHAR(50)';
21: SET @sql = @sql + '   , [コード] INT';
22: SET @sql = @sql + '   , [氏名] NVARCHAR(100)';
23: SET @sql = @sql + '   , [性別] NVARCHAR(5)';
24: SET @sql = @sql + '   , [年齢] INT';
25: SET @sql = @sql + ' );';
26:
27: EXECUTE (@sql);
```

　「社員」テーブルにはない「拠点」という列を追加していますが、これは拠点名、すなわちデータベース名を格納することで、どこの拠点の社員かを表示するためです。

　カーソルの定義は、29行目から33行目です。

```
29: --対象となるデータベースを取得するカーソルを定義します。
30: DECLARE [curdb] CURSOR FOR
31: SELECT  name
32: FROM    sys.databases
33: WHERE   (name LIKE '%本社%' OR name LIKE '%支社%');
```

348

9-1　同一サーバー内の複数のデータベースからデータを抽出

「sys.databases」システムテーブルを参照し、「本社」もしくは「支社」という文字列を含んだデータベース名をすべて取得します。

あとは、カーソルからデータベース名を1件ずつ抽出して、データベースごとの社員テーブルを動的SQLによって参照し、その内容をテンポラリテーブルにINSERTします。その該当箇所が、45行目から70行目です。

```
45: --カーソルのデータがなくなるまで繰り返します。
46: WHILE (@@fetch_status = 0)
47: BEGIN
48:     SET @sql = '';
49:     SET @sql = @sql + ' INSERT INTO ' + @wtblnm;
50:     SET @sql = @sql + ' (';
51:     SET @sql = @sql + '      [拠点]';
52:     SET @sql = @sql + '    , [コード]';
53:     SET @sql = @sql + '    , [氏名]';
54:     SET @sql = @sql + '    , [性別]';
55:     SET @sql = @sql + '    , [年齢]';
56:     SET @sql = @sql + ' )';
57:     SET @sql = @sql + ' SELECT';
58:     SET @sql = @sql + '      ''' + @dbname + ''' AS [拠点]';
59:     SET @sql = @sql + '    , [コード]';
60:     SET @sql = @sql + '    , [氏名]';
61:     SET @sql = @sql + '    , [性別]';
62:     SET @sql = @sql + '    , [年齢]';
63:     SET @sql = @sql + ' FROM';
64:     SET @sql = @sql + '      [' + @dbname + ']..[社員]';
65:
66:     EXECUTE (@sql);
67:
68:     --カーソルから次のデータを取得します。
69:     FETCH NEXT FROM [curdb] INTO @dbname;
70: END
```

カーソルのデータが終了したら、カーソルを解放し、あとはテンポラリテーブルの内容を動的SQLのSELECTステートメントで表示するだけです。次のような実行結果が得られます。

第 9 章　特殊な環境下におけるTransact-SQLの実装

■実行結果の例

拠点	連番	氏名	性別	年齢
東京本社	1	竹中拓哉	男	31
東京本社	2	古山凛花	女	53
大阪支社	3	藤野龍也	男	47
大阪支社	4	長田広	男	50
北海道支社	5	河合真美	女	25
東北支社	6	滝雅信	男	44
東北支社	7	松野昌一郎	男	36
北陸支社	8	花田利彦	男	24
九州支社	9	加賀明莉	女	35
九州支社	10	小高司	女	36

9-2 複数のサーバーからデータを抽出

9-1でも説明しましたが、データベースオブジェクトを参照する際の識別子は、4つあります。9-1では同一サーバー上における異なったデータベースのデータベースオブジェクトを参照する方法について説明しましたが、本節では物理的なサーバーさえも異なったデータベースのデータベースオブジェクトを参照する方法について見てみましょう。

リンクサーバーの利用

物理的に異なったデータベースサーバーを参照する場合、リンクサーバーという機能を使用します。リンクサーバーは、SQL Serverだけでなく、Microsft AccessやExcel、さらには他社製品であるOracle社のOracleデータベースなどにもアクセスできるようになります。リンクサーバーの設定は、SQL Server Management Studioからでも可能ですし、Transact-SQLからでも可能です。つまり、Transact-SQLによって任意のタイミングで外部のSQL Serverに接続し、任意のタイミングで切断することができます。

リンクサーバーをSQL Server Management Studioで設定

まずは、SQL Server Management Studioからリンクサーバーを設定する方法について、説明します。

1 SQL Server Managemet Studioを起動し、「オブジェクトエクスプローラー」から［サーバーオブジェクト］→［リンクサーバー］の順に展開して右クリックします。表示されたプルダウンメニューから、［新しいリンクサーバー］を選択します。

■［新しいリンク サーバー］を選択

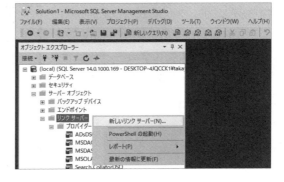

第9章 特殊な環境下におけるTransact-SQLの実装

2 「新しいリンクサーバー」画面が表示されます。ここでは例として、SQL Serverの別インスタンスに接続します。「リンクサーバー」には、当該リンクサーバーを識別するための名前を入力し、「サーバーの種類」には、「SQL Server」を選択します。

■ SQL Serverの別インスタンスに接続

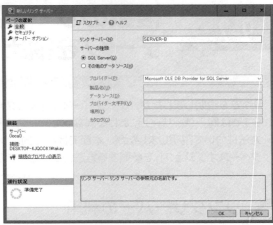

3 サーバーの指定を終えたら、左側の「ページの選択」から「セキュリティ」を選択します。この画面にて、先ほど指定したリンクサーバーへの接続情報を指定します。すべて完了したら、[OK]ボタンをクリックします。

■ リンクサーバーへの接続情報を指定

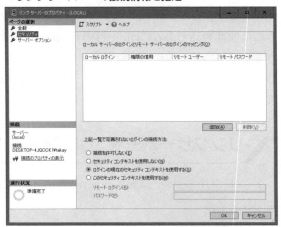

4 「新しいリンクサーバー」画面が閉じ、追加したリンクサーバーが「オブジェクトエクスプローラー」に表示されているのを確認できます。

■ 追加したリンクサーバーが表示されている

指定したリンクサーバーへの接続情報などが間違っていた場合、次のようにリンクサーバーへの接続ができない旨のメッセージが表示されます。「オブジェクトエクスプローラー」より、追加されたリンクサーバー名を右クリックし、プルダウンメニューから「プロパティ」を選択することで表示される「リンクサーバーのプロパティ」ダイアログより接続情報を再確認してください。

■ リンクサーバーへの接続ができない旨のメッセージが表示される

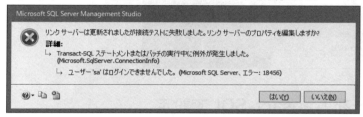

設定したリンクサーバーの情報が正しければ、次の構文のようなリンクサーバーを含めた4つの識別子でデータベースオブジェクトを参照できるようになります。

構文

[サーバー名].[データベース名].[スキーマ名].[データベースオブジェクト名]

たとえば、リンクサーバー「SERVER-B」の「testdb」データベースの「sample」テーブルのデータを抽出する場合、次のようになります。

```
SELECT  *
FROM    [SERVER-B].[testdb]..[sample];
```

リンクサーバーを削除する場合は、「オブジェクトエクスプローラー」より削除するリンクサーバーを右クリックし、プルダウンメニューから［削除］を選択します。

■リンクサーバーの削除

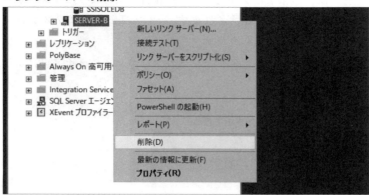

リンクサーバーをTransact-SQLで設定

　今度は、Transact-SQLでリンクサーバーを追加したり、削除したりする方法を見てみましょう。Transact-SQLでリンクサーバーを設定するには、システムストアドプロシージャを実行するだけで済みます。

　Transact-SQLでリンクサーバーを追加するには、「sp_addlinkedserver」ストアドプロシージャを使用します。たとえば、「SERVER-B」サーバーへのリンクサーバーを「testlink」という名前で作成する場合、次のようにストアドプロシージャを実行します。

```
--リンクサーバーを追加します。
EXECUTE master.dbo.sp_addlinkedserver
    @server = 'testlink'     --リンクサーバーの名前
  , @srvproduct = ''         --製品名
  , @provider = 'SQLNCLI'    --プロバイダ
  , @datasrc = 'SERVER-B';   --接続先サーバー
```

　SQL Serverへの接続の場合、プロバイダには「SQLNCLI」を指定します。また、作成したリンクサーバーへの接続方法の指定には、「sp_addlinkedsrvlogin」ストアドプロシージャを使用します。先ほど作成したリンクサーバーへの接続方法を指定するには、次のようなクエリを実行します。

```
--リンクサーバーに接続情報を付加します。
EXECUTE master.dbo.sp_addlinkedsrvlogin
```

```
    @rmtsrvname = 'testlink'      --リンクサーバーの名前
  , @useself = 'True'             --Windows認証の場合
  , @rmtuser = NULL               --SQLServer認証の場合、ユーザーID
  , @rmtpassword = NULL;          --SQLServer認証の場合、パスワード
```

「@rmtsrvname」パラメータには、接続情報を指定するリンクサーバーの名前を指定します。

「@useself」パラメータは、Windows認証の場合はTrue、SQL Server認証の場合はFalseを指定します。Trueを指定した場合、その下の「@rmtuser」パラメータと「@rmtpassword」パラメータは無視されます。

SQL Server認証の場合、「@rmtuser」パラメータにはユーザーIDを、「@rmtpassword」パラメータにはパスワードを指定します。

・Transact-SQLをSQL Server Managemet Studioから生成

リンクサーバーへ接続するTransact-SQLは、SQL Server Managemet Studioからも生成可能です。P.352で説明したとおりの手順でまずはリンクサーバーを作成したあと、「オブジェクトエクスプローラー」から当該リンクサーバーを右クリックし、[リンクサーバーをスクリプト化]→[新規作成]→[新しいクエリエディターウィンドウ]の順に選択します。

■SQL Server Managemet Studioでリンクサーバーをスクリプト化

すると、「クエリエディタ」が1つ追加され、当該リンクサーバーを作成するための
Transact-SQLが自動生成されます。

■ Transact-SQLが自動生成される

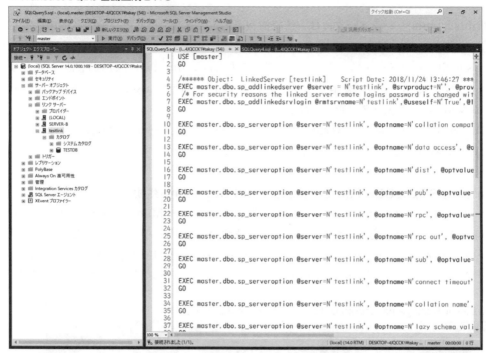

既存のリンクサーバーを削除する場合のTransact-SQLは、「sp_dropserver」システムストアドプロシージャを実行します。

たとえば、先ほど作成した「testlink」リンクサーバーを削除する場合、次のクエリを実行します。

```
--リンクサーバー削除します。
EXECUTE sp_dropserver @server = 'testlink';
```

9-3 データベースのセキュリティ

本節では、データベースのセキュリティ対策について、SQL Server独自の対策方法を説明します。リレーショナルデータベースの種類に関わらない一般的なセキュリティ対策についても、かんたんに取り上げます。

Windows認証ができないようにするには

SQL Serverには、「Windows認証」と「SQL Server認証」の2種類が存在することはP.22でも述べました。そのうち、Windows認証はWindows OSにログインした際のユーザーアカウントでデータベースに接続するのですが、それはすなわちWindows OSに（データベースに接続できるユーザーアカウントで）ログインできてしまえばSQL Serverデータベースに接続できることを意味します。

■SQL ServerにはWindows認証とSQL Server認証の2種類がある

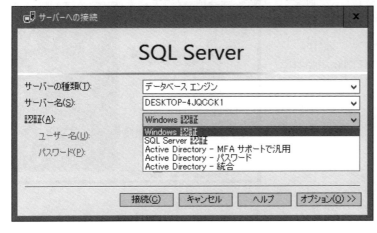

※「Active Directory - MFA サポートで汎用」「Active Directory - パスワード」「Active Directory - 統合」は、いずれもAzure Active Directory（Azure AD）を利用して、Azure SQL Databaseに接続するためのものです。

たとえばデータベースサーバー端末が盗難にあった場合、Windows OSのログインを突破されてしまった時点でデータベースにアクセスされてしまうため、SQL Server認証でしかデータベースにアクセスする必要がなければ、Windows認証は使えないようにしておいたほうがよいでしょう。

第9章 特殊な環境下におけるTransact-SQLの実装

　Windows認証を使えないようにするには、SQL Server Management Studioを起動し、対象となるデータベースサーバーに接続します。

1 左側のツリーペインから、[セキュリティ]→[ログイン]の順に展開します。ログイン可能なユーザーの一覧が表示されるので、「BUILTIN¥Users」ユーザーを削除します。ユーザーを削除するには、当該ユーザー上で右クリックし、表示されるプルダウンメニューから[削除]を選択します。

■「BUILTIN¥Users」ユーザーの削除

2 「BUILTIN¥Users」ユーザー以外にも、Windows OSのローカルアカウントユーザーが存在する場合（下の画像の場合、PC-IKARASHIに対し、IKARASHIというローカルユーザーが存在している）、こちらも同様に削除が必要です。

■ローカルアカウントユーザーの削除

9-4 データベースのデタッチとアタッチ

データベースをほかのデータベースサーバーに移動する場合、データベースをバックアップして移動することもありますが、デタッチとアタッチという操作でも移動することができます。本節では、データベースのデタッチとアタッチについて説明します。

デタッチとアタッチ

　データベースのデタッチとアタッチは、データベースを移動するための手段です。データベースのバックアップとリストアで言えば、デタッチがバックアップ、アタッチがリストアに相当します。

　データベースのバックアップ・リストアとの違いは、デタッチのほうはすべてのトランザクションが含まれていることが保証されている点です。バックアップの場合、たとえ完全バックアップであっても、バックアップ後にデータベースが変更されてしまう可能性があります。デタッチの場合、デタッチ中のデータベースには触れることができません。

・データベースのデタッチ

　まずは、SQL Server Managemet Studioを用いて、指定のデータベースをデタッチする方法を見てみましょう。

1 SQL Server Management Studioを起動し、「オブジェクトエクスプローラー」よりデタッチの対象とするデータベースを右クリックして、［タスク］→［デタッチ］の順に選択します。

■「デタッチ」を選択

2 「データベースのデタッチ」画面が表示されます。[OK] ボタンをクリックすることで、当該データベースがデタッチされます。

■ デタッチが行われる

　デタッチすると、SQL Serverデータベースの実際のファイルであるmdfファイルとldfファイルが移動可能な状態となります。mdfとldfは、

[SQL Serverをインストールしたフォルダ]￥Microsoft SQL Server￥MSSQLxx.MSSQLSERVER￥MSSQL￥DATA
※xxとそれ以降は、SQL Serverのバージョンや種類によって異なる

にあります。

■ SQL Serverデータベースの実際のファイルであるmdfファイルとldfファイル

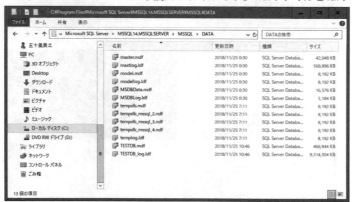

また、デタッチの対象となるデータベースを使用している間は、デタッチすることができません。次のようなエラーが返ります。

■デタッチできないときのエラーメッセージ

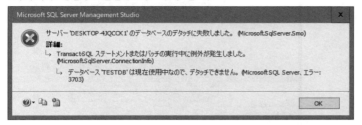

これが、バックアップとの違いです。バックアップの場合、対象となるデータベースが使用中でもバックアップを取ることができます。しかし、逆に言えば、たとえ完全バックアップであってもデータベースの移動の手段と考えると、本当に最新のデータがバックアップファイルに含まれている保証はありません。前述のとおり、バックアップ後にデータベースを使用されてしまう可能性もあるからです。

その点、デタッチに関しては、データベースを使用している間はデタッチすることができません。さらに、デタッチ後は当該データベースはアタッチするまで完全に使えなくなります。

・データベースのアタッチ

では、今ほどデタッチしたデータベースをアタッチしてみましょう。デタッチ後のmdfファイルとldfファイルを、移動先のデータベースサーバーの同じくDATAフォルダに移動し、移動先のデータベースサーバーにてSQL Server Management Studioを起動します。

■「アタッチ」を選択

1「オブジェクトエクスプローラー」より[データベース]を右クリックし、[アタッチ]を選択します。

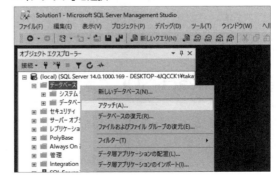

第9章 特殊な環境下におけるTransact-SQLの実装

2「データベースのインポート」画面が表示されるので、画面中央あたりの［追加］ボタンをクリックします。

■［追加］ボタンをクリック

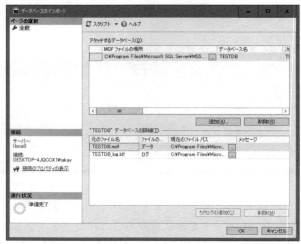

3 DATAフォルダにコピーしたmdfファイルを指定し、［OK］ボタンをクリックします。**2**の画面に戻るので、［OK］ボタンをクリックするとアタッチが行われます。

■ mdfファイルを指定

アタッチが完了したら、当該データベースが「オブジェクトエクスプローラー」に表示されます。これで、アタッチは完了です。あとは、移動先のデータベースで当該データベースを使用できるようになっています。

Transact-SQLでデタッチ・アタッチ

デタッチとアタッチは、Transact-SQLでも行うことができます。デタッチは「sp_detach_db」システムストアドプロシージャを、アタッチは「sp_attach_db」システムストアドプロシージャを使用します。

「sp_detach_db」システムストアドプロシージャの構文は、次のとおりです。

構文

```
EXECUTE sp_detach_db [データベース名];
```

たとえば、[testdb]データベースをデタッチする場合は、以下のクエリを実行します。

```
EXECUTE sp_detach_db 'testdb';
```

■実行結果

```
コマンドは正常に完了しました。
```

SQL Server Managemet Studioからデタッチした場合と同様、「sp_detach_db」システムストアドプロシージャの実行後は、当該データベースを使用できません。この状態で、DATAフォルダから当該データベースのmdfファイルとldfファイルを移動先のサーバーにコピーします。

続いて、移動先のサーバーにてアタッチします。アタッチするための「sp_attach_db」システムストアドプロシージャを実行する構文は、次のとおりです。

構文

```
EXECUTE sp_attach_db
    [データベース名]
  , [mdfファイルのパス]
  , [ldfファイルのパス];
```

先ほどデタッチした「tempdb」をアタッチするクエリの例は、次のとおりです。

```
EXECUTE sp_attach_db
    'testdb'
  , 'C:\Program Files\Microsoft SQL Server\MSSQL14.MSSQLSERVER\MSSQL\
DATA\testdb.mdf'
  , 'C:\Program Files\Microsoft SQL Server\MSSQL14.MSSQLSERVER\MSSQL\
DATA\testdb_log.ldf';
```

第 9 章　特殊な環境下におけるTransact-SQLの実装

■実行結果

コマンドは正常に完了しました。

　アタッチがうまくいかない場合、mdfファイルとldfファイルのパスが正しいかどうかを
確認してください。とくに間違いやすいのが、ldfファイルのファイル名です。その場合、
パスがとおっていない旨のメッセージが表示されます。

■実行結果

メッセージ 5120、レベル 16、状態 101、行 1
物理ファイル "C:¥Program Files¥Microsoft SQL Server¥MSSQL14.MSSQLSERVER¥
MSSQL¥DATA¥testdb.ldf" を開けません。オペレーティング システム エラー 2: "2(指定
されたファイルが見つかりません。)"。
メッセージ 1802、レベル 16、状態 7、行 1
CREATE DATABASE が失敗しました。一覧されたファイル名の一部を作成できませんでした。関連
するエラーを確認してください。

9-5　自動採番（IDENTITY列）

9-5　自動採番（IDENTITY列）

本節では、指定した列を自動採番する方法について、説明します。SQL Serverの自動採番は、IDENTITYという機能で実装します。IDENTITYの設定方法や、IDENTITYを設定した列に明示的な値を代入する方法などを紹介します。

IDENTITY列とは

　SQL Serverは、テーブルの列にIDENTITYというプロパティを保持しています。このIDENTITYプロパティの設定により、該当列は自動的にINT型の数値を採番することができるようになります。テーブル設計時、主キーとなるべき候補が見つからない場合にこのIDENTITY列を設け、便宜上の主キーとする使い方が一般的です。

　IDENTITY列を設定するには、テーブルの作成時に該当列を指定する方法と、既存のテーブルに対して設定する方法の2とおりあります。また、IDENTITY列はSQL Server Management StudioとTransact-SQLのどちらでも設定可能です。

・SQL Server Management StudioでIDENTITY列を設定

　まずは、SQL Server Management StudioからIDENTITY列を設定する方法を見てみましょう。新規テーブルの作成時であれば、列名を設定する画面で、データ型をINT型やBIGINT型、SMALLINT型、TINYINT型といった整数型を選択した場合、当該列をIDENTITY列に指定することができます。

　IDENTITY列を設定するには、当該テーブルを右クリックし、［デザイン］を選択します。続いて、右側に表示されたテーブルの定義よりIDENTITY列にする列を選択し、「列のプロパティ」に表示されている「IDENTITYの指定」を「いいえ」から「はい」に変更します。「IDの増分」は、IDENTITY列の増加する値を代入します。通常は1が指定されており、つまり1ずつ増加します。「IDENTITYシード」は、開始するときの値です。こちらも通常は1が指定されており、1から順番に値が追加されます。

365

第9章 特殊な環境下におけるTransact-SQLの実装

■ SQL Server Management StudioからIDENTITY列を設定

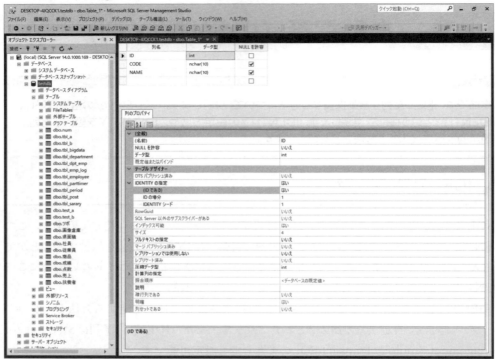

・Transact-SQLでIDENTITY列を設定

　Transact-SQLでIDENTITY列を設定する場合、テーブルの作成時であれば次のようにします。

```
--「売上」テーブルを作成します。
CREATE TABLE [売上]
(
    [売上ID]    INT                      PRIMARY KEY IDENTITY(1, 1)
  , [日付]      DATETIME    NOT NULL     DEFAULT CURRENT_TIMESTAMP
  , [商品ID]    INT         NOT NULL     FOREIGN KEY REFERENCES [商品]([商品ID])
  , [売上数量]  INT         NOT NULL     DEFAULT 1
  , [売上単価]  MONEY       NOT NULL     DEFAULT 0
);
```

　IDENTITY列に該当するのが、[売上ID]列です。この列は、主キーの指定も同時に行っています。IDENTITY列にする場合は、IDENTITYを列名の後ろに追加し、さらにカッコ

9-5 自動採番（IDENTITY列）

書きで最初の引数に開始値を、次の引数に増加する値を指定します。

構文

```
IDENTITY([開始する時の値], [増加する値])
```

ただし、Transact-SQLの場合、既存の列をIDENTITY列に変更することはできません。Transact-SQLは、既存のテーブルに対して新たなIDENTITY列を追加することであれば可能です。既存の列をIDENTITY列に変更する必要があれば、SQL Server Management Studioから行ってください。

Transact-SQLで既存のテーブルにIDENTITY列を追加する方法は、以下のとおりです。

```
ALTER TABLE [社員] ADD [ID] INT IDENTITY(10, 1);
```

上記のクエリの例は、社員テーブルに対してIDENTITY列として「ID」列を追加しています。IDENTITYの開始値は10、増加値は1です。これを実行すると、すでに存在レコードに対してもIDが割り振られます。

```
SELECT * FROM [社員];
```

■IDENTITY列として「ID」列を追加した例

コード	氏名	性別	年齢	ID
1	竹中雅典	男	40	10
2	三枝正康	男	37	11
3	石川健	男	53	12
4	赤松穂花	女	21	13
5	陳幸作	男	23	14

IDENTITY INSERTを一時的に停止

IDENTITY列に一時的に明示的な値を挿入したい場合、IDENTITY INSERTを一時的に停止することができます。たとえば、IDENTITY INSERTは、トランザクションをロールバックした際、抜け番が発生してしまいます。次のクエリをご覧ください

367

第 9 章　特殊な環境下におけるTransact-SQLの実装

```
--トランザクションを開始します。
BEGIN TRAN;

--売上テーブルにレコードを1件追加します。
INSERT INTO [売上] ([日付], [商品ID], [売上数量], [売上単価])
    VALUES ('2019-01-07', 1, 7, 10000);

--ロールバックします。
ROLLBACK;

--再びトランザクションを開始します。
BEGIN TRAN;

--売上テーブルにレコードを1件追加します。
INSERT INTO [売上] ([日付], [商品ID], [売上数量], [売上単価])
    VALUES ('2019-01-07', 1, 7, 10000);

--今度はコミットします。
COMMIT;
```

このクエリを実行すると、次のような結果が得られます。

■ 実行結果

売上ID	日付	商品ID	売上数量	売上単価
1	2019-01-04 00:00:00.000	1	3	10000.00
2	2019-01-04 00:00:00.000	2	5	20000.00
3	2019-01-05 00:00:00.000	1	5	10000.00
4	2019-01-05 00:00:00.000	3	7	5000.00
5	2019-01-06 00:00:00.000	2	2	20000.00
6	2019-01-06 00:00:00.000	3	6	5000.00
8	2019-01-07 00:00:00.000	1	7	10000.00

　最終行に注目すると、売上IDの7が抜け番となってしまいました。理由は、最初の
INSERT文をロールバックしたためです。このように、IDENTITY INSERTは、INSERT
コマンドをROLLBACKすると、抜け番が発生してしまうのです。
　このような抜け番を「美しくない」と思い、抜け番を再利用したいと思う場合もあるで
しょう。そのような場合、一時的にIDENTITY INSERTを停止することで、IDENTITY列
に明示的に値を代入することができるようになります。
　IDENTITY INSERTを一時的に停止するには、次のクエリを実行します。

9-5 自動採番（IDENTITY列）

構文

```
SET IDENTITY_INSERT [テーブル名] ON;
```

同様に、一時的に停止していたIDENTITY INSERTを再開するには次のようにします。

構文

```
SET IDENTITY_INSERT [テーブル名] OFF;
```

実際に、先ほど抜け番が発生した売上テーブルの売上ID「7」を使用して、レコードを追加してみましょう。クエリは、次のようになります。

```
--売上テーブルのIDENTITY INSERTを一時的に停止します。
SET IDENTITY_INSERT [売上] ON;

--売上テーブルにレコードを1件追加します。
INSERT INTO [売上] ([売上ID], [日付], [商品ID], [売上数量], [売上単価])
    VALUES (7, '2019-01-07', 1, 7, 10000);

--IDENTITY INSERTを再開します。
SET IDENTITY_INSERT [売上] OFF;
```

上記クエリのINSERT文にて、[売上ID]列が指定されていることに注意してください。IDENTITY INSERTを一時的に停止しているため、このように明示的に値が代入可能な状態になっています。上記クエリを実行した後、売上テーブルを参照すると、次のように売上ID「7」にレコードが追加されているのが確認できます。

```
SELECT * FROM [売上];
```

■実行結果

売上ID	日付	商品ID	売上数量	売上単価
1	2019-01-04 00:00:00.000	1	3	10000.00
2	2019-01-04 00:00:00.000	2	5	20000.00
3	2019-01-05 00:00:00.000	1	5	10000.00
4	2019-01-05 00:00:00.000	3	7	5000.00
5	2019-01-06 00:00:00.000	2	2	20000.00

第9章 特殊な環境下におけるTransact-SQLの実装

```
6          2019-01-06 00:00:00.000       3       6              5000.00
7          2019-01-07 00:00:00.000       1       7             10000.00
8          2019-01-07 00:00:00.000       1       7             10000.00
```

　最終的に、IDENTITY INSERTを再開するのを忘れないでください。前述のクエリでも IDENTITY INSERTを再開しているため、再度売上ID列を指定したクエリを実行すると、次のようなエラーが返るようになります。

```
メッセージ 544、レベル 16、状態 1、行 5
IDENTITY_INSERT が OFF に設定されているときは、テーブル '売上' の ID 列に明示的な
値を挿入できません。
```

IDENTITY列の現在値を確認・変更

　Transact-SQLでIDENTITY列の現在値を確認したり、変更したりする方法を紹介します。SQL Server Management Studioで行う場合は、P.365をご覧ください。既存テーブルに対してIDENTITY列を設定する際のプロパティのなかに、当該項目を確認することができます。

　Transact-SQLでIDENTITY列の現在値を確認するには、IDENT_CURRENT関数を使います。この関数の引数に、テーブル名を指定します。たとえば、「売上」テーブルの現在のIDENTITY列を確認するには、次のクエリを実行します。

```
--売上テーブルの現在のIDENTITY列を確認します。
SELECT IDENT_CURRENT('売上');
```

■実行結果

```
(列名なし)
------------
6
```

　また、IDENTITY列の現在値を変更するには、DBCC CHECKIDENTを実行します。たとえば、「売上」テーブルのIDENTITY列の現在値を1に変更する場合、次のようなクエリを実行します。

370

9-5 自動採番（IDENTITY列）

```
--売上テーブルのIDENTITY列の現在値を1にします。
DBCC CHECKIDENT('売上', RESEED, 1);
```

■実行結果

```
ID 情報を調べています。現在の ID 値 '1'。
DBCC の実行が完了しました。DBCC がエラー メッセージを出力した場合は、システム管理者に相
談してください。
```

　上記クエリを実行後、本当にIDENTITY列が1に変更されているかどうか、IDENT_CURRENT関数で確認してみましょう。

```
--売上テーブルの現在のIDENTITY列を確認します。
SELECT IDENT_CURRENT('売上');
```

■実行結果

```
(列名なし)
-------------
1
```

　確かに、1に変わっています。ところが、この状態で売上テーブルに対するINSERTコマンドを実行すると、エラーとなってしまいます。

```
--売上テーブルにデータを追加します。
INSERT INTO [売上] ([日付], [商品ID], [売上数量], [売上単価])
    VALUES ('2019-01-07', 1, 7, 10000);
```

■実行結果

```
メッセージ 2627、レベル 14、状態 1、行 23
制約 'PK__売上__6720F8BE364F428D' の PRIMARY KEY 違反。オブジェクト 'dbo.売上
' には重複するキーを挿入できません。重複するキーの値は（2）です。
ステートメントは終了されました。
```

　理由は、DBCC CHECKIDENTによってIDENTITY列が1に戻ったため、次にレコードが追加された際、次のレコードのIDENTITY値が増分1を加算した2となってしまい、PRIMARY KEY違反が発生したためです。もし、DBCC CHECKIDENTでIDENTITY列の値を変更する場合は、上記のようにならないように、今後レコードが追加されても値が重複しないような値に設定してください。

第9章 特殊な環境下におけるTransact-SQLの実装

9-6 第三・第四水準漢字の扱い

本節では、SQL Serverで第三・第四水準漢字を扱う方法について、説明します。「そもそも、第三・第四水準漢字とは」といったレベルから説明します。また、1文字が2文字分のバイト数である「サロゲートペア文字」といった特殊な文字についても紹介します。

第三・第四水準漢字とは

漢字コードとは、日本工業規格（JIS規格）が定めた漢字リストにて、漢字を一意に識別するためのコードのことを意味します。当初、第一・第二水準の漢字コードが制定されましたが、それでも使用可能な文字が足りないという理由により、第三・第四水準漢字コードが追加で制定されました。

第三・第四水準漢字は、正しくは「JIS X 0212-1990」と「JIS X 0213: 2000」という規格名が付いています。またJIS漢字コードも、正しくは「7ビット及び8ビットの2バイト情報交換用符号化拡張漢字集合」という名称が付いています。

とくに、第三・第四水準漢字は「高水準文字」とも呼ばれています。高水準文字は、日本の行政面において使用されている漢字（たとえば人名や地名など）をコンピューター上でも使用できるようにするというコンセプトから制定されています。

1文字で2文字分の「サロゲートペア文字」

さらに、高水準文字のなかには「サロゲートペア文字」という特殊な文字が存在します。サロゲートペア文字は、2文字分のバイト数で1文字を表現します。つまり、Unicodeにおいて、1文字は2バイトで表現しますが、サロゲートペア文字の場合、4バイトで1文字を表現します。論より証拠、少しサロゲートペア文字に関する実験をしてみましょう。

まずは、サロゲートペア文字に該当する文字列を次に紹介します。

372

■ サロゲートペア文字一覧

```
丈 土 堅 壌 嬬 叱 妛 峼 昇 梳 楪 齊 桒 𣳾 碵 碯 秄 竈 籭 艾 苆 藬 裬 褹 轜 鵤 ヽ 𠀋 𠂤 自
𠂉 俹 俿 倧 偨 僘 儌 关 浴 几 剹 劉 㔟 勴 斗 卓 厼 及 哰 喜 嘺 噶 嗉 噑 圐 圿 坅 坲 坺
埀 埖 埢 堀 塈 墻 夨 奐 娭 娸 娷 宀 屍 屴 屵 废 岪 峅 峬 峿 崐 㟢 都 嶹 㟱 幰 廻 弣
悥 悪 愩 弋 挐 挬 挅 挘 換 掎 攃 春 晜 勉 腰 朽 枛 枌 枩 枤 柢 枺 栊 柠 栁 栫 桄 栬
㮶 楈 槀 橾 橋 橃 槢 槥 槡 槕 檵 欄 殳 入 洶 涅 淩 添 渆 滰 澎 潤 炟 凵 燚 翠 㛂 獉 獙
踋 踺 叹 正 瘑 瘈 瘟 㾮 盉 盦 眹 睨 瞼 晔 瞘 晻 矼 砼 碮 耕 秥 竂 笁 笌 笆 簑 簓 耒
粎 料 耆 㶖 楝 糄 糒 糠 紤 紋 紃 緡 絤 絧 緗 紿 凹 罡 羋 兼 狨 胵 脷 脐 匝 臨 臼 㘽 𨒌 舧
舺 艅 艫 齒 募 蒢 舊 蠧 蘍 㹩 㺭 識 蟄 穀 罝 螴 蝨 社 祄 祉 祒 褘 禅 禤 横 訛 詍 䚈 豃 谽
貃 賣 賦 ⾜ 踊 蹈 躶 輀 辛 迚 迪 還 遾 郎 耶 釧 釞 鎜 鋏 鈾 鍢 䥯 鋍 鏀 鎈 鏪 鍗 鐺
鏱 鐂 鐩 閖 闦 闧 阰 阡 隒 陼 隓 雞 靴 鞆 頍 凨 亼 饕 饒 餕 駻 髇 魺 鮇 鮏 鮠 鮍 鮷 鱺 鯑
鰭 鴇 鵃 鴂 駌 鵉 麻 㒵 黓 齫 齧 齬 䐠
```

文字数をカウントするだけの単純なスクリプトファイルを作成し（VBScript）、プログラム上から見た文字数を見てみましょう。この検証で使用するスクリプトファイルは、次のとおりです。

surrogate-pair.vbs

```
'このVBScriptファイルは、Unicodeで保存されている必要があります。
'Shift-JISで保存すると、サロゲートペア文字が文字化けしてしまいます。
'
'変数の宣言を強制します。
Option Explicit

'サロゲートペア文字を1つ定義します。
Const c = "丈"

'定義したサロゲートペア文字の文字数をLen関数によって取得し、メッセージ表示します。
MsgBox CStr(Len(c))
```

このスクリプトファイルは、サロゲートペア文字「丈」の文字数を返すだけのスクリプトです。Len関数は、引数に指定された文字の文字数を返す関数です。たとえば、次のようなスクリプトの場合、実行結果は「5」となります。

```
MsgBox CStr(Len("あいうえお"))
```

あたりまえですが、「あいうえお」の文字数は5文字です。そのため、Len関数の結果は「5」です。これは、半角の場合も同じですし、たとえば「aiueo」の場合でもLen関数の結果は「5」

を返します。

　しかし、先に紹介したサロゲートペア文字の文字数を取得するスクリプトの場合はどうでしょうか。Len関数の引数には1文字しか指定していないにも関わらず、実行結果は「2」となってしまいます。

■ **実行結果は「2」となってしまう**

　Len関数だけでなく、文字列型を取り扱う関数はすべて、サロゲートペア文字を2文字として換算します。そのため、サロゲートペア文字が含まれた文章を文字列操作する場合、想定外の挙動となる可能性があります。たとえば、ある文字列の3文字目を取り出したいのに、1文字目がサロゲートペア文字だった場合、その1文字で2文字分でカウントされてしまうため、2文字目が取り出されてしまいます。

　これは、SQL Server上でも同様です。後ほど、実際にサロゲートペア文字をSQL Serverのデータベースに格納する方法について説明するので、SQL ServerのLEN関数の挙動についても確認してみてください。

　なぜ、このようなサロゲートペア文字の存在が必要になったのでしょうか。それは、「それだけ多くの文字が存在するから」にほかなりません。要は、2バイトで取り扱うことが可能なパターンは、2の16乗で65,536です。アルファベットや数値だけならば、1バイト、2の8乗＝256文字もあれば十分なのですが、日本語や中国語、韓国語などの一部の国の主要言語ではそうもいきません。2バイトでさえ、足りなくなってしまったのが現状から考案されたのが、2バイトの文字コード体系に4バイトの文字コードを追加した「サロゲートペア文字」なのです。

第三・第四水準漢字を含めた漢字データベースの作成

　次に、高水準文字をデータベースに登録する方法を説明します。もともと、高水準文字が制定された理由は行政へ申請する際の漢字を増やすためだったのですが、それでもさまざまな行政への申請書類において、高水準文字に対応されていない場合があります。行政

9-6　第三・第四水準漢字の扱い

への申請書類をシステムで作成する場合、もし高水準文字に未対応であれば、高水準文字が入力されている時点でそれを省くように対応してあるとユーザーに親切です。

さて、まずは高水準文字のリストをExcelで作成します。本書サポートページより、「第3・4水準対応文字一覧.xlsm」をダウンロードしてください。このExcelファイルは、「CyberLibralian」というWebサイトに掲載されていたJIS X 0213コード表の内容をコピーして作成したものです。

・CyberLibralian - 図書館員のコンピュータ基礎講座「JIS X 0213コード表（全コード）」
　http://www.asahi-net.or.jp/~ax2s-kmtn/ref/jisx0213/index.html

このExcelファイルを元に、全コードの内容をデータベースに格納してみましょう。まずは、格納先となるテーブルを作成します。作成する「tbl_moji」テーブルは、次のとおりです。

■「tbl_moji」テーブル

フィールド和名	実フィールド名	データ型	サイズ	小数以下	制約	NULL	AUTO INVREMENT	備考
文字	moji	NVARCHAR	2			NOT NULL		実際の文字。サロゲートペア文字を考慮し、NVARCHARは2文字分を取る必要がある
JISコード	jis	VARCHAR	4			NOT NULL		JISコード
句点コード	kuten	VARCHAR	6		主キー制約			句点コード
高水準フラグ	high_level	SMALLINT				NOT NULL		高水準（第三・第四水準文字）の場合は1、そうでない場合は0

JISコードと句点コード、および高水準文字かどうかを表すフラグを保持します。無論、ほかにもShift-JIS、EUCの文字コードも当該Excelファイルから取得可能なので、必要に応じて、これらの内容を追加することが可能です。高水準かどうかの判断は、セルの背景色で判別することができます。

実際の文字が格納される「moji」カラムは、NVARCHAR型のサイズ2となっています。1文字しか格納しないはずなのに2を指定する理由は、前述のサロゲートペア文字の存在のためです。

375

さて、このExcelファイルにはマクロが付いています。このマクロを実行することで、実行したコンピューター上のデスクトップに、tbl_mojiにすべての文字データを追加するINSERTコマンドが記述されたSQLスクリプトファイルを作成します。マクロ名は、「MakeSQLScript」です。生成したSQLスクリプトファイルを実行すると、[tbl_moji]テーブルに文字データが追加されます。

■実行結果

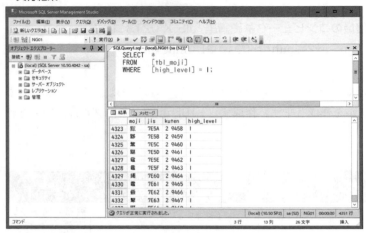

Excel VBAの経験があれば、マクロのソースコードも併せてご覧ください。ソースコードはすべて、標準モジュール（Module1）に記述されています。前述のように、Shift-JISやEUCを新たにtbl_mojiテーブルのカラムに追加するなどした場合、このマクロに手を加えることによって、生成するSQLスクリプトを変更する必要があるでしょう。

第三・第四水準漢字をテーブルに追加

先ほどのSQLスクリプトにはINSERTコマンドが大量に吐き出されていますが、文字データの前に、「N」が付いているのを確認することができます。

```
INSERT INTO [tbl_moji] ([moji], [jis], [kuten], [high_level]) VALUES (N'土', '2F42', '1 1534', 1);
```

この「N」は、後に続く文字列がUnicodeであることを示します。Unicode文字を扱う場合、データ型はNVARCHAR、NCHAR、NTEXT型である必要があります。これらのデー

タ型は、先頭に「N」を付加していないデータ型、つまり VARCHAR、CHAR、TEXT 型とほぼ同じと考えてよいのですが、カラムとして使用する際のサイズの最大が、CHAR や VARCHAR の場合は 8,000 文字であるのに対し、NCAHR の場合は 4,000 文字です。NVARCHAR の場合は、MAX 指定子の使用（「VARCHAR(MAX)」と記述します）によって 2^{31} バイト分の文字数が格納できます。

第三・第四水準漢字をテーブルから抽出

では、作成した文字テーブルを使用し、指定した文字の JIS コードを取得する SQL を考えてみましょう。

```
SELECT  moji
      , jis
      , kuten
      , high_level
FROM    tbl_moji
WHERE   moji = N'[指定文字]';
```

指定する文字を、[指定文字]の部分に代入することで、当該文字のレコードが抽出できるはずです。しかしながら、このクエリを実行すると、一部の文字の実行結果が想定外の結果になることに気づくでしょう。たとえば、前述のサロゲートペア文字を指定すると、次のような結果となってしまいます。

```
SELECT  moji
      , jis
      , kuten
      , high_level
FROM    tbl_moji
WHERE   moji = N'丈';
```

■実行結果

moji	jis	kuten	high_level
○	213B	1 0127	0
／	2233	1 0219	1
／	2234	1 0220	1
＼	2235	1 0221	1

第9章 特殊な環境下におけるTransact-SQLの実装

```
ℨ         2236     1 0222   1
☑         2237     1 0223   1
⌐         2238     1 0224   1
ƀ         2239     1 0225   1
(         2256     1 0254   1
)         2257     1 0255   1

... （以下略）
```

　レコードが1件だけ取得されるのかと思いきや、かなりのレコードが取得されてしまいました。文字に重複はないはずですし、実際、取得された文字は指定した文字とはまったく関係のない文字です。これは、「照合順序」というものが関係しています。

　SQL Serverの照合順序は、並べ替えの規則、大文字と小文字の区別、アクセントの区別を指定できるようになります。たとえば、ORDER BY句で照合順序を指定した場合、並べ替えの際に大文字と小文字を考慮させたりさせなかったりすることができます。

　照合順序の指定は、COLLATEキーワードを使用します。たとえば上記の場合、厳密にすべてを区別する「Japanese_BIN」をCOLLATEキーワードで指定することにより、希望する結果を取得することができます。

```sql
SELECT  moji
      , jis
      , kuten
      , high_level
FROM    tbl_moji
WHERE   moji = N'丈' COLLATE Japanese_BIN;
```

■実行結果

```
moji    jis      kuten    high_level
─────── ─────── ─────── ───────────
丈      2E22     1 1402   1
```

　指定可能な照合順序は、sys.fn_helpcollations関数（テーブル値関数）を参照することで確認できます。たとえば、日本語におけるSQL Serverの照合順序は、次のクエリで確認することができます。

```sql
SELECT * FROM sys.fn_helpcollations()
WHERE name LIKE 'Japanese_%';
```

9-6 第三・第四水準漢字の扱い

■実行結果

```
name                    description
----------------------  --------------------------------------------------
Japanese_BIN            Japanese, binary sort
Japanese_BIN2           Japanese, binary code point comparison sort
Japanese_CI_AI          Japanese, case-insensitive, accent-insensitive,
kanatype-insensitive, width-insensitive
Japanese_CI_AI_WS       Japanese, case-insensitive, accent-insensitive,
kanatype-insensitive, width-sensitive
Japanese_CI_AI_KS       Japanese, case-insensitive, accent-insensitive,
kanatype-sensitive, width-insensitive
Japanese_CI_AI_KS_WS    Japanese, case-insensitive, accent-insensitive,
kanatype-sensitive, width-sensitive
Japanese_CI_AS          Japanese, case-insensitive, accent-sensitive,
kanatype-insensitive, width-insensitive
Japanese_CI_AS_WS       Japanese, case-insensitive, accent-sensitive,
kanatype-insensitive, width-sensitive
Japanese_CI_AS_KS       Japanese, case-insensitive, accent-sensitive,
kanatype-sensitive, width-insensitive
Japanese_CI_AS_KS_WS    Japanese, case-insensitive, accent-sensitive,
kanatype-sensitive, width-sensitive

... (以下略)
```

「Japanese」の後ろに続く、「CI」や「CS」、「AI」や「AS」などの意味は、それぞれ次のようになります。

■照合順序の表記と意味

表記	英熟語	内容	例
CI	Case Insensitive	大文字、小文字を区別しない。全角アルファベットの大文字、小文字も区別しない	「A」と「a」は同じ
CS	Case Sensitive	大文字、小文字を区別する。全角アルファベットの大文字、小文字も区別する	「A」と「a」を区別する
AI	Accent Insensitive	アクセント、濁音、破裂音を区別しない。半角カナの濁音、破裂音も区別しない	「ハ」、「バ」、「パ」は同じ
AS	Accent Sensitive	アクセント、濁音、破裂音を区別する。 AI の逆	「ハ」、「バ」、「パ」を区別する
KS	Kana Sensitive	ひらがなとカタカナを区別する。半角でも区別する	「は」と「ハ」を区別する
WS	Width Sensitive	文字幅を区別する。全角、半角を区別する	「a」と「ａ」を区別する
BIN	Binary	バイナリで比較する	すべて区別する

ちなみに、デフォルトの照合順序は、"Japanese_CI_AS"です。つまり、

第9章 特殊な環境下におけるTransact-SQLの実装

・大文字と小文字を区別しない
・ひらがなとカタカナを区別しない
・半角と全角を区別しない
・アクセントを区別する

となっています。半角と全角を区別しないことについて、これにはスペースにも当てはまります。たとえば、「鈴木　一郎」と「鈴木 一郎」は同じとして扱われます。

　照合順序は、サーバー単位やデータベース単位でも指定が可能です。それぞれ、サーバーのインスタンス作成時、およびデータベース作成時に既定の照合順序として指定が可能です。

　一度指定した既定の照合順序は、作成後に変更することが可能ですが、サーバーのインスタンスの場合は、いったんデータベース内のすべてのデータおよびデータベースオブジェクトを再作成する必要があります。非常に面倒な作業なので、サーバーのインスタンスを生成する際には、既定の照合順序について、十分な考慮が必要です。一応、Microsoft Docsのサイトにサーバーの照合順序を変更する手段について記載があります。

・サーバーの照合順序の設定または変更

https://docs.microsoft.com/ja-jp/sql/relational-databases/collations/set-or-change-the-server-collation?view=sql-server-2017

　データベースの既定の照合順序は、ALTER DATABASEコマンドで変更することができます。たとえば、Testデータベースに対し、データベース既定の照合順序をJapanese_BINに変更するには、以下のコマンドを実行します。

```
ALTER DATABASE Test COLLATE Japanese_BIN;
```

　上記クエリの実行の際に接続するデータベースは、どこでも構いません。また、データベース既定の照合順序を確認するには、以下のコマンドを実行します。

```
SELECT  name
      , collation_name
FROM    sys.databases;
```

380

■実行結果

```
name      collation_name
-------   -----------------
master    Japanese_CI_AS
tempdb    Japanese_CI_AS
model     Japanese_CI_AS
msdb      Japanese_CI_AS
test      Japanese_BIN
```

　本節にて説明した照合順序の存在を知らないと、「データベースによってソート順が違う」とか、「検索した文字と違う結果が返ってくる」といった事象の原因を解明できません。今後、高水準文字が今まで以上に普及するにつれ、照合順序に関する知識は必須の知識となることでしょう。

第9章　特殊な環境下におけるTransact-SQLの実装

9-7　パフォーマンスチューニング

データベースアプリケーションの速度のことを、パフォーマンスと言います。そのパフォーマンスを向上するためにさまざまな試みをすることを、パフォーマンスチューニングと言います。本節では、すぐに効果が期待できて、かんたんに試せるパフォーマンスチューニングについて取り上げます。

IN演算子よりもEXISTS演算子のほうが高速

データを絞り込む際、IN演算子を使うよりもEXISTS演算子のほうが高速です。たとえば、次のようなテーブルがあります。

■「tbl_a」テーブル

id	name
1	one
2	two
3	three
4	four
5	five

■「tbl_b」テーブル

id	name
3	three
4	four
5	five

「tbl_b」テーブルに含まれるレコードのみを「tbl_a」テーブルから絞り込む場合、IN演算子を使用すると次のようなクエリとなります。

```
SELECT  *
FROM    tbl_a
WHERE   id IN
        (
            SELECT  id
            FROM    tbl_b
        );
```

382

■実行結果

```
id   name
3    three
4    four
5    five
```

むろん、これは間違いではないのですが、以下のようにEXISTS演算子のほうがIN演算子よりも高速に結果が得られます。

```
SELECT  *
FROM    tbl_a
WHERE   EXISTS
        (
            SELECT  *
            FROM    tbl_b
            WHERE   tbl_a.id = tbl_b.id
        );
```

インデックスの利用

インデックス（Index）は、「索引」のことです。辞書を使って調べものをするとき、先頭のページから1ページずつ探していたのでは効率が悪すぎます。データベースも同様に、索引を利用することで目的とするデータをすばやく探し出すことができます。

インデックスを適用する場合、辞書と同様、レコード件数の多いテーブルに設定します。インデックスはテーブルとは別のデータベースオブジェクトとして管理されているため、実運用開始後でデータが追加された状態であっても、追加や削除が可能です。

インデックスは、すべての場合において効果を発揮するわけではありません。インデックスはデータ検索の場合において効力を発揮しますが、レコードを追加する場合においては逆効果です。頻繁にレコードが追加されるテーブルについては、その点を注意しなければなりません。

また、レコード数が少ないテーブルや、カーディナリティが低い列にインデックスを設定するのも逆効果です。カーディナリティとは、値の種類がどの程度かを表すものです。つまり、「性別」という列に「男性」と「女性」という値しか代入されていないのだとしたら、その列はカーディナリティが低いと言えます。

ところで、テーブルにインデックスを付ければ、それだけでデータ抽出が早くなるわけではありません。せっかくインデックスを付けたのに、そのインデックスが利用されない

第9章　特殊な環境下におけるTransact-SQLの実装

こともあります。たとえインデックス列を使用していても、以下のような使い方をしている場合、そのインデックスは使用されません。

・インデックス列をNULLと比較している。もしくは否定形で比較している

インデックスにNULLは含まれないので、NULLと比較する場合はインデックスが使用されません。また、否定形（NOTなど）と比較する場合も、指定した条件に一致しないものを求めるため、フルスキャンのほうが早いと判断され、インデックスは使用されません。

```
--NULLとの比較はインデックスが効かない
SELECT  *
FROM    tbl_a
WHERE   id IS NULL;

--否定形での比較はインデックスが効かない
SELECT  *
FROM    tbl_a
WHERE   id != 1;
```

・インデックス列を演算するとインデックスが効かない

インデックス列を演算すると、その演算結果に対して比較が必要であるため、インデックスは使用されません。

```
--演算したインデックス列にはインデックスが効かない
SELECT  *
FROM    tbl_a
WHERE   CAST(id AS VARCHAR) = '1';
```

・LIKE演算子を使う場合は前方一致でなければインデックスが効かない

インデックスは大小比較によってデータを絞り込んでいるため、前方が定まっていない後方一致と中間一致ではインデックスが使用できません。

```
--後方一致ではインデックスが効かない
SELECT  *
FROM    tbl_a
WHERE   name LIKE '%a';
```

384

9-7　パフォーマンスチューニング

```
--中間一致ではインデックスが効かない
SELECT   *
FROM     tbl_a
WHERE    name LIKE '%a%';

--前方一致ではインデックスが効く
SELECT   *
FROM     tbl_a
WHERE    name LIKE 'a%';
```

・OR演算子を使うとインデックスが効かない

OR演算子を使う場合、たとえどちらの列にもインデックスが付いていたとしても、インデックスは使用されません。

```
--OR演算子を使用した場合はインデックスが効かない
SELECT   *
FROM     tbl_a
WHERE    id < 5
OR       name = 'five';
```

UNIONよりもUNION ALLのほうが高速

SELECTステートメントの結果を合体させる集合演算子であるUNION演算子は、重複するデータを省いて表示します。つまり、以下の2つのテーブルをUNION演算子で合体したときの結果は、次のようになります。

■ 「tbl_a」テーブル

id	name
1	one
2	two
3	three
4	four
5	five

■ 「tbl_b」テーブル

id	name
3	three
4	four
5	five

```
SELECT * FROM tbl_a
UNION
SELECT * FROM tbl_b;
```

385

第9章 特殊な環境下におけるTransact-SQLの実装

■実行結果

```
id   name
1    one
2    two
3    three
4    four
5    five
```

「tbl_a」テーブルと「tbl_b」テーブルにて、idが3、4、5のデータについては重複していますが、UNION演算子は重複データが自動的に省かれるため、それぞれ1件ずつしか表示されません。これに対し、UNION ALL演算子は、重複データを省きません。

```
SELECT * FROM tbl_a
UNION ALL
SELECT * FROM tbl_b;
```

■実行結果

```
id   name
1    one
2    two
3    three
4    four
5    five
3    three
4    four
5    five
```

　もし、求めたい結果が重複してもよいのなら、もしくは絶対に重複しないのが確約できるのであれば、UNION演算子よりもUNION ALL演算子を使いましょう。UNION演算子は、内部的にデータを並び替え、まったく同じレコードが存在しないかどうかをチェックしています。そのため、UNION ALL演算子よりも実行速度が遅いのです。
　抽出するレコード件数によってより顕著に結果に表れますので、普段からUNION演算子よりもUNION ALL演算子を使うことを心掛け、重複したデータを省きたい場合のみ、意図的にALLを外すようにしましょう。

9-7 パフォーマンスチューニング

直積されている箇所はないかの確認

交差結合の説明でも述べましたが（5-3参照）、意図しない交差結合によってパフォーマンスが著しく悪化しているケースもあります。システムを開発、検証しているときには気づかなかったのに、本稼働をしたあと、しばらくしてからユーザーからの報告によって気づくことさえあります（名誉のために言わせてもらえば、筆者が携わった部分ではありませんでした）。

筆者独自の意見ですが、テーブル同士の結合条件をWHERE句ではなくFROM句に記述するようにしておけば、意図しない交差結合に気づきやすいのではないでしょうか。たとえば、

```
SELECT  *
FROM    tbl_a
      , tbl_b
WHERE   tbl_a.id = tbl_b.id;
```

と記述するよりも、

```
SELECT  *
FROM    tbl_a
            INNER JOIN tbl_b
            ON tbl_a.id = tbl_b.id;
```

と記述する癖を付けたほうが、結合条件の付け忘れに気づきやすいのではないかと思います。WHERE句に結合条件を記述する方法は、結合するテーブルが増えるほどWHERE句に記述する結合条件が増えます。そうなると、思わぬ記述漏れが発生してしまう可能性があります。FROM句に結合条件を記述する方法は、上記のように主たるテーブルとそれに結合するテーブルを階層化して（インデントを下げて）記述します。そもそも等結合のINNER JOINや外部結合のOUTER JOINに結合条件を指定しないとエラーになるため、意図しない交差結合になってしまうことはあり得ません。

第9章 まとめ

　本章では、Transact-SQLの実践的な活用方法を紹介しました。すぐにでもあらゆる環境で試せそうなのは、9-7の高速化テクニックでしょう。現場には、とにかくインデックスを付けておけば早くなるとしか思っていない技術者も多く、「高速化といったらインデックス」と間違った指示を受けることも多々あります。パフォーマンスの向上は、まずはクエリを分析し、改善すべきところを改善していくのが本来の手法です。

　ほかには、9-1、9-2で説明した、セッションを変えずにデータベースをまたがってデータを取得する方法がより実践的でしょう。「sys.database」システムテーブルを参照し動的SQLで識別子を指定することでデータベースをまたがって串刺しにするようなイメージでテーブルを参照する方法や、リンクサーバーという機能を用いて同一セッションから物理的に異なるデータベースサーバーへの参照を切り替える方法を紹介しました。これに関しても、異なるデータベースからデータを取得するために、クライアントアプリケーションから接続文字列を変更してデータベースをその都度つなぎ変えているケースを散見します。クライアントアプリケーションとデータベースとの接続の間で発生するオーバーヘッドが増えるばかりで、まったくよいことはありません。

　9-4ではデータベースを移動するための手段として、デタッチとアタッチを紹介しました。データベースの完全バックアップと違い、デタッチしたファイルはそのデータベースの最新状態であることが保証されます。

　9-5の自動採番については、意見が分かれるところです。そもそも、自動採番の存在さえ否定する技術者もいます。テーブル設計のモデリングの時点で主キーの存在を見つけられないのはおかしい、意味のないID列をE-R図に記述することになるなど判断は難しいところですが、筆者としては、やはり便利な機能であるためよく使っています。

　また、9-6では高水準文字（第三・第四水準文字）について紹介しました。1文字が2文字分のバイト数である「サロゲートペア文字」といった特殊な文字もあるので、覚えておきましょう。

実践サンプル編

第 **10** 章 │ 業務に則したサンプル
第 **11** 章 │ データベース設計に則したサンプル

　第4部では、開発の現場や実業務環境を想定した、より実践的なSQLサンプルを紹介します。たとえば、日付を考慮した消費税計算を行うロジックをより汎用的にするためのテクニックや、日本の祝日を考慮した休日判定、最終営業日を求める方法などを紹介します。また、ストアドプロシージャ内でエラーが発生した場合の対処として、エラールーチンを共通化する方法を紹介します。
　これらのサンプルは、ストアドファンクションやストアドプロシージャで作成しており、すぐにそのままの形で利用できます。これまで本書で紹介したサンプルよりも長めのソースコードですが、詳細な解説を入れてあります。ぜひとも、業務において利用していただければ幸いです。

第10章
業務に則したサンプル

　本章では、業務の現場で即使用できるストアドファンクションやストアドプロシージャを紹介します。

- 10-1　消費税関連
- 10-2　日付操作
- 10-3　祝日を考慮した営業日と定休日の判定
- 10-4　データが入力されていない日を取得

　10-1では、消費税計算を取り扱った例題と、それに伴って汎用的に使える税込金額や税抜金額を求めるストアドファンクションを作成します。
　10-2では、月初日付や月末日付を求めるストアドファンクションを作成したり、DATETIME型を日付要素のみの日付と比較する際の注意点、およびそれに有用なストアドファンクションを作成します。
　10-3では、祝日を自動作成するストアドプロシージャの作成や、そのストアドプロシージャによって作成された休日テーブルから営業日を求める方法を紹介します。
　10-4では、数値の組み合わせによって連番を作成する方法と、そこから日付のレコードを作成する方法を紹介します。

10-1 消費税関連

消費税は、平成元年度に税率3パーセントで導入され、平成9年度より5%、平成26年度より8%、令和元年度より10%と期間によって税率が変化しています。購買管理において、消費税計算は重要な要素となりますが、適切な消費税計算を行う方法としては、どのような方法があるでしょうか。

消費税率を格納するテーブル

ストアドプロシージャやストアドファンクション内で固定で8%などと決め打ちしてしまうと、後に税率が変わったとき、その固定値を修正し直さなくてはなりません。さらに、そのストアドプロシージャ（もしくはストアドファンクション）にて税率が異なる期間の消費税額の求め方も考えておく必要があります。そのためには、税率と、その税率が開始された日付、およびその税率が修正した日付の3点が必要です。

つまり、コード内で固定値で埋め込むより、上記3点をカラムとした消費税率テーブルを設けたほうがよさそうです。消費税率テーブルには、以下のカラムが必要となります。

・開始日付
・終了日付
・消費税率

このテーブルに現状を反映するなら、次のようになります。

■「消費税率」テーブル

開始日付	終了日付	税率
1989-04-01	1997-03-31	3
1997-04-01	2014-03-31	5
2014-04-01	2019-09-30	8
2019-10-01	9999-12-31	10

第10章 業務に則したサンプル

消費税額を算出するストアドファンクション

「消費税率」テーブルを利用して、指定した日付における消費税率を求めるクエリは、次のようになります。

```
--日付を指定します
DECLARE @日付 DATETIME;
SET @日付 = '2000-01-01';

--日付に該当する消費税率を取得します
SELECT  [税率]
FROM    [消費税率]
WHERE   @日付 BETWEEN [開始日付] AND [終了日付];
```

■実行結果

```
税率
----
5
```

求めた税率は、金額に乗算してから100で除算することで、消費税額を求めることができます。たとえば、2000年1月1日の金額1,000円に対する消費税額は、次のクエリで求めることができます。

```
--日付を指定します
DECLARE @日付 DATETIME;
SET @日付 = '2000-01-01';

--金額を指定します
DECLARE @金額 MONEY;
SET @金額 = 1000;

--日付と金額に該当する消費税額を取得します
SELECT  @金額 * ([税率] / 100) AS [税額]
FROM    [消費税率]
WHERE   @日付 BETWEEN [開始日付] AND [終了日付];
```

■実行結果

```
税額
----------
50.00
```

このクエリをスカラー値関数化しておけば、関数の引数として日付と金額を渡せば該当する消費税額を算出するのが容易になります。当該スカラー値関数を生成するストアドファンクションは、次のとおりです。

```
01: --概要      :指定した日付の期間に該当する税抜金額から消費税額を返します。
02: --引数      :[@税抜金額]
03: --            [@対象日付]
04: --戻り値    :税抜金額
05: IF (EXISTS(SELECT * FROM sys.objects WHERE (type = 'FN') AND (name = 'fn消費税')))
06: BEGIN
07:     DROP FUNCTION fn消費税;
08: END
09: GO
10:
11: CREATE FUNCTION fn消費税
12: (
13:     @税抜金額 MONEY,
14:     @対象日付 DATETIME
15: )
16: RETURNS MONEY
17: AS
18: BEGIN
19:     --対象日付に該当する消費税率を消費税率マスタから取得します。
20:     DECLARE @消費税率 INT;
21:     SET @消費税率 = 0;
22:     SELECT @消費税率 = [税率] FROM [消費税率]
23:     WHERE @対象日付 BETWEEN [開始日付] AND [終了日付];
24:
25:     --取得した消費税率と税抜金額を乗算して消費税額を求めます。
26:     RETURN ROUND(@税抜金額 * @消費税率 / 100, 0, 1);
27: END
28: GO
```

　関数名は、「fn消費税」です。5行目から9行目までは、すでに同一名称の関数があればいったんDROPしています。上記クエリは、SQLスクリプトとしてファイルに保存されることを想定しているためです。これであれば、まだこの関数が作成されていないデータベースであってもすでに一度作成したデータベースであっても、とくに意識することなく何度もこのSQLスクリプトを実行できます。つまり、CREATEかALTERかを判別する必要がありません。

　関数の引数には、税対象額と税対象日付を指定します。あとは、すでに説明済みのクエリを関数化しただけです。

第10章　業務に則したサンプル

税込金額／税抜金額を求めるストアドファンクション

　P.393で作成した消費税額を求める関数を流用し、今度は税込金額と税抜金額を求める
関数をそれぞれ作成してみましょう。

　消費税額を求める関数にて、RETURNでスカラー値を戻す部分を少し変更するだけで
済みます。税込金額の場合は、税対象額に対して100と消費税率を加算したもの（8%の
消費税であれば108）を乗算するだけで済みますし、税抜金額の場合は、税込金額から消
費税額を減算するだけです。

　まずは、税込金額を求めるストアドファンクションを見てみましょう。

```
01: --概要      :指定した日付の期間に該当する消費税率から税込金額を返します。
02: --引数      :[@税抜金額]
03: --          [@対象日付]
04: --戻り値    :税込金額
05: IF (EXISTS(SELECT * FROM sysobjects WHERE (type = 'FN') AND (name = 'fn税込')))
06: BEGIN
07:     DROP FUNCTION fn税込;
08: END
09: GO
10:
11: CREATE FUNCTION fn税込
12: (
13:     @税抜金額 MONEY,
14:     @対象日付 DATETIME
15: )
16: RETURNS MONEY
17: AS
18: BEGIN
19:     --対象日付に該当する消費税率を消費税率マスタから取得します。
20:     DECLARE @消費税率 INT;
21:     SET @消費税率 = 0;
22:     SELECT @消費税率 = [税率] FROM [消費税率]
23:     WHERE @対象日付 BETWEEN [開始日付] AND [終了日付];
24:
25:     --取得した消費税率と金額を乗算して戻り値として返します。
26:     RETURN ROUND(@税抜金額 * (100 + @消費税率) / 100, 0, 1);
27: END
28: GO
```

　続いて、税抜金額を求めるストアドファンクションです。

394

```
01: --概要      :指定した日付の期間に該当する消費税率から税抜金額を返します。
02: --引数      :[@税込金額]
03: --           [@対象日付]
04: --戻り値    :税抜金額
05: IF (EXISTS(SELECT * FROM sysobjects WHERE (type = 'FN') AND (name = 'fn税抜')))
06: BEGIN
07:     DROP FUNCTION fn税抜;
08: END
09: GO
10:
11: CREATE FUNCTION fn税抜
12: (
13:     @税込金額 MONEY,
14:     @対象日付 DATETIME
15: )
16: RETURNS MONEY
17: AS
18: BEGIN
19:     --対象日付に該当する消費税率を消費税率マスタから取得します。
20:     DECLARE @消費税率 INT;
21:     SET @消費税率 = 0;
22:     SELECT @消費税率 = [税率] FROM [消費税率]
23:     WHERE @対象日付 BETWEEN [開始日付] AND [終了日付];
24:
25:     --取得した消費税率と金額を乗算して戻り値として返します。
26:     DECLARE @消費税額 INT;
27:     SET @消費税額 = ROUND(@税込金額 * @消費税率 / (100 + @消費税率), 0, 1);
28:
29:     --税込金額から消費税額を減算し、税抜金額を返します。
30:     RETURN @税込金額 - @消費税額;
31: END
32: GO
```

　P.393で作成した関数と合わせて、この3つの関数があれば、たとえ新たな税率が追加されたとしても、消費税率テーブルに新たなレコードを追加するだけで、他一切のロジックを変更することなく、消費税への対処は完璧です。

第10章 業務に則したサンプル

10-2 日付操作

本節では、データ型が日付型に属するデータの操作に特化したさまざまなテクニックについて、紹介します。たとえば、時刻要素を含んだDATETIME型にて、日付との比較をするためのサンプルを紹介します。また、指定した日付の月初日付や月末日付を求める方法についても汎用的に使える関数を作成してみます。

DATETIME型における日付要素のみでの比較方法

DATETIME型には、日付要素のほかに時刻要素を含んでいます。SQL Server 2008からは、時刻要素を含まない日付型であるDATE型が追加されましたが、DATETIME型のままでは日付同士の比較が少々やっかいです。

たとえば、CURRENT_TIMESTAMPを使い、レコードが追加された日時を格納しているテーブルがあるとします。そのテーブルに対して、本日付けで追加されたレコードを取得するSQLを考えてみましょう。まずは、検証用のテーブルを作成します。

```
--日付を比較する検証用テーブルを作成します。
CREATE TABLE [日付比較]
(
    [ID]              INT
  , [データ作成日時]    DATETIME
);

--日付比較テーブルに初期データを追加します。
INSERT INTO [日付比較] ([ID], [データ作成日時]) VALUES
    (1, '2019-01-04 12:34:56')
  , (2, '2019-01-04 08:09:10')
  , (3, '2019-01-05 11:22:33')
  , (4, '2019-01-05 10:09:08')
  , (5, '2019-01-06 01:02:03');
```

さて、この日付比較テーブルに対し、2019年1月5日のレコードを抽出する場合、どのようにすればよいでしょうか？　次のクエリをご覧ください。このクエリを実行したときの結果を想像しましょう。

396

```
--2019年1月5日に追加されたレコードを取得します。
SELECT * FROM [日付比較]
WHERE [データ作成日時] = '2019-01-05';
```

■実行結果

```
ID   データ作成日時
---  ----------------
```

2019年1月5日に追加されたレコードは2件あるはずですが、結果は1件も抽出されません。なぜでしょう？　その答えは、「DATETIME型は時刻を考慮しており、「2019-01-05」という文字列とDATETIME型を比較した場合、「2019-01-05 00:00:00」として判断されてしまい、等号で比較しても合致する値がないと判断されるため」です。

そうなると、当日0時ちょうどから翌日0時より小さい日時までの範囲に存在するレコードを抽出するか、もしくは時刻要素を取り除いた日付で比較する必要があります。

まず、日時の範囲指定をする場合、次のようなクエリが考えられます。

```
--2019年1月5日に追加されたレコードを取得します。
SELECT  *
FROM    [日付比較]
WHERE   [データ作成日時] >= '2019-01-05 00:00:00'
AND     [データ作成日時] <  '2019-01-06 00:00:00';
```

■実行結果

```
ID   データ作成日時
---  ------------------------
3    2019-01-05 11:22:33.000
4    2019-01-05 10:09:08.000
```

この場合、BETWEEN句を使用できません。2019年1月6日0時0分0秒のレコードまで含んでしまうためです。上記クエリのように、2019年1月6日0時0分0秒のレコードよりも小さい値を指定しなくてはなりません。

この方法でなければ、DATETIME型から時刻要素を取り除いた形で比較します。DATETIME型から日付要素を取り除くには、DATETIME型をDATE型に変換する方法があります。

```
--DATETIME型から時刻要素を取り除きます。
```

第10章　業務に則したサンプル

```
-- （SQL Server 2008以降の場合）
SELECT  [ID]
      , [データ作成日時]
      , CONVERT(DATE, [データ作成日時]) AS [データ作成日付]
FROM    [日付比較];
```

■実行結果

```
ID   データ作成日時                データ作成日付
---  ----------------------------   ----------------
1    2019-01-04 12:34:56.000        2019-01-04
2    2019-01-04 08:09:10.000        2019-01-04
3    2019-01-05 11:22:33.000        2019-01-05
4    2019-01-05 10:09:08.000        2019-01-05
5    2019-01-06 01:02:03.000        2019-01-06
```

しかし、この方法は前述のとおり、DATE型が追加されたSQL Server 2008以降でしか通用しません。SQL Server 2005以前の場合は、DATE型ではなく文字列型に変換し、再度DATETIME型に戻すという方法を用います。

```
--DATETIME型から時刻要素を取り除きます。
-- （SQL Server 2005以前の場合）
SELECT  [ID]
      , [データ作成日時]
      , CONVERT(DATETIME, CONVERT(VARCHAR, [データ作成日時], 112)) AS [データ作成日付]
FROM    [日付比較];
```

■実行結果

```
ID   データ作成日時                データ作成日付
---  ----------------------------   ----------------------------
1    2019-01-04 12:34:56.000        2019-01-04 00:00:00.000
2    2019-01-04 08:09:10.000        2019-01-04 00:00:00.000
3    2019-01-05 11:22:33.000        2019-01-05 00:00:00.000
4    2019-01-05 10:09:08.000        2019-01-05 00:00:00.000
5    2019-01-06 01:02:03.000        2019-01-06 00:00:00.000
```

DATETIME型を文字列型に変換することで時刻要素を取り除く方法であれば、SQL Server 2005でもそれ以降のバージョンのSQL Serverであっても通用します。

そこで、上記の変換ロジックを次のようにストアドファンクション化しておけば、その関数を実行するだけで、かんたんにDATETIME型から時刻要素を取り除くことができま

10-2 日付操作

す。

```
01: --概要        :引数に指定された日付型から時刻要素を取り除いて返します。
02: --引数        :[@date]…DATETIME型
03: --戻り値       :時刻要素を取り除いたDATETIME型
04: IF (EXISTS(SELECT * FROM sys.objects WHERE (type = 'FN') AND (name
    = 'fn_getdate_excepttime')))
05: BEGIN
06:     DROP FUNCTION fn_getdate_excepttime;
07: END
08: GO
09:
10: CREATE FUNCTION fn_getdate_excepttime
11: (
12:     @date DATETIME
13: )
14: RETURNS DATETIME
15: AS
16: BEGIN
17:     RETURN CONVERT(DATETIME, CONVERT(nvarchar, @date, 111), 120);
18: END
19: GO
```

このストアドファンクションの使い方は次のとおりです。

```
--DATETIME型から時刻要素を取り除きます。
-- （上記ユーザー定義関数を使用した場合）
SELECT  [ID]
      , [データ作成日時]
      , dbo.fn_getdate_excepttime([データ作成日時]) AS [データ作成日付]
FROM    [日付比較];
```

DATETIME型から時刻要素を取り除く処理は、SQL Server 2008以降でも頻繁にあるかと思いますので、このようなストアドファンクションを用意しておくと便利です。

任意の年月の第n回目の○曜日の日付の求め方

筆者が勤める会社では、毎月3回目の土曜日に開発者会議があります。さて、この毎月n回目の○曜日をクエリで求める方法を考えてみましょう。

399

第10章 業務に則したサンプル

SQL Serverには、日時をパーツに分けて求めるDATEPART関数というものがあります。たとえば、DATEPART関数を用いて現在日時の年のみを求める場合、次のようにします。

```
PRINT DATEPART(year, CURRENT_TIMESTAMP);
```

■実行結果

```
2018
```

DATEPART関数の第一引数には、求めたい日付のパートを指定します。上記の例では「year」を指定していますが、「month」を指定すれば月を、「day」を指定すれば日をそれぞれ求めることができます。このDATEPART関数に対し「weekday」を指定すると、曜日を求めることができます。

```
PRINT DATEPART(weekday, CURRENT_TIMESTAMP);
```

■実行結果

```
3
```

数値が返ってきましたが、この数値には、次のような意味があります。

■ DATEPART関数と数値と曜日の対応

数値	曜日
1	日曜日
2	月曜日
3	火曜日
4	水曜日
5	木曜日
6	金曜日
7	土曜日

3が返ってきたということは、火曜日ということになります。これを利用し、まずは指定年月から月初日を求め、そこから指定曜日の最初の日付を求め、さらに指定分の週だけ7日間を加算すればよいことになります。

これを元に、「任意の年月の第n回目の○曜日の日付を返すストアドファンクション」を作成しました。次のとおりです。

400

10-2 日付操作 第4部 実践サンプル編

```sql
01: --概要        :任意の年月の第n回目の〇曜日の日付を求めます
02: --引数        :[@year]      …対象年
03: --            [@month]     …対象月
04: --            [@num]       …何番目の曜日か、第1曜日なら1、第3曜日なら3
05: --            [@dayofweek] …1(日曜日) から7(土曜日) までの数字を返します
06: --戻り値      :任意の年月の第n日曜日の日付
07: IF (EXISTS(SELECT * FROM sys.objects WHERE (type = 'FN') AND (name = 'fn_
    getdate_dayofweek')))
08: BEGIN
09:     DROP FUNCTION fn_getdate_dayofweek;
10: END
11: GO
12:
13: CREATE FUNCTION fn_getdate_dayofweek
14: (
15:     @yyyy INT
16:   , @mm INT
17:   , @num INT
18:   , @dayofweek INT
19: )
20: RETURNS DATETIME
21: AS
22: BEGIN
23:     --年および月の文字列型を変数に取得します
24:     DECLARE @str_yyyy VARCHAR(4);
25:     SET @str_yyyy = CONVERT(VARCHAR, @yyyy);
26:
27:     DECLARE @str_mm VARCHAR(2);
28:     SET @str_mm = RIGHT('00' + CONVERT(VARCHAR, @mm), 2);
29:
30:     --日付データの作業用変数です
31:     DECLARE @date_work DATETIME;
32:     SET @date_work = NULL;
33:
34:     --指定した年月の1日の曜日を取得します
35:     SET @date_work = CONVERT(DATETIME, @str_yyyy + '-' + @str_mm + '-01');
36:     DECLARE @dayofweek_first INT;
37:     SET @dayofweek_first = DATEPART(weekday, @date_work);
38:
39:     --指定した曜日の第1曜日の日を求めます
40:     DECLARE @int_dd INT;
41:     SET @int_dd = @dayofweek - @dayofweek_first + 1;
42:     IF (@int_dd <= 0)
43:     BEGIN
44:         SET @int_dd = @int_dd + 7;
45:     END
46:
```

401

第10章 業務に則したサンプル

```
47:      --求めた日を日付型に変換します。
48:      SET @date_work = CONVERT(DATETIME, @str_yyyy + '-' + @str_mm + '-' +
  CONVERT(VARCHAR, @int_dd));
49:
50:      --指定した回数分、週を移動します。
51:      RETURN (DATEADD(day, (@num - 1) * 7, @date_work));
52: END
53: GO
```

　このストアドファンクションの使い方は、引数として、第1引数には年、第2引数には月、第3引数には何回目の曜日かを表す数値、第4引数にはweekdayの戻り値と同じ数値で表す曜日を、それぞれ指定します。

　たとえば、2019年1月の第3回目の土曜日は何日か、このストアドファンクションを使って求めてみましょう。

```
PRINT dbo.fn_getdate_dayofweek(2019, 1, 3, 7);
```

■実行結果

```
01 19 2019 12:00AM
```

　2019年1月19日という結果が返ってきました。2019年1月のカレンダーを見てみると、結果は正しいようです。

■2019年1月のカレンダー

2019年1月

日	月	火	水	木	金	土
30	31	1 赤口	2 先勝	3 友引	4 先負	5 仏滅
6 赤口	7 先勝	8 友引	9 先負	10 仏滅	11 大安	12 赤口
13 先勝	14 友引	15 先負	16 仏滅	17 大安	18 赤口	19 先勝
20 友引	21 先負	22 仏滅	23 大安	24 赤口	25 先勝	26 友引
27 先負	28 仏滅	29 大安	30 赤口	31 先勝	1	2

402

10-2　日付操作

年月を指定した月初日付と月末日付の求め方

　今度は、年月を指定して月初日付と月末日付を求めるストアドファンクションを作成してみましょう。月初日付はかんたんです。年とパーツと月のパーツ、そして日のパーツに1を指定して文字列結合し、それを日付型に戻すだけです。つまり、2019年1月の月初日付は2019年1月1日であり、次のクエリで求めることができます。

```
--年を指定します。
DECLARE @年 INT;
SET @年 = 2019;

--月を指定します。
DECLARE @月 INT;
SET @月 = 1;

--文字列型で月初日付を求めます。
DECLARE @s日付 VARCHAR(10);
SET @s日付 = CONVERT(VARCHAR, @年) + '-' + CONVERT(VARCHAR, @月) + '-01';

--求めた月初日付を日付型で表示します。
PRINT CONVERT(DATETIME, @s日付);
```

■実行結果

```
01  1 2019 12:00AM
```

　今度は、月末日付を求めてみましょう。月末日付の場合は、31日を固定で結合する方法は使えません。月末日付は30日の場合もありますし、2月であれば28日もしくは29日のときがあります。一見難しそうですが、実は翌月の月初日付から1日減算するだけで求まります。

```
--年を指定します。
DECLARE @年 INT;
SET @年 = 2019;

--月を指定します。
DECLARE @月 INT;
SET @月 = 1;

--文字列型で月初日付を求めます。
```

403

第10章 業務に則したサンプル

```
DECLARE @s月初日付 VARCHAR(10);
SET @s月初日付 = CONVERT(VARCHAR, @年) + '-' + CONVERT(VARCHAR, @月) + '-01';

--求めた月初日付を日付型に変換します。
DECLARE @d月初日付 DATETIME;
SET @d月初日付 = CONVERT(DATETIME, @s月初日付);

--翌月月初日付を求めます。
DECLARE @d翌月月初日付 DATETIME;
SET @d翌月月初日付 = DATEADD(month, 1, @d月初日付);

--翌月月初日付から1日減算した結果を表示します。
PRINT DATEADD(day, -1, @d翌月月初日付);
```

■実行結果

```
01 31 2019 12:00AM
```

　上記の月初日付を求めるクエリと、月末日付を求めるクエリは、あらかじめストアドファンクションにしておくと便利です。

　月初日付を求めるストアドファンクションは、次のとおりです。

```
01: --概要      :月初を返します
02: --引数      :[@year] …対象年
03: --          [@month]…対象月
04: --戻り値    :対象年月の月初
05: IF (EXISTS(SELECT * FROM sys.objects WHERE (type = 'FN') AND (name
    = 'fn_getdate_monthstart')))
06: BEGIN
07:     DROP FUNCTION fn_getdate_monthstart;
08: END
09: GO
10:
11: CREATE FUNCTION fn_getdate_monthstart
12: (
13:     @year INT,
14:     @month INT
15: )
16: RETURNS DATETIME
17: AS
18: BEGIN
19:     DECLARE @strdate VARCHAR(10);
20:     SET @strdate = CONVERT(VARCHAR, @year) + '-' + CONVERT(VARCHAR,
    @month) + '-1';
```

404

10-2　日付操作

```
21:
22:     RETURN CONVERT(DATETIME, @strdate);
23: END
24: GO
```

月末日付を求めるストアドファンクションは、次のとおりです。

```
01: --概要      :引数に指定された年の春分の日を返します
02: --引数      :[@yyyy]…対象年
03: --戻り値     :引数に指定された年の春分の日
04: IF (EXISTS(SELECT * FROM sys.objects WHERE (type = 'FN') AND (name
    = 'fn_getdate_monthend')))
05: BEGIN
06:     DROP FUNCTION fn_getdate_monthend;
07: END
08: GO
09:
10: CREATE FUNCTION fn_getdate_monthend
11: (
12:     @year INT
13:   , @month INT
14: )
15: RETURNS DATETIME
16: AS
17: BEGIN
18:     --対象月の月初の文字列型を求めます
19:     DECLARE @strdate_start VARCHAR(10);
20:     SET @strdate_start = CONVERT(VARCHAR, @year) + '-' + CONVERT
    (VARCHAR, @month) + '-1';
21:
22:     --対象月の月初の日付型を求めます
23:     DECLARE @date_month_start DATETIME;
24:     SET @date_month_start = CONVERT(DATETIME, @strdate_start);
25:
26:     --対象月の月初の1カ月後を求めます
27:     DECLARE @date_month_plus1 DATETIME;
28:     SET @date_month_plus1 = DATEADD(month, 1, @date_month_start);
29:
30:     --対象月の月初の1カ月後の前日を返します
31:     RETURN DATEADD(day, -1, @date_month_plus1);
32: END
33: GO
```

上記2つのストアドファンクションの使い方は、それぞれ、次のとおりです。

405

第10章　業務に則したサンプル

```
--月初日付を求めます。
PRINT dbo.fn_getdate_monthstart(2019, 1);

--月末日付を求めます。
PRINT dbo.fn_getdate_monthend(2019, 1);
```

■実行結果

```
01  1 2019 12:00AM
01 31 2019 12:00AM
```

　また、SQL Server 2012以降では、月末日付を求めるEOMONTH関数というものも用意されています。EOMONTH関数の構文は、次のとおりです。

構文

```
EOMONTH([日付], [加算する月数])
```

　第1引数には、任意の日付を指定します。第2引数は、任意の日付に加算する月数を指定します。第2引数は省略可能です。使用例は、次のとおりです。

```
--本日日付の月末日付を求めます。
PRINT EOMONTH(CURRENT_TIMESTAMP);

--本日日付の2カ月後の月末日付を求めます。
PRINT EOMONTH(CURRENT_TIMESTAMP, 2);
```

■実行結果

```
2018-11-30
2019-01-31
```

406

第**4**部

実践サンプル編

10-3 祝日を考慮した営業日と定休日の判定

10-3 祝日を考慮した営業日と定休日の判定

本節では、土日祝日を休業日とし、指定日付が営業日か休業日かを求めるクエリを考察してみましょう。土日の判定は難しくはありませんが、日本の祝日を判断するためには、すべての祝日の判定基準を知っておく必要があります。祝日の判定基準をクエリ化することで、祝日を手動でメンテナンスする必要がなくなります。

春分の日と秋分の日の求め方

まずは、春分の日と秋分の日を求める方法を見てみましょう。春分の日、秋分の日には、当該日付を算出するための数式があります。まずは、春分の日から見てみましょう。春分の日を求める数式は、次のとおりです。

```
春分の日=Int(20.8431+0.242194*(年-1980)-Int((年-1980)/4))
```

Int()関数は、整数値を求める関数です。同じく、秋分の日は、次の数式で求めることができます。

```
秋分の日=Int(23.2488+0.242194*(年-1980)-int((年-1980)/4))
```

実際に、春分の日と秋分の日を求める数式をクエリで表してみましょう。

```
--年を指定する変数を定義します
DECLARE @year INT;
SET @year = 2019;

--春分の日の日部分を表示します
SELECT (CONVERT(INT, ((20.8431 + 0.242194 * (@year - 1980)) - (CONVERT
(INT, ((@year - 1980) / 4.000000)))))) AS [春分の日];

--秋分の日の日部分をします
SELECT (CONVERT(INT, ((23.2488 + 0.242194 * (@year - 1980)) - (CONVERT
(INT, ((@year - 1980) / 4.000000)))))) AS [秋分の日];
```

407

第10章　業務に則したサンプル

これを実行すると、次のような結果を得ることができます。

■実行結果

```
春分の日
----------
21

秋分の日
----------
23
```

　春分の日および秋分の日は、それぞれ3月と9月なので、実際の日付の年月日を日付型
で取得する場合は、次のようになります。

```
--年を指定する変数を定義します
DECLARE @year INT;
SET @year = 2019;

--春分の日の日部分を表示します
DECLARE @syunbun INT;
SET @syunbun = (CONVERT(INT, ((20.8431 + 0.242194 * (@year - 1980)) -
(CONVERT(INT, ((@year - 1980) / 4.000000))))));

--秋分の日の日部分をします
DECLARE @syuubun INT;
SET @syuubun = (CONVERT(INT, ((23.2488 + 0.242194 * (@year - 1980)) -
(CONVERT(INT, ((@year - 1980) / 4.000000))))));

--春分の日を日付型で取得します。
SELECT CONVERT(DATETIME, CONVERT(VARCHAR, @year) + '-03-' + CONVERT
(VARCHAR, @syunbun)) AS [春分の日];

--秋分の日を日付型で取得します。
SELECT CONVERT(DATETIME, CONVERT(VARCHAR, @year) + '-09-' + CONVERT
(VARCHAR, @syuubun)) AS [秋分の日];
```

■実行結果

```
春分の日
-----------------------
2019-03-21 00:00:00.000

秋分の日
```

408

```
------------------------
2019-09-23 00:00:00.000
```

このクエリをストアドファンクションにしておけば、指定年の春分の日と秋分の日をすぐに取得することができるようになります。

春分の日を求めるストアドファンクションは、次のとおりです。

```
--概要       :引数に指定された年の春分の日を返します
--引数       :[@yyyy]…対象年
--戻り値      :引数に指定された年の春分の日
IF (EXISTS(SELECT * FROM sys.objects WHERE (type = 'FN') AND (name =
'fn_getdate_syunbun')))
BEGIN
    DROP FUNCTION fn_getdate_syunbun;
END
GO

CREATE FUNCTION fn_getdate_syunbun
(
    @year INT
)
RETURNS INT
AS
BEGIN
    RETURN (CONVERT(INT, ((20.8431 + 0.242194 * (@year - 1980)) -
((@year - 1980) / 4.000000))));
END
GO
```

秋分の日を求めるストアドファンクションは、次のとおりです。

```
--概要       :引数に指定された年の秋分の日を返します
--引数       :[@yyyy]…対象年
--戻り値      :引数に指定された年の秋分の日
IF (EXISTS(SELECT * FROM sys.objects WHERE (type = 'FN') AND (name =
'fn_getdate_syuubun')))
BEGIN
    DROP FUNCTION fn_getdate_syuubun;
END
GO

CREATE FUNCTION fn_getdate_syuubun
```

```
(
    @year INT
)
RETURNS INT
AS
BEGIN
    RETURN (CONVERT(INT, ((23.2488 + 0.242194 * (@year - 1980)) -
(CONVERT(INT, ((@year - 1980) / 4.000000))))));
END
GO
```

日本の祝日すべての求め方

　春分の日と秋分の日を求めるストアドファンクションを作成しました。春分の日と秋分の日は、ご存じのとおり、昼と夜の長さが同じ日のことです。これは計算で求められることは前述のとおりですが、日本には、ほかにもさまざまな祝日があります。ここでは、これらの祝日を求めるストアドプロシージャを作成します。

　今回やりたいことは、休日を格納するテーブルを作成することです。このテーブルがあれば、指定日付が祝日かどうかを判断することができます。さて、まずはテーブルを作成します。当該テーブルの名前は、「休日」テーブルです。

　「休日」テーブルを作成するクエリは、次のとおりです。

```
--休日テーブルを作成します。
CREATE TABLE [休日]
(
    [日付]  DATETIME
);
```

　このテーブルには、休日の日付が格納されます。では、この休日テーブルに対し、祝日を追加してみましょう。さらに、土日も休日として登録することで、一般的な企業における休日テーブルを完成させましょう。

　まずは前準備として、この休日テーブルにデータを追加するストアドプロシージャを作成します。

```
01: --概要     :引数に指定されたテンポラリテーブルに休日をセットします（振替休日を考慮します）
02: --引数     :[@日付]…テンポラリテーブルに追加する休日
03: --戻り値    :正常終了なら0、そうでなければ-1
```

10-3 祝日を考慮した営業日と定休日の判定

```
04:  --結果セット：例外が発生した場合、エラー情報
05:  IF (EXISTS(SELECT * FROM sys.objects WHERE (type = 'P') AND (name = 'sp_holiday
     _insert')))
06:  BEGIN
07:    DROP PROCEDURE sp_holiday_insert;
08:  END
09:  GO
10:
11:  CREATE PROCEDURE sp_holiday_insert
12:    @日付 DATETIME
13:  AS
14:  BEGIN
15:    SET NOCOUNT ON;
16:
17:    --引数に指定されている休日をテンポラリテーブルに追加します
18:    DECLARE @sql_ins VARCHAR(8000);
19:    SET @sql_ins = '';
20:    SET @sql_ins = @sql_ins + ' IF (NOT EXISTS(SELECT * FROM 休日 WHERE 日付 = '''
     + CONVERT(VARCHAR, @日付, 120) + '''))';
21:    SET @sql_ins = @sql_ins + ' INSERT INTO';
22:    SET @sql_ins = @sql_ins + '   休日';
23:    SET @sql_ins = @sql_ins + ' (';
24:    SET @sql_ins = @sql_ins + '   日付';
25:    SET @sql_ins = @sql_ins + ' )';
26:    SET @sql_ins = @sql_ins + ' VALUES';
27:    SET @sql_ins = @sql_ins + ' (';
28:    SET @sql_ins = @sql_ins + '   ''' + CONVERT(VARCHAR, @日付, 120) + '''';
29:    SET @sql_ins = @sql_ins + ' )';
30:
31:    BEGIN TRY
32:      EXECUTE (@sql_ins);
33:    END TRY
34:    BEGIN CATCH
35:      RETURN -1;
36:    END CATCH
37:
38:    --引数に指定されている日付が日曜日であれば、翌日を振替休日としてテンポラリテーブルに追加します
39:    DECLARE @weekday INT;
40:    SET @weekday = DATEPART(weekday, @日付);
41:    IF (@weekday = 1)
42:    BEGIN
43:      DECLARE @month INT;
44:      SET @month = MONTH(@日付);
45:
46:      DECLARE @day INT;
47:      SET @day = DAY(@日付);
48:
```

```
49:      --ただし、三が日には振替休日がありません
50:      IF NOT ((@month = 1) AND (@day = 3))
51:      BEGIN
52:        SET @日付 = DATEADD(day, 1, @日付);
53:
54:        DECLARE @sql_ins2 VARCHAR(8000);
55:        SET @sql_ins2 = '';
56:        SET @sql_ins2 = @sql_ins2 + ' IF (NOT EXISTS(SELECT * FROM 休日 WHERE 日付
    = ''' + CONVERT(VARCHAR, @日付, 120) + '''))';
57:        SET @sql_ins2 = @sql_ins2 + ' INSERT INTO';
58:        SET @sql_ins2 = @sql_ins2 + '    休日';
59:        SET @sql_ins2 = @sql_ins2 + ' (';
60:        SET @sql_ins2 = @sql_ins2 + '    日付';
61:        SET @sql_ins2 = @sql_ins2 + ' )';
62:        SET @sql_ins2 = @sql_ins2 + ' VALUES';
63:        SET @sql_ins2 = @sql_ins2 + ' (';
64:        SET @sql_ins2 = @sql_ins2 + '    ''' + CONVERT(VARCHAR, @日付, 120) + '''';
65:        SET @sql_ins2 = @sql_ins2 + ' )';
66:
67:        BEGIN TRY
68:          EXECUTE (@sql_ins2);
69:        END TRY
70:        BEGIN CATCH
71:          RETURN -1;
72:        END CATCH
73:      END
74:    END
75:
76:    RETURN 0;
77: END
78: GO
```

　このストアドプロシージャの存在理由は、振替休日のためです。祝日として登録しようとした日付の曜日が日曜日の場合、その日付のINSERTではなく、振替休日を休日として登録します。また、正月三が日には振替休日はありませんので、三が日のみは振替休日の対象外とする必要があります。それ以外は、きわめてオーソドックスな動的SQLによるINSERTコマンドの実行です。

　続いて、このストアドプロシージャを使用して、休日テーブルに祝休日を登録するストアドプロシージャを見てみましょう。当該ストアドプロシージャのソースコードは、次のとおりです。

10-3　祝日を考慮した営業日と定休日の判定

```
01: --概要        :指定された年の休日をカレンダーテーブルに追加します
02: --引数        :[@yyyy]…対象となる年
03: --戻り値      :正常終了なら0、そうでなければ-1
04: --結果セット :例外が発生した場合、エラー情報
05: IF (EXISTS(SELECT * FROM sys.objects WHERE (type = 'P') AND (name = 'sp_
    holiday_setdata')))
06: BEGIN
07:   DROP PROCEDURE sp_holiday_setdata;
08: END
09: GO
10:
11: CREATE PROCEDURE sp_holiday_setdata
12:   @yyyy INT
13: AS
14: BEGIN
15:   SET NOCOUNT ON;
16:
17: /*
18: *****************************
19: テンポラリテーブルにデータをセット
20: *****************************
21: */
22:   SET NOCOUNT ON;
23:
24:   --プロシージャの戻り値を返す変数を定義します
25:   DECLARE @RTCD INT;
26:   SET @RTCD = 0;
27:
28:   --対象年の文字列型を変数に格納します
29:   DECLARE @str_year VARCHAR(4);
30:   SET @str_year = CONVERT(VARCHAR, @yyyy);
31:
32:   --日付データの作業用変数です
33:   DECLARE @date_work DATETIME;
34:   SET @date_work = CONVERT(DATETIME, @str_year + '-01-01');
35:
36:   --土日を休日として登録します
37:   WHILE (0 = 0)
38:   BEGIN
39:     --年が変わるまで1日から繰り返し土日かどうかを判断し、土日であればカレンダーテーブルに登録します
40:     IF (@yyyy < YEAR(@date_work))
41:     BEGIN
42:       BREAK;
43:     END
44:
45:     IF ((DATEPART(weekday, @date_work) = 1) OR (DATEPART(weekday, @date_
    work) = 7))
```

第10章　業務に則したサンプル

```
46:      BEGIN
47:        BEGIN TRY
48:          INSERT INTO カレンダー（対象日付，対象区分）VALUES（@date_work, 1）;
49:        END TRY
50:        BEGIN CATCH
51:          EXECUTE sp_returnerror 'sp_holiday_setdata:土日の追加に失敗しました。';
52:          RETURN -1;
53:        END CATCH
54:      END
55:
56:      SET @date_work = DATEADD(d, 1, @date_work);
57:    END
58:
59:    --年始1日
60:    SET @date_work = CONVERT(DATETIME, @str_year + '-01-01');
61:    EXECUTE @RTCD = sp_holiday_insert @date_work;
62:    IF (@RTCD = -1)
63:    BEGIN
64:      RETURN -1;
65:    END
66:
67:    --年始2日
68:    SET @date_work = CONVERT(DATETIME, @str_year + '-01-02');
69:    EXECUTE @RTCD = sp_holiday_insert @date_work;
70:    IF (@RTCD = -1)
71:    BEGIN
72:      RETURN -1;
73:    END
74:
75:    --年始3日
76:    SET @date_work = CONVERT(DATETIME, @str_year + '-01-03');
77:    EXECUTE @RTCD = sp_holiday_insert @date_work;
78:    IF (@RTCD = -1)
79:    BEGIN
80:      RETURN -1;
81:    END
82:
83:    --成人の日（1月の第2週月曜日）
84:    SET @date_work = dbo.fn_getdate_dayofweek(@yyyy, 1, 2, 2);
85:    EXECUTE @RTCD = sp_holiday_insert @date_work;
86:    IF (@RTCD = -1)
87:    BEGIN
88:      RETURN -1;
89:    END
90:
91:    --建国記念の日
92:    SET @date_work = CONVERT(DATETIME, @str_year + '-02-11');
```

10-3 祝日を考慮した営業日と定休日の判定

```
 93: EXECUTE @RTCD = sp_holiday_insert @date_work;
 94: IF (@RTCD = -1)
 95: BEGIN
 96:   RETURN -1;
 97: END
 98:
 99: --春分の日
100: SET @date_work = CONVERT(DATETIME, @str_year + '-03-' + CONVERT(VARCHAR,
     (dbo.fn_getdate_syunbun(@yyyy))));
101: EXECUTE @RTCD = sp_holiday_insert @date_work;
102: IF (@RTCD = -1)
103: BEGIN
104:   RETURN -1;
105: END
106:
107: --昭和の日
108: SET @date_work = CONVERT(DATETIME, @str_year + '-04-29');
109: EXECUTE @RTCD = sp_holiday_insert @date_work;
110: IF (@RTCD = -1)
111: BEGIN
112:   RETURN -1;
113: END
114:
115: --憲法記念日
116: SET @date_work = CONVERT(DATETIME, @str_year + '-05-03');
117: EXECUTE @RTCD = sp_holiday_insert @date_work;
118: IF (@RTCD = -1)
119: BEGIN
120:   RETURN -1;
121: END
122:
123: --みどりの日
124: SET @date_work = CONVERT(DATETIME, @str_year + '-05-04');
125: EXECUTE @RTCD = sp_holiday_insert @date_work;
126: IF (@RTCD = -1)
127: BEGIN
128:   RETURN -1;
129: END
130:
131: --こどもの日
132: SET @date_work = CONVERT(DATETIME, @str_year + '-05-05');
133: EXECUTE @RTCD = sp_holiday_insert @date_work;
134: IF (@RTCD = -1)
135: BEGIN
136:   RETURN -1;
137: END
138:
```

第10章 業務に則したサンプル

```
139:   --ハッピーマンデー
140:   If ((DATEPART(weekday, (CONVERT(DATETIME, @str_year + '-05-03'))) = 2)
       OR (DATEPART(weekday, (CONVERT(DATETIME, @str_year + '-05-04'))) = 2) OR
       (DATEPART(weekday, (CONVERT(DATETIME, @str_year + '-05-05'))) = 2))
141:   BEGIN
142:     SET @date_work = CONVERT(DATETIME, @str_year + '-05-06');
143:     EXECUTE @RTCD = sp_holiday_insert @date_work;
144:     IF (@RTCD = -1)
145:     BEGIN
146:       RETURN -1;
147:     END
148:   END
149:
150:   --海の日 (7月の第3週月曜日)
151:   SET @date_work = dbo.fn_getdate_dayofweek(@yyyy, 7, 3, 2);
152:   EXECUTE @RTCD = sp_holiday_insert @date_work;
153:   IF (@RTCD = -1)
154:   BEGIN
155:     RETURN -1;
156:   END
157:
158:   --山の日
159:   SET @date_work = CONVERT(DATETIME, @str_year + '-08-11');
160:   EXECUTE @RTCD = sp_holiday_insert @date_work;
161:   IF (@RTCD = -1)
162:   BEGIN
163:     RETURN -1;
164:   END
165:
166:   --敬老の日 (9月の第3週月曜日)
167:   SET @date_work = dbo.fn_getdate_dayofweek(@yyyy, 9, 3, 2);
168:   EXECUTE @RTCD = sp_holiday_insert @date_work;
169:   IF (@RTCD = -1)
170:   BEGIN
171:     RETURN -1;
172:   END
173:
174:   --国民の休日 (敬老の日と秋分の日が1日だけ空いていれば)
175:   IF (DAY(dbo.fn_getdate_dayofweek(@yyyy, 9, 3, 2)) = dbo.fn_getdate_
       syuubun(@yyyy))
176:   BEGIN
177:     SET @date_work = dbo.fn_getdate_dayofweek(@yyyy, 9, 3, 1);
178:     EXECUTE @RTCD = sp_holiday_insert @date_work;
179:     IF (@RTCD = -1)
180:     BEGIN
181:       RETURN -1;
182:     END
```

10-3 祝日を考慮した営業日と定休日の判定

```
183:  END
184:
185:  --秋分の日
186:  SET @date_work = CONVERT(DATETIME, @str_year + '-09-' + CONVERT(VARCHAR,
      (dbo.fn_getdate_syuubun(@yyyy))));
187:  EXECUTE @RTCD = sp_holiday_insert @date_work;
188:  IF (@RTCD = -1)
189:  BEGIN
190:    RETURN -1;
191:  END
192:
193:  --体育の日（10月の第2週月曜日）
194:  SET @date_work = dbo.fn_getdate_dayofweek(@yyyy, 10, 2, 2);
195:  EXECUTE @RTCD = sp_holiday_insert @date_work;
196:  IF (@RTCD = -1)
197:  BEGIN
198:    RETURN -1;
199:  END
200:
201:  --文化の日
202:  SET @date_work = CONVERT(DATETIME, @str_year + '-11-03');
203:  EXECUTE @RTCD = sp_holiday_insert @date_work;
204:  IF (@RTCD = -1)
205:  BEGIN
206:    RETURN -1;
207:  END
208:
209:  --敬老感謝の日
210:  SET @date_work = CONVERT(DATETIME, @str_year + '-11-23');
211:  EXECUTE @RTCD = sp_holiday_insert @date_work;
212:  IF (@RTCD = -1)
213:  BEGIN
214:    RETURN -1;
215:  END
216:
217:  --天皇誕生日
218:  SET @date_work = CONVERT(DATETIME, @str_year + '-12-23');
219:  EXECUTE @RTCD = sp_holiday_insert @date_work;
220:  IF (@RTCD = -1)
221:  BEGIN
222:    RETURN -1;
223:  END
224:
225:  --年末29日
226:  SET @date_work = CONVERT(DATETIME, @str_year + '-12-29');
227:  EXECUTE @RTCD = sp_holiday_insert @date_work;
228:  IF (@RTCD = -1)
```

第10章　業務に則したサンプル

```
229:  BEGIN
230:    RETURN -1;
231:  END
232:
233:  --年末30日
234:  SET @date_work = CONVERT(DATETIME, @str_year + '-12-30');
235:  EXECUTE @RTCD = sp_holiday_insert @date_work;
236:  IF (@RTCD = -1)
237:  BEGIN
238:    RETURN -1;
239:  END
240:
241:  --年末31日
242:  SET @date_work = CONVERT(DATETIME, @str_year + '-12-31');
243:  EXECUTE @RTCD = sp_holiday_insert @date_work;
244:  IF (@RTCD = -1)
245:  BEGIN
246:    RETURN -1;
247:  END
248:
249:  RETURN 0;
250:END
251:GO
```

　このストアドプロシージャのなかでは、引数に指定された年において、まずは土日を「休日」テーブルに登録しています。その後、祝日を列挙したロジックを順番に通すことで、1日ずつ「休日」テーブルに登録しています。前述のとおり、振替休日を考慮する必要があるため、「休日」テーブルにデータを追加する専用のストアドプロシージャ「sp_holiday_insert」を実行することで休日を登録します。

日付を指定した営業日か休日かの求め方

　休日テーブルができました。このテーブルがあれば、指定した日付が営業日か休日かを判別するのはかんたんです。その日付で休日レコードを参照し、レコードがあれば休日、なければ営業日とみなすことができます。

```
--2019年1月7日は休日かどうかを調査します。
IF (EXISTS
        (
```

418

```
            SELECT  *
            FROM    [休日]
            WHERE   [日付] = '2019-01-07'
        )
    )
BEGIN
    PRINT '休日です。';
END
ELSE
BEGIN
    PRINT '営業日です。';
END
```

■実行結果

```
営業日です。
```

指定月における最終営業日の求め方

　さらに、休日テーブルを元に、指定月における最終営業日を求めるストアドファンクションを作成してみましょう。最終営業日の求め方は、まずは月末日付を求め、その日付が休日かどうかを判断します。休日でなければ、その月末日付が最終営業日となります。月末日付が休日だった場合、その日の前日が休日かどうかを判断します。その日が休日でなければその日を最終営業日とし、さらに休日だった場合はさらにその前日が休日かどうかを判断します。

　この求め方を元に作成したストアドファンクションは、次のとおりです。

```
01: --概要      :任意の年月の最終営業日を求めます。
02: --引数      :[@year] …対象年
03: --            [@month]…対象月
04: --戻り値    :任意の年月の第n日曜日の日付
05: IF (EXISTS(SELECT * FROM sys.objects WHERE (type = 'FN') AND (name
    = 'fn最終営業日')))
06: BEGIN
07:     DROP FUNCTION fn最終営業日;
08: END
09: GO
10:
11: CREATE FUNCTION fn最終営業日
12: (
13:     @yyyy INT,
```

```
14:     @mm INT
15: )
16: RETURNS DATETIME
17: AS
18: BEGIN
19:     --月末日付を取得します。
20:     DECLARE @月末日付 DATETIME;
21:     SET @月末日付 = dbo.fn_getdate_monthend(@yyyy, @mm);
22:
23:     --戻り値用日付を定義します。
24:     DECLARE @r日付 DATETIME;
25:     SET @r日付 = @月末日付;
26:
27:     --休日テーブルに休日として登録されていない日付を求めます。
28:     WHILE (0 = 0)
29:     BEGIN
30:         IF (NOT EXISTS(SELECT * FROM [休日] WHERE [日付] = @r日付))
31:         BEGIN
32:             BREAK;
33:         END
34:         SET @r日付 = DATEADD(d, -1, @r日付);
35:     END
36:
37:     RETURN @r日付;
38: END
39: GO
```

　月末日付を求める方法は、前節にて作成した「fn_getdate_monthend」関数を使用しています（21行目）。

　あとは、この関数で求めた日付が休日かどうかを判断し、休日であればその前日が休日かどうかを判断し、休日でなくなるまで繰り返し休日判定を行うロジックが、18行目から38行目です。

　たとえば、業務においては最終営業日が締め日との考え方が多くありますので、本節で紹介した休日テーブルとこの最終営業日を求めるストアドファンクションは、多くの場面で利用が可能です。

10-4 データが入力されていない日を取得

10-4 データが入力されていない日を取得

10-3では、営業日を求める方法について説明しました。その際に休日を格納するテーブルを作成しましたが、それでは休日以外の集合を求めるには、どうすればよいでしょうか。そもそも、日付のように連番が振られている数列の集合を求めるには、どのようにすればよいのか考えてみます。

日付の配列を作成

たとえば、2020年2月の日付部分の集合を求める方法を考えてみましょう。2020年はうるう年なので、2月は1日から29日まであります。つまり、次のような集合を求めるとします。

```
{1, 2, 3, 4, 5, 6, 7, 8, 9, 10, 11, 12, 13, 14, 15, 16, 17, 18, 19, 20,
21, 22, 23, 24, 25, 26, 27, 28, 29}
```

最初に考えられるのが、2020年2月1日から開始して2020年2月29日になるまで、日付を1日ずつ進めながらテーブルに日付の数値を保存する方法です。日にちを1日ずつインクリメントしながら1件ずつテーブルにレコードを追加するため、繰り返し処理が必要となります。つまりTransact-SQLで実装する場合、カーソル処理が必要です。

もう1つの方法が、一の位と十の位で日付を分割し、それぞれの位で数値の数列の組み合わせを求める方法です。これだと、わざわざテーブルを作成する必要がありませんが、月による末日の違いの考慮が前者と比較すると少々面倒かもしれません。

では、この2つの方法について、それぞれ詳しく見てみましょう。

カーソルで日付の集合を作成

2020年2月の日付部分の集合を、カーソルを用いて作成してみましょう。次のようなクエリを作成して実行します。

421

第10章 業務に則したサンプル

```
/*
****************************************************************
  概要   :指定月の日付の集合をカーソルを使用して作成します
****************************************************************
*/


----------------------------------------------------------------


--対象となる年を指定します
DECLARE @year INT;
SET @year = 2020;

--対象となる月を指定します
DECLARE @month INT;
SET @month = 2;


----------------------------------------------------------------



--対象となる年と月から、月初日付を取得します（末日を求める際に使用します）
DECLARE @from_date DATETIME;
SET @from_date = CAST((CAST(@year AS VARCHAR) + '-' + CAST(@month AS
VARCHAR) + '-01') AS DATETIME);

--対象となる年と月から、末日を取得します
DECLARE @month_end INT;
SET @month_end = DAY(DATEADD(day, -1, DATEADD(month, 1, @from_date)));

--日付の集合を格納するテンポラリテーブルを定義します
CREATE TABLE #tbl_day
(
    day_val INT
)

--日付カウンタを定義します
DECLARE @cnt INT;
SET @cnt = 1;

--月初日から月末日までを1日ずつ繰り返し取得します
WHILE (@cnt <= @month_end)
BEGIN
    --テンポラリテーブルにデータを追加します
    INSERT INTO #tbl_day (day_val) VALUES (@cnt);

    --日付を格納するための日付カウンタを翌日に進めます
    SET @cnt = @cnt + 1;
END
```

10-4 データが入力されていない日を取得

```
--テンポラリテーブルの内容を表示します
SELECT * FROM #tbl_day;

--テンポラリテーブルを削除します
DROP TABLE #tbl_day;
```

■実行結果

```
day_value
─────────
1
2
3
4
5
6
7
8
9
10
11
12
13
14
15
16
17
18
19
20
21
22
23
24
25
26
27
28
29
```

　このように、日付の集合を求めておくと、さまざまな場面で有効です。たとえば、10-3にて休日テーブルを作成する方法について説明しました。この休日テーブルと結合することで、営業日の集合を求めることができます。

第10章 業務に則したサンプル

```
--休日を除いた日付を取得します
SELECT   day_value
FROM     #tbl_day
WHERE    day_value NOT IN
             (
                  SELECT   day_value
                  FROM     tbl_holiday
             );
```

　同様に、本節の題目である「データが入力されていない日を取得する」についても、同様に入力データを格納するテーブルの日付（売上テーブルの売上日付など）と日付テーブルを比較することで、かんたんに求めることができます。

　また、上記クエリをテーブル値関数にしておけば、引数として年と月を渡すだけでそれに該当する日付の集合を取得することが容易となります。また、開始と終了の数値を指定すると、該当する範囲の数列を集合として返すテーブル値関数を作成しておくのもよいでしょう。たとえば、次のような関数です。

```
/*
*******************************************************************
 概要：数値の開始と終了を指定し、該当する範囲の数列の集合をテーブルとして返す
*******************************************************************
*/
CREATE FUNCTION fn_getdigits
(
    @start   INT      --開始数値
  , @end     INT      --終了数値
)
RETURNS @table TABLE
(
    num_value   INT
)
AS
BEGIN
    --数値を格納する変数を定義し、初期値として開始数値を代入します
    DECLARE @i INT;
    SET @i = @start;

    --終了数値になるまで処理を繰り返します
    WHILE (@i <= @end)
    BEGIN
        --テンポラリテーブルに現在の数値データを追加します
        INSERT INTO @table (num_value) VALUES (@i);
```

424

10-4　データが入力されていない日を取得

```
        --次の数値を準備します
        SET @i = @i + 1;
    END

    --終了します
    RETURN;
END
```

　実行するには次のようにします。

```
SELECT * FROM dbo.fn_getdigits(5, 15);
```

■実行結果

```
num_value
----------
5
6
7
8
9
10
11
12
13
14
15
```

　開始と終了のそれぞれの数値を指定するだけで、その範囲に該当する数列の集合を取得できました。

10の位と1の位の組み合わせから日付の配列を作成

　今度は、別の方法で連続する数値の集合を求める方法を見てみましょう。前述のとおり、1桁の数値の数列の組み合わせで集合を求めます。1桁の数値は、次のとおり、0から9まで10個あります。

```
{0, 1, 2, 3, 4, 5, 6, 7, 8, 9}
```

第10章 業務に則したサンプル

　この数列を2つ、交差結合することで、00から99までの100個の組み合わせを求めることができます。

```
{00, 01, 02, 03, ... ,96 , 97, 98, 99}
```

　この交差結合を図で表すと、次のとおりです。

■交差結合による00から99までの100個の組み合わせ

		10の位									
		0	1	2	3	4	5	6	7	8	9
1の位	0	00	10	20	30	40	50	60	70	80	90
	1	01	11	21	31	41	51	61	71	81	91
	2	02	12	22	32	42	52	62	72	82	92
	3	03	13	23	33	43	53	63	73	83	93
	4	04	14	24	34	44	54	64	74	84	94
	5	05	15	25	35	45	55	65	75	85	95
	6	06	16	26	36	46	56	66	76	86	96
	7	07	17	27	37	47	57	67	77	87	97
	8	08	18	28	38	48	58	68	78	88	98
	9	09	19	29	39	49	59	69	79	89	99

　まずは、0から9までの10個の数を格納するテーブルを作成します。このテーブルは、0から9までの数値を格納しておき、読み取り専用テーブルとして利用します。

```
--0から9までの数値を格納するdigitsテーブルを作成します
CREATE TABLE digits
(
    digit INT
)

--digitテーブルに0から9までの数値を保存します
DECLARE @i INT;
SET @i = 0;

WHILE (@i <= 9)
```

426

10-4　データが入力されていない日を取得

```
BEGIN
    INSERT INTO digits (digit) VALUES (@i);
    SET @i = @i + 1;
END
```

これで、「digits」テーブルが作成できました。テーブルの中身を見てみましょう。

```
SELECT * FROM digits;
```

■実行結果

```
digit
-----
0
1
2
3
4
5
6
7
8
9
```

この「digits」テーブルの2つを交差結合することで、0から99までの100個の数値を求めてみましょう。SQLは、次のようになります。

```
SELECT  (d10.digit) * 10 + d01.digit AS num10
FROM    digits AS d01
            CROSS JOIN digits AS d10;
```

■実行結果

```
num10
-----
0
1
2
3
4
5
6
```

427

```
7
8
9
10
11
12

 ⋮

97
98
99
```

　さて、これで0から99までの数値の集合を取得することができました。問題は、日付が欲しいだけですので、最大でも31までの数値があれば十分です。32から99までの数値は必要がありません。また、0も不要です。1日から31日までで十分です。

　必要な数値だけに絞り込みたいのであれば、BETWEEN句を用います。つまり、次のようなSQLになります。

```
SELECT  (d10.digit) * 10 + d01.digit AS num10
FROM    digits AS d01
            CROSS JOIN digits AS d10
WHERE   (d10.digit) * 10 + d01.digit BETWEEN 1 AND 31;
```

■実行結果

```
num10
-----
1
2
3

 ⋮

29
30
31
```

　月末日は常に31日まであるわけではありませんので、月ごとの月末日を求め、その月末日をBETWEEN句の範囲指定で用いる必要があります。

10-4 データが入力されていない日を取得

第4部
実践サンプル編

```
/*
*************************************************************************
  概要  :指定月の日付の集合をdigitsテーブルを使用して作成します
*************************************************************************
*/


-----------------------------------------------------------------


--対象となる年を指定します
DECLARE @year INT;
SET @year = 2020;

--対象となる月を指定します
DECLARE @month INT;
SET @month = 2;


-----------------------------------------------------------------


--対象となる年と月から、月初日付を取得します（末日を求める際に使用します）
DECLARE @from_date DATETIME;
SET @from_date = CAST((CAST(@year AS VARCHAR) + '-' + CAST(@month AS
VARCHAR) + '-01') AS DATETIME);

--対象となる年と月から、末日を取得します
DECLARE @month_end INT;
SET @month_end = DAY(DATEADD(day, -1, DATEADD(month, 1, @from_date)));

--日付の集合を取得します。
SELECT  (d10.digit) * 10 + d01.digit AS day_value
FROM    digits AS d01
            CROSS JOIN digits AS d10
WHERE   (d10.digit) * 10 + d01.digit BETWEEN 1 AND @month_end;
```

■実行結果

```
day_value
---------
1
2
3

 ⋮

27
28
29
```

429

第10章 業務に則したサンプル

「digits」テーブルがあれば、3桁の数列でも4桁の数列でも、同様に1桁の数値の組み合わせで求めることができます。たとえば、「digits」テーブルを利用して3桁の数列を求めるSQLは、次のようになります。

```sql
SELECT  (d100.digit) * 100 + (d10.digit) * 10 + d01.digit AS num_value
FROM    digits AS d01
        CROSS JOIN digits AS d10
        CROSS JOIN digits AS d100;
```

■実行結果

```
num_value
----------
0
1
2
3

 :

997
998
999
```

第10章 まとめ

　本章では、業務レベルにおいて利用価値の高いと思われる汎用的なストアドプロシージャやストアドファンクションを紹介しました。

　購買管理システムにおいては、消費税計算は必ず必要となります。税抜金額や税込金額を求めるための汎用的なロジックは、本書で紹介したテーブルとストアドファンクションを利用すれば、修正はかなり容易になることでしょう。

　消費税率テーブルを設け、開始日付と終了日付を元に当該期間における税率を取得できるようにしておき、この消費税率テーブルと日付を引数にして該当する期間における消費税額を求めるストアドファンクションを作成しておくと後が楽になります。実際に、本書執筆時点では消費税率が10%になるかどうか正式決定していない時期だったので、突然の変更があっても消費税率テーブルの修正だけで済みます。

　また、土日および日本の祝日を考慮した休日の判定方法についても説明しました。日本の祝日についても、本章で紹介したストアドプロシージャを使用すれば、指定した年の祝日を一気に求めることができます。春分の日と秋分の日は計算で求まることを知らなかった人も多いかと思います。

　連続する日付の集合を作成することで、たとえば売上テーブルの売上日付から売上がなかった日付を求めることができるようになります。数列の集合を求める方法の1つとしてカーソルを利用する方法と、0から9までの数値テーブルを作成してその数値テーブルの自己交差結合により複数桁の数値の数列を求め方法を紹介しました。

　これらは、サンプルとして使用するのではなく、そのまま使えるよう、汎用的に作成することを心掛けました。実業務において利用されることを期待しています。

第11章

データベース設計に則したサンプル

本章では、データベース設計に則したサンプルを紹介します。具体的には、次のような項目です。

11-1 自動採番された値を取得

11-2 ストアドプロシージャ内での例外処理

11-3 データベースオブジェクトの操作

11-4 高度なテーブル構造変更

11-1では、IDENTITY列によって自動採番された値を取得する方法を説明します。自動採番された値を取得するには3つの方法があります。その3つの違いを詳しく説明します。

11-2では、ストアドプロシージャ内で例外が発生したときの処理について、説明します。ストアドプロシージャ内で発生した例外を、呼び出し元に対してどのように伝えるか、また発生した例外の詳細をどうやって伝えるかについて説明します。

11-3では、SQL Serverのプロセスを監視したり、レコードが存在するテーブルを列挙する方法について説明します。

11-4では、既存のテーブルに対して列の途中に列を追加する方法や、データベースアプリケーションにおいて古いバージョンのテーブル構造からデータを取得し、新しいバージョンのテーブルに転記するサンプルを紹介します。

11-1 自動採番された値を取得

SQL Serverにおける自動採番の機能、IDENTITY列についての説明は、9-5で行いました。
自動採番によって生成されたIDは、どのように取得すればよいのでしょうか？ 複数の端末で
当該テーブルにINSERTコマンドを実行した場合、INSERTコマンド直後のテーブルからIDの
最大値を取得するだけでは、どちらの端末が生成したIDかわからなくなってしまいます。

自動採番されたIDを取得

自動で採番される「売上」テーブルがあります。

■「売上」テーブル

売上ID	日付	商品ID	売上数量	売上単価
1	2019-01-04 00:00:00.000	1	3	10000.00
2	2019-01-04 00:00:00.000	2	5	20000.00
3	2019-01-05 00:00:00.000	1	5	10000.00
4	2019-01-05 00:00:00.000	3	7	5000.00
5	2019-01-06 00:00:00.000	2	2	20000.00
6	2019-01-06 00:00:00.000	3	6	5000.00
7	2019-01-07 00:00:00.000	1	7	10000.00
8	2019-01-07 00:00:00.000	1	7	10000.00

IDENTITY列は、「売上ID」列です。さて、この売上テーブルに対し、レコードを1件
追加します。

```
-- 「売上」テーブルにレコードを1件追加します。
INSERT INTO [売上] ([日付], [商品ID], [売上数量], [売上単価])
    VALUES ('2019-01-08', 2, 5, 20000);

-- 「売上」テーブルを参照します。
SELECT * FROM [売上];
```

実行結果は次のようになります。

第11章　データベース設計に則したサンプル

■レコードを1件追加した「売上」テーブル

売上ID	日付	商品ID	売上数量	売上単価
1	2019-01-04 00:00:00.000	1	3	10000.00
2	2019-01-04 00:00:00.000	2	5	20000.00
3	2019-01-05 00:00:00.000	1	5	10000.00
4	2019-01-05 00:00:00.000	3	7	5000.00
5	2019-01-06 00:00:00.000	2	2	20000.00
6	2019-01-06 00:00:00.000	3	6	5000.00
7	2019-01-07 00:00:00.000	1	7	10000.00
8	2019-01-07 00:00:00.000	1	7	10000.00
9	2019-01-08 00:00:00.000	2	5	20000.00

　このINSERTコマンドによって追加されたレコードの「売上ID」を取得したい場合、冒頭でも述べましたが、売上IDの最大値を取得する方法では、複数の端末から同時に「売上」テーブルにレコードを追加した場合、正しい売上IDを取得することができない可能性があります。

　むろん、レコード追加から売上IDの最大値を求める一連の流れを1つのトランザクションで囲えば、複数の端末からの同時レコード追加にも対処できますが、それ以外にも自動採番されたIDを取得する方法があります。

　自動採番されたIDを取得する方法は、次の3つがあります。

・@@identity
・SCOPE_IDENTITY
・IDENT_CURRENT

　実際に、上記のINSERTコマンドの直後にそれぞれどのような値を取得することができるのか見てみます。

@@identity

```
PRINT @@identity;
```

■実行結果

```
9
```

434

@@identityは、現在のセッション内において、どのテーブルで生成されたかどうかに関わらず、IDENTITY列によって自動生成された直近の値が返ります。そのため、当該テーブルにトリガーが設定されており、さらにそのトリガーによってIDENTITY列が存在する別テーブルに対してINSERTコマンドを実行する場合などは、トリガーによるINSERTコマンドによって生成されたIDENTITY列が返ります。

SCOPE_IDENTITY

```
PRINT SCOPE_IDENTITY();
```

■実行結果

```
9
```

SCOPE_IDENTITYは、現在のスコープの範囲内において、どのテーブルで生成されたかどうかに関わらず、IDENTITY列によって自動生成された直近の値が返ります。現在のスコープの範囲内ですので、たとえば動的SQLでINSERTコマンドを実行した場合に生成されてIDENTITY列を、動的SQLの呼び出し元で参照することはできません。

IDENT_CURRENT

```
PRINT IDENT_CURRENT('売上');
```

■実行結果

```
9
```

IDENT_CURRENTは、引数にテーブル名を指定することで、そのテーブルで直近に生成されたIDENTITY列の値を、セッションに関係なく返します。テーブルを指定しますので、ほかのテーブルによって生成されたIDENTITY列かどうかを気にする必要がない反面、どのセッションによって生成された値かどうかがわかりません。

すべて、今回追加したレコードの「売上ID」を取得することができました。この3つを適宜使いこなすのが理想ですが、みな同じような名前で同じような機能ですので、覚えるづらいのが難点です。

第11章　データベース設計に則したサンプル

ROLLBACKするとIDENTITYが連番ではなくなる

IDENTITY列は、必ずしも連番を生成するわけではありません。業務上、どうしても連番でなければならないID列が必要となる場合もあるでしょう。たとえば、レシート番号に抜け番が発生してしまっては、税金対策のために実際の売上の一部をデータから削除したのではないかと疑われかねません。

そういった場合に、レシート番号にIDENTITY列を使用するのは厳禁です。IDENTITY列は、抜け番が発生する可能性があるためです。

例を見てみましょう。まずは、トランザクションを開始します。その後に「売上」テーブルに1件、レコードを追加します。

```
--トランザクションを開始します。
BEGIN TRAN;

-- 「売上」テーブルにレコードを1件追加します。
INSERT INTO [売上] ([日付], [商品ID], [売上数量], [売上単価])
    VALUES ('2019-01-08', 3, 2, 5000);
```

さて、この時点での「売上」テーブルを見てみましょう。

```
SELECT * FROM [売上];
```

実行結果は次のようになります。

■レコードをさらに1件追加した「売上」テーブル

売上ID	日付	商品ID	売上数量	売上単価
1	2019-01-04 00:00:00.000	1	3	10000.00
2	2019-01-04 00:00:00.000	2	5	20000.00
3	2019-01-05 00:00:00.000	1	5	10000.00
4	2019-01-05 00:00:00.000	3	7	5000.00
5	2019-01-06 00:00:00.000	2	2	20000.00
6	2019-01-06 00:00:00.000	3	6	5000.00
7	2019-01-07 00:00:00.000	1	7	10000.00
8	2019-01-07 00:00:00.000	1	7	10000.00
9	2019-01-08 00:00:00.000	2	5	20000.00
10	2019-01-08 00:00:00.000	3	2	5000.00

11-1 自動採番された値を取得

　今ほど追加したレコードは、IDENTITY列である「売上ID」列は10で採番されました。
では、このトランザクションをロールバックし、INSERTコマンドを取り消します。

```
--トランザクションをロールバックします。
ROLLBACK;
```

　ロールバック後の「売上」テーブルには、以下のように「売上ID」列が10のレコード
が存在しません。

■ ロールバック後の「売上」テーブル

売上ID	日付	商品ID	売上数量	売上単価
1	2019-01-04 00:00:00.000	1	3	10000.00
2	2019-01-04 00:00:00.000	2	5	20000.00
3	2019-01-05 00:00:00.000	1	5	10000.00
4	2019-01-05 00:00:00.000	3	7	5000.00
5	2019-01-06 00:00:00.000	2	2	20000.00
6	2019-01-06 00:00:00.000	3	6	5000.00
7	2019-01-07 00:00:00.000	1	7	10000.00
8	2019-01-07 00:00:00.000	1	7	10000.00
9	2019-01-08 00:00:00.000	2	5	20000.00

　さて、今度は先ほどのINSERTコマンドをもう一度実行してみましょう。

```
--トランザクションを開始します。
BEGIN TRAN;

-- 「売上」テーブルにレコードを1件追加します。
INSERT INTO [売上] ([日付], [商品ID], [売上数量], [売上単価])
    VALUES ('2019-01-08', 3, 2, 5000);
```

　今ほど追加したレコードを確認します。「売上ID」列に注目してください。

第11章 データベース設計に則したサンプル

■ロールバック後にレコードを1件追加した「売上」テーブル

売上ID	日付	商品ID	売上数量	売上単価
1	2019-01-04 00:00:00.000	1	3	10000.00
2	2019-01-04 00:00:00.000	2	5	20000.00
3	2019-01-05 00:00:00.000	1	5	10000.00
4	2019-01-05 00:00:00.000	3	7	5000.00
5	2019-01-06 00:00:00.000	2	2	20000.00
6	2019-01-06 00:00:00.000	3	6	5000.00
7	2019-01-07 00:00:00.000	1	7	10000.00
8	2019-01-07 00:00:00.000	1	7	10000.00
9	2019-01-08 00:00:00.000	2	5	20000.00
11	2019-01-08 00:00:00.000	3	2	5000.00

　このように、今度は「売上ID」が11としてレコードに追加されました。このトランザクションをさらにロールバックし、みたびINSERTコマンドを実行すると、今度は「売上ID」が12になります。つまり、INSERTコマンドがROLLBACKによって取り消されても、一度採番されたIDENTITY列は取り消しが効かないのです。

11-2 ストアドプロシージャ内での例外処理 第**4**部
実践サンプル編

11-2 ストアドプロシージャ内での例外処理

SQL Serverにおける例外処理については、6-6で説明したとおりです。本節では、ストアドプロシージャ内で例外処理が発生した場合の対処について、説明します。ストアドプロシージャの実行結果が返ることを期待している呼び出し元のアプリケーションが、ストアドプロシージャ内で例外が発生したことをキャッチし、その例外の内容を取得する方法を見てみましょう。

例外処理のためのストアドプロシージャ

例外処理について、もう1度おさらいします。例外処理を行うためのTRY CATCH構文は、次のとおりです。

構文

```
BEGIN TRY
    <例外が発生したら補足したい処理>
END TRY
BEGIN CATCH
    <例外が発生した場合の処理>
END CATCH
```

TRYブロック内に記述した処理において例外が発生した場合、CATCHブロック内に記述したロジックに処理を移行します。例外が発生しなければ、CATCHブロック内に記述されている処理は行われません。

ストアドプロシージャ内にTRY CATCH構文を記述する場合も同様ですが、例外が発生した場合、その時点で即座に処理を抜ける必要があれば、CATCHブロック内にRETURN句を記述しなければなりません。

```
BEGIN TRY
    <例外が発生したら補足したい処理>
END TRY
BEGIN CATCH
    <例外が発生した場合の処理>
```

439

```
    --例外が発生した場合、戻り値として-1を返します。
    RETURN -1;
END CATCH

--正常終了した場合、戻り値として0を返します。
RETURN 0;
```

　上記の例では、ストアドプロシージャが正常終了した場合は戻り値として0を返し、例外が発生した場合は戻り値として-1を返しています。ストアドプロシージャの呼び出し元のアプリケーションは、ストアドプロシージャの戻り値が0か-1かによって、ストアドプロシージャ内で例外が発生したかどうかを知ることできます。

　たとえば、データベースアプリケーションからストアドプロシージャを実行したとき、そのストアドプロシージャがエラーを返した場合はエラー関数からエラーの内容を取得するようにしておけば、データベースアプリケーション側に発生した例外の内容を伝えることができます。

　C#によるサンプルプログラムは、次のとおりです。

```
01: /// <summary>
02: /// ストアドプロシージャから取得したデータをDataTableに格納して返します。
03: /// </summary>
04: /// <param name="param1">ストアドプロシージャに引き渡すパラメータ1</param>
05: /// <param name="param2">ストアドプロシージャに引き渡すパラメータ2</param>
06: /// <returns>取得したデータを格納したDataTable</returns>
07: internal DataTable GetData(int param1, int param2)
08: {
09:     //実行するストアドプロシージャの名前を定義します。
10:     const string SP_NAME = "sp_SAMPLE_PROCEDURE";
11:
12:     //データベースに接続し、ストアドプロシージャを実行します。
13:     using (SqlConnection cn = new SqlConnection())
14:     {
15:         cn.ConnectionString = Config.Database.GetConnectionString();
16:         cn.Open();
17:
18:         //ストアドプロシージャをセットします。
19:         SqlCommand cmd = new SqlCommand(SP_NAME, cn);
20:         cmd.CommandType = CommandType.StoredProcedure;
21:
22:         //第1パラメータを定義します。
```

11-2　ストアドプロシージャ内での例外処理

```
23:          cmd.Parameters.Add(new SqlParameter("param1", SqlDbType.Int));
24:          cmd.Parameters["param1"].Direction = ParameterDirection.Input;
25:          cmd.Parameters["param1"].Value = param1;
26:
27:          //第2パラメータを定義します。
28:          cmd.Parameters.Add(new SqlParameter("param2", SqlDbType.Int));
29:          cmd.Parameters["param2"].Direction = ParameterDirection.Input;
30:          cmd.Parameters["param2"].Value = param2;
31:
32:          //戻り値を定義します。
33:          cmd.Parameters.Add(new SqlParameter("ReturnValue", SqlDbType.Int));
34:          cmd.Parameters["ReturnValue"].Direction = ParameterDirection.Return
     Value;
35:
36:          //ストアドプロシージャを実行し、結果セットをDataTableに格納します。
37:          DataTable dt = new DataTable();
38:          dt.Load(cmd.ExecuteReader());
39:
40:          //ストアドプロシージャからの戻り値を取得します。
41:          int ret = ((int)cmd.Parameters["ReturnValue"].Value);
42:
43:          //ストアドプロシージャからの戻り値が異常終了なら
44:          if (ret != 0)
45:          {
46:              //結果セットからエラー内容を取得します。
47:              string emsg = "";
48:              emsg += dt.Rows[0]["ErrorNumber"].ToString() + ":" + dt.Rows[0]
     ["ErrorMessage"].ToString() + Environment.NewLine;
49:              emsg += Environment.NewLine;
50:              emsg += dt.Rows[0]["ApplicationMessage"].ToString();
51:
52:              //エラー内容をスローします。
53:              throw new Exception(emsg);
54:          }
55:
56:          //戻り値を返します。
57:          return dt;
58:     }
59: }
```

　ストアドプロシージャは次のとおりです。

第11章　データベース設計に則したサンプル

```
01: CREATE PROCEDURE [sp_SAMPLE_PROCEDURE]
02:   @param1 INT,
03:   @param2 INT
04: AS
05: BEGIN
06:   SET NOCOUNT ON;
07:
08:   BEGIN TRY
09:
10:     --[SAMPLE_TABLE]からデータを取得します。
11:     SELECT
12:       [ID],
13:       [CODE],
14:       [NAME]
15:     FROM
16:       [SAMPLE_TABLE]
17:     WHERE
18:       [ID] = @param1
19:     OR
20:       [ID] = @param2
21:     ORDER BY
22:       [ID];
23:   END TRY
24:   BEGIN CATCH
25:     DECLARE @message VARCHAR(100);
26:     SET @message = '[SAMPLE_TABLE]からのデータ取得に失敗しました。';
27:
28:     --発生したエラーを取得します。
29:     SELECT
30:       ERROR_NUMBER() AS [ErrorNumber],
31:       ERROR_SEVERITY() AS [ErrorSeverity],
32:       ERROR_STATE() AS [ErrorState],
33:       ERROR_PROCEDURE() AS [ErrorProcedure],
34:       ERROR_LINE() AS [ErrorLine],
35:       ERROR_MESSAGE() AS [ErrorMessage],
36:       @message AS [ApplicationMessage];
37:
38:     --異常終了を返します。
39:     RETURN -1;
40:   END CATCH
41:
42:   --正常終了を返します。
43:   RETURN 0;
44: END
```

11-2 ストアドプロシージャ内での例外処理

要は、ストアドプロシージャ自体がクエリの実行に成功したか失敗したかどうかを戻り値としてアプリ側に返し、アプリ側でストアドプロシージャの実行に失敗したことを判別できれば、ストアドプロシージャが抽出（SELECT）した各種ERROR関数の内容をアプリ側で取得することができます。

その際、ERROR関数の内容をSELECTステートメントで取得し、1レコードとして返す処理が29行目から36行目に書かれています。この処理は、サーバー側でもクライアント側でも、各々で共通化して汎用的に使用できるようにしておいたほうが便利です。たとえば、ERROR関数をSELECTステートメントで返す処理は、次のようにストアドプロシージャにしておけば、便利です。

```
01: --概要      :エラーの詳細を返します
02: --引数      :[@message]…エラー詳細に含める任意の文字列
03: --戻り値     :なし
04: --結果セット:エラー情報
05: CREATE PROCEDURE [dbo].[sp_returnerror]
06:     @message VARCHAR(255)    --エラー詳細に含める任意の文字列
07: AS
08: BEGIN
09:     --結果件数を表示しないようにします。
10:     SET NOCOUNT ON;
11:
12:     --各種エラー関数から結果セットに含めるレコードを生成します。
13:     SELECT
14:         ERROR_NUMBER() AS ErrorNumber,
15:         ERROR_SEVERITY() AS ErrorSeverity,
16:         ERROR_STATE() AS ErrorState,
17:         ERROR_PROCEDURE() AS ErrorProcedure,
18:         ERROR_LINE() AS ErrorLine,
19:         ERROR_MESSAGE() AS ErrorMessage,
20:         @message AS ApplicationMessage;
21: END
```

上記ストアドプロシージャは、ストアドプロシージャ内でエラーが発生した場合に、呼び出し元のデータベースアプリケーションにエラーの詳細を結果セットとして返します。P.442のプロシージャにて、クエリに例外が発生した場合にERROR関数の内容をSELECTステートメントで取得して1レコードとして返す処理が1つのストアドプロシージャになっています。

使い方としては、このストアドプロシージャの引数として表示したいメッセージを指定すると、エラーとともにその内容が表示されます。SELECTステートメントの結果としては、

443

ApplicationMessageカラムに表示されます。

使い方は、次のとおりです。

```
01: --INT型変数「@ans」を定義します。
02: DECLARE @ans INT;
03:
04: BEGIN TRY
05:     --1を0で割った値を変数「@ans」に格納します。
06:     SET @ans = 1 / 0;
07: END TRY
08: BEGIN CATCH
09:     --エラーが発生した場合、dbo.sp_returnerrorを実行してエラーの内容を返します。
10:     EXECUTE dbo.sp_returnerror 'エラープロシージャのテスト';
11: END CATCH
```

これを実行すると、次のような結果が返ります。

■実行結果

ErrorNumber	ErrorSeverity	ErrorState	ErrorProcedure	ErrorLine	ErrorMessage	ApplicationMessage
8134	16	1	NULL	8	0 除算エラーが発生しました。	エラープロシージャのテスト

このように、エラー処理をストアドプロシージャにしておくことで、エラー時の処理の記述を簡略化することができ、さらにクライアントアプリケーション側にも、常に決められたカラム順でエラー情報を取得することができます。

11-3　データベースオブジェクトの操作

11-3　データベースオブジェクトの操作

本節ではデータベースオブジェクトの操作に関するテクニックを紹介します。具体的には、SQL Serverのプロセスを監視して強制的に切断したり、指定したデータベースからレコードが存在するテーブルのみを列挙したりする方法について説明します。

SQL Serverのプロセスを監視して強制的に切断

SQL Serverのプロセスは、「sysprocesses」システムテーブルを参照することで、現在接続中のプロセスの一覧を確認することができます。システムが使用しているプロセスまで列挙されてしまうので、たとえば「hostname」を指定して絞り込むことで、どの端末からの接続によって生成されたプロセスなのかを取得することも可能です。

たとえば、データベースのデタッチ（9-4参照）や、データベースのリストア（3-4参照）の際には、データベースが使用中の場合は実行できないため、このシステムテーブルを参照することで、どの端末からのアクセスなのかを調べることができます。

以下に、指定したホスト名が生成したプロセスの一覧を列挙するストアドプロシージャを作成しました。たとえばデータベースアプリケーション側でデータベースをデタッチしたり、データベースをリストアする必要がある際には、まずはこのストアドプロシージャを実行し、端末からのアクセスがないかどうかを確認するといった手法が考えられます。

さらに、後述するプロセスを強制的に切断するストアドプロシージャと組み合わせて使用します。

```
01: --概要      :指定したホスト名が生成したSQL Serverのプロセスを取得し、spidを返します。
02: --引数      :[@hostname]...ホスト名
03: --戻り値    :正常終了なら0、そうでなければ-1
04: --結果セット:正常終了した場合、指定したホストのspid結果リスト
05: --          例外が発生した場合、エラー情報
06: CREATE PROCEDURE [sp_get_process]
07:     @hostname VARCHAR(100)
08: AS
09: BEGIN
10:     SET NOCOUNT ON;
11:
```

445

第11章　データベース設計に則したサンプル

```
12:     --spidを取得します。
13:     BEGIN TRY
14:         SELECT [spid]
15:         FROM [sys].[sysprocesses] WITH (nolock)
16:         WHERE [hostname] = @hostname
17:         AND [spid] <> @@spid
18:         ORDER BY [spid];
19:     END TRY
20:     BEGIN CATCH
21:         EXECUTE sp_returnerror 'sp_get_process:プロセスの取得に失敗しました。';
22:         RETURN (-1);
23:     END CATCH
24:
25:     --正常終了を返します。
26:     RETURN (0);
27: END
28: GO
```

　端末名を指定して該当するプロセスを絞り込む作りになっていますが、ホスト名を指定せず、ホスト名が空でない（システムが専有しているプロセスでない）ものを取得するようにしてもよいでしょう。

　さて、指定したプロセスを強制的に切断するストアドプロシージャを紹介します。プロセスを強制的に切断するには、KILL関数を使用します。ただ、一度変数に格納したプロセスIDに対してKILL関数を実行するには、動的SQLを用いる必要があります。

```
01: --概要      :指定したspidのプロセスを削除します。
02: --引数      :[@target_spid]...プロセスを削除するspid
03: --戻り値     :正常終了なら0、そうでなければ-1
04: --結果セット:例外が発生した場合、エラー情報
05: CREATE PROCEDURE [sp_kill_process]
06:     @target_spid SMALLINT
07: AS
08: BEGIN
09:     SET NOCOUNT ON;
10:
11:     --KILLコマンドを実行する動的SQLを作成します。
12:     --※「KILL @spid;」はエラーとなるため、動的SQLで対応
13:     DECLARE @sql VARCHAR(MAX);
14:     SET @sql = 'KILL ' + CONVERT(VARCHAR, @target_spid);
15:
16:     --spidを削除します。
17:     BEGIN TRY
18:         EXECUTE (@sql);
```

11-3　データベースオブジェクトの操作

```
19:     END TRY
20:     BEGIN CATCH
21:         EXECUTE sp_returnerror 'sp_kill_process:プロセスの削除に失敗しました。';
22:         RETURN (-1);
23:     END CATCH
24:
25:     --正常終了を返します。
26:     RETURN (0);
27: END
28: GO
```

　このストアドプロシージャの引数には、破棄するプロセスのプロセスIDを指定します。プロセスIDは、「sysprocesses」システムテーブルから取得できます。先ほど紹介した方法で、データベースに接続中のプロセスIDを取得し、そのプロセスIDを引数にしてこのストアドプロシージャを実行することで、当該プロセスを破棄することができます。

　たとえば、あらかじめ指定した時間になってもまだデータベースに接続中のユーザーがいた場合、このストアドプロシージャで強制的に切断させるといったことが可能です。

レコードが存在するテーブルを列挙

　あるユーザーのデータベース環境を流用して他のユーザーのデータベース環境を構築する場合、流用元のデータベースに残っているデータを削除したいと思うでしょう。しかし、テーブルの数が多い場合、どのテーブルにまだデータが残っているのかを1件ずつ調べるのは非常に手間です。このような事態が発生した場合に備え、レコードが存在するテーブルを取得し、その名称を列挙するクエリを作成しました。

```
01: --すべてのテーブルを列挙し、カーソル「curTables」に格納します。
02: --その際、SQL Serverによって自動生成されたテーブルを除きます。
03: DECLARE curTables CURSOR FOR
04: SELECT   [name]
05: FROM     [sys].[tables]
06: WHERE    [is_ms_shipped] = 0      --SQLServerによって自動生成されたテーブルを除く
07: ORDER BY
08:          [name];
09:
10: --カーソルを開きます。
11: OPEN curTables;
12:
```

447

第11章　データベース設計に則したサンプル

```
13: --カーソルから1件データを抽出します。
14: DECLARE @tableName VARCHAR(40);
15: FETCH NEXT FROM curTables INTO @tableName;
16:
17: --カーソルに定義したデータが読み込み終えるまで処理を続行します。
18: WHILE (@@FETCH_STATUS = 0)
19: BEGIN
20:     --レコードが存在するテーブルを取得する動的SQLを定義します。
21:     DECLARE @sql VARCHAR(8000);
22:     SET @sql = '';
23:     SET @sql = @sql + ' IF (0 < (SELECT COUNT(*) FROM ' + @tableName + '))';
24:     SET @sql = @sql + ' BEGIN';
25:     SET @sql = @sql + '     PRINT ''' + @tableName + ''';';
26:     SET @sql = @sql + ' END';
27:
28:     --動的SQLを実行します。
29:     BEGIN TRY
30:         EXECUTE (@sql);
31:     END TRY
32:     BEGIN CATCH
33:         --例外が発生した場合はその内容を表示します。
34:         PRINT ERROR_MESSAGE();
35:         BREAK;
36:     END CATCH
37:
38:     --カーソルから次のデータを1件抽出します。
39:     FETCH NEXT FROM curTables INTO @tableName;
40: END
41:
42: --カーソルを閉じ、解放します。
43: CLOSE curTables;
44: DEALLOCATE curTables;
```

　このクエリを実行すると、レコードが存在するテーブル名を、PRINT文で次々に列挙します。3行目から8行目では、「sys.tables」システムテーブルを参照し、システムテーブル以外のすべてのテーブルを取得し、カーソルに格納しています。

```
03: DECLARE curTables CURSOR FOR
04: SELECT   [name]
05: FROM     [sys].[tables]
06: WHERE    [is_ms_shipped] = 0      --SQLServerによって自動生成されたテーブルを除く
07: ORDER BY
08:          [name];
```

448

11-3 データベースオブジェクトの操作

　カーソルに格納したテーブル名の一覧は、1つずつ動的SQLによってレコード件数を取得し、その結果が0より大きい場合はそのテーブル名をPRINT文で出力します。それが、20行目から26行目です。

```
20:     --レコードが存在するテーブルを取得する動的SQLを定義します。
21:     DECLARE @sql VARCHAR(8000);
22:     SET @sql = '';
23:     SET @sql = @sql + ' IF (0 < (SELECT COUNT(*) FROM ' + @tableName + '))';
24:     SET @sql = @sql + ' BEGIN';
25:     SET @sql = @sql + '     PRINT ''' + @tableName + ''';';
26:     SET @sql = @sql + ' END';
```

449

11-4 高度なテーブル構造変更

データベースアプリケーションは、顧客の要望などによって改修を繰り返し、場合によっては既存のテーブルに対して新たな列を追加することになるかも知れません。その際、見栄えをよくするために追加する列を列の途中に追加したいと思うこともあるでしょう。

列の途中に列を追加

　テーブルの列は、その順序にとくに意味はありません。[ID]が列の途中にあっても最後にあっても、[ID]列は[ID]列です。しかし、やはり見た目上の問題として、そして先入観の問題として、[ID]列はいちばん先頭にあってほしいものです。

　ところが、Transact-SQLで列追加を行う場合、追加した列は必ず最後尾になってしまいます。ALTER TABLE ADDには、追加する列の位置を指定するオプションは存在しません。

　では、任意の位置に列を追加したい場合は、どのようにすればよいでしょうか。実は、SQL Server Managemet Studioで列を追加する場合、追加する位置を指定することができます。

1 SQL Server Management Studioを起動し、列を追加したいテーブルにて、[列]を右クリックします。プルダウンメニューが表示されるので、[新しい列]を選択します。

■「新しい列」を選択

2 新たな列を挿入したい位置で右クリックし、[列の挿入]をクリックします。

■「列の挿入」をクリック

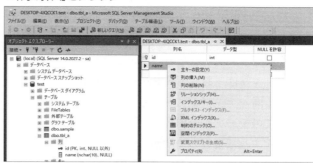

3 [name]列が下に下がり、[ID]列と[name]列の間に新たな列を挿入することができます。

■新たな列が挿入される

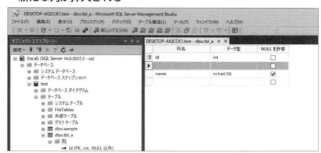

以前のデータベースアプリケーションからのデータ移行

　データベースアプリケーションにおいて、顧客の要望やシステムの更改のために既存のデータベースアプリケーションをバージョンアップしなければならないことが多々あります。その際、テーブルの定義が変更となることもあります。主キーさえ変更になるときもあります。

　このような状況において、多くのユーザーがいるオンプレミスのシステムについては、そのテーブルの定義をプログラム内ですべて行わなくてはならず、結果として、外部キーやCHECK制約などが一切設定されておらず、主キーのみが、もしくは主キーさえも貼られていないテーブルを使用しているシステムを見たことがあります。

　さて、これから紹介するクエリの概要を説明すると、

　　「上記のような環境において、システムを長らくバージョンアップせず、古い状態のままご利用いただいていたのですが、ようやくバージョンアップすることになったとのこと。しかし、あまりにも古いバージョンをご利用だったため、すでに現行のバージョ

第11章　データベース設計に則したサンプル

> ンまでバージョンアップすることができませんでした。しかし、何としても今までに
> 入力したデータをバージョンアップ後も使いたい」

という要望を実現するために作成したものです。

このクエリは、あるデータベースに存在するすべてのテーブルを、別のデータベースに存在する同一テーブルに対してデータを反映します。

すべてのテーブルの内容をコピーするのであれば、データベースを丸ごと別データベースに復元すればよいのですが、このクエリは、コピー先のデータベースに存在するテーブルの列数がコピー元のデータベースに存在するテーブルの列数よりも少ない場合でも、コピーすることが可能です。ただし、以下の3つの条件が満たされている必要があります。

・システムのバージョンアップで列の削除は行われていない

これからバージョンアップを行うテーブルに存在する列が、新しいバージョンのテーブルには存在しないということがありえない状況で作成しています。そのため、このような状況ですと、エラーが発生します。

ただ、それはあくまでもSQLの簡略化のためであり、むろん、以前のバージョンのテーブルにのみ存在する列を迂回するようにすればよいだけです。

・システムのバージョンアップで列のデータ型は変更していない

バージョンアップによってVARCHAR型がINT型になったなどの場合が該当します。これも、SQLの簡略化のためにデータ型のチェックは行っていません。このような場合もエラーとなります。

・システムのバージョンアップで列のデータサイズを減少していない

これも、たとえばVARCHAR(100)がVARCHAR(50)になったなどの場合、データの欠落が発生します。逆はあってもサイズを小さく変更することはあまりないかと思いますが、このような状況はエラーとなります。

ただし、上記のような場合でも、エラーが発生した場合はテーブル単位でコピーに失敗したテーブル名を表示して、処理を続行するしくみになっています。1つのテーブルについてエラーが発生したら処理を中断するようでは、すべてのテーブルからエラーの原因を除去しなければ、何1つとしてデータコピーができないからです。

さて、当該クエリは次のとおりです。

> 11-4　高度なテーブル構造変更

```
01: /*
02: *************************************************************
03: 概要　：同一システムのデータベースにおいて、あるデータベースから別のデータベース
04: 　　　　へすべてのテーブルの内容をコピーします。
05: -------------------------------------------------------------
06: 詳細　：コピー元のテーブルの列名から、列名指定のINSERT命令を作成し、コピー先の同一
07: 　　　　一テーブルに追加します。
08: 　　　　同一システムの旧バージョンのデータベースから、現行バージョンのデータベースへ
09: 　　　　のデータ移行の際に使用します。現行バージョンでは新たなカラムが追加されている
10: 　　　　場合にも対応できます。
11: -------------------------------------------------------------
12: 使い方：コピー元データベース名が[db1]、コピー先データベース名が[db2]となっています。
13: 　　　　これを、それぞれ環境に合わせた正しいデータベース名に置換し、このSQLを実行し
14: 　　　　ます。db1データベースのすべてのテーブルの内容が、db2データベースのテーブル
15: 　　　　にコピーされます。旧バージョンにのみ存在するテーブルが存在する場合、当該テー
16: 　　　　ブルのみエラーとなり、PRINT文でテーブル名を出力します。
17: *************************************************************
18: */
19:
20: --結果件数を表示しない
21: SET NOCOUNT ON;
22:
23: /*
24: ==============================
25: 変数定義
26: ==============================
27: */
28: --SQL組み立て文字列
29: DECLARE @sql VARCHAR(MAX);
30:
31: /*
32: ==============================
33: 処理部
34: ==============================
35: */
36: --表名カーソル作成
37: DECLARE [cur表名] CURSOR FOR
38: SELECT [object_id], [name] FROM [db1].[sys].[tables];
39:
40: --表名カーソル内で使用する変数の宣言
41: DECLARE @object_id INT;
42: SET @object_id = -1;
43: DECLARE @表名 VARCHAR(100);
44: SET @表名 = '';
45:
46: --表名カーソルを開き、1件目のデータを取得
47: OPEN [cur表名];
```

第11章　データベース設計に則したサンプル

```
48:  FETCH [cur表名] INTO @object_id, @表名;
49:
50:  --表名カーソルのデータを1件ずつ処理
51:  WHILE (@@fetch_status = 0)
52:  BEGIN
53:      --表のobject_idに該当する列名カーソル作成
54:      DECLARE [cur列名] CURSOR FOR
55:      SELECT [name], [is_identity] FROM [db1].[sys].[columns]
56:      WHERE [object_id] = @object_id;
57:
58:      --列名カーソル内で使用する変数の宣言
59:      DECLARE @列名 VARCHAR(100);
60:      SET @列名 = '';
61:      DECLARE @is_identity INT;
62:      SET @is_identity = 0;
63:
64:      --IDENTITY列かどうかを判断するフラグ変数を宣言
65:      DECLARE @自動採番 INT;
66:      SET @自動採番 = 0;
67:
68:      --INSERT命令を作成する際の列名を列挙する変数を宣言
69:      DECLARE @列名列挙 VARCHAR(MAX);
70:      SET @列名列挙 = '';
71:
72:      --列名カーソルを開き、1件目のデータを取得
73:      OPEN [cur列名];
74:      FETCH [cur列名] INTO @列名, @is_identity;
75:
76:      --列名カーソルのデータを1件ずつ処理
77:      WHILE (@@fetch_status = 0)
78:      BEGIN
79:          --IDENTITY列の場合
80:          IF (@is_identity = 1) AND (@自動採番 = 0)
81:          BEGIN
82:              --IDENTITY列フラグをON
83:              SET @自動採番 = 1;
84:          END
85:
86:          --2件め以降に列名を追加するならカンマを追記
87:          IF (@列名列挙 <> '')
88:          BEGIN
89:              SET @列名列挙 = @列名列挙 + ',';
90:          END
91:
92:          --列名を追記
93:          SET @列名列挙 = @列名列挙 + @列名;
94:
```

11-4 高度なテーブル構造変更

```
95:            --次のレコードへ
96:            FETCH [cur列名] INTO @列名, @is_identity;
97:    END
98:
99:    --列名カーソルを閉じ、解放
100:   CLOSE [cur列名];
101:   DEALLOCATE [cur列名];
102:
103:   --エラーフラグ変数を宣言し、初期値を代入
104:   DECLARE @err有 INT;
105:   SET @err有 = 0;
106:
107:   --コピー先のテーブルからデータを全削除
108:   SET @sql = '';
109:   SET @sql = @sql + ' DELETE FROM [db2].[dbo].[' + @表名 + '];';
110:   BEGIN TRY
111:       EXECUTE (@sql);
112:   END TRY
113:   BEGIN CATCH
114:       --削除に失敗したら失敗した表名を表示し、エラーフラグをON
115:       PRINT @sql;
116:       SET @err有 = 1;
117:       PRINT '削除失敗:' + @表名;
118:   END CATCH
119:
120:   --列名の列挙を終えたらテーブルをコピー
121:   IF (@err有 = 0)
122:   BEGIN
123:       SET @sql = '';
124:
125:       --IDENTITY列の場合
126:       IF (@自動採番 = 1)
127:       BEGIN
128:           --IDENTITY_INSERTを解除
129:           SET @sql = @sql + 'SET IDENTITY_INSERT [db2].[dbo].
   [' + @表名 + '] ON;';
130:       END
131:
132:       --INSERTコマンド
133:       SET @sql = @sql + ' INSERT INTO [db2].[dbo].[' + @表名 + ']
   (' + @列名列挙 + ')';
134:       SET @sql = @sql + ' SELECT ' + @列名列挙
135:       SET @sql = @sql + ' FROM [db1].[dbo].[' + @表名 + '];';
136:
137:       --IDENTITY列の場合
138:       IF (@自動採番 = 1)
139:       BEGIN
```

第11章　データベース設計に則したサンプル

```
140:          --IDENTITY_INSERTを再開
141:          SET @sql = @sql + 'SET IDENTITY_INSERT [db2].[dbo].
    [' + @表名 + '] OFF;';
142:      END
143:
144:      --レコードを1件追加
145:      BEGIN TRY
146:          EXECUTE (@sql);
147:      END TRY
148:      BEGIN CATCH
149:          --追加に失敗したら失敗した表名を表示
150:          PRINT @sql;
151:          PRINT '追加失敗:' + @表名;
152:      END CATCH
153:    END
154:
155:    --次のレコードへ
156:    FETCH [cur表名] INTO @object_id, @表名;
157:END
158:
159:--表名カーソルを閉じ、解放
160:CLOSE [cur表名];
161:DEALLOCATE [cur表名];
```

　これまで本書で説明してきた内容が多く使われています。たとえば、動的SQLとカーソルの組み合わせだったり、sys.columnsシステムテーブルを参照してIDENTITY列を取得したり、そのIDENTITY列にて一時的に自動採番を停止させたりなどが該当します。

　このクエリを使ったために生じた不具合に関して一切責任は取りませんが、何かの機会にご利用いただければ幸いです。使用する前には、必ず双方のバックアップが存在し、データが壊れてもかんたんに復旧できるような状況を構築してからお試しください。

456

Column ▶ Microsoftという会社

SQL Serverの開発元であるMicrosoft社について、あなたはどのような印象を持っているでしょうか。

Windows OS、Microsoft Office

この2つのソフトウェア製品を主力として開発しているソフトウェア会社というイメージが強いかと思います。しかし、それは今は昔。現在、Windows OSを搭載した「Surface」というハードウェア製品を提供するハードウェア会社でもあります。また、人工知能を利用した製品も数多く提供しています。Microsoftの人口知能と言えばCortana（コルタナ）が有名ですが、このCortanaは、決してWindows OSにのみ搭載されているわけではありません。Amazonの人工知能搭載スピーカーである「Amazon Echo」と業務連携し、Cortana搭載バージョンも発売される予定になっています。「Amazon Echo」には、Amazonが開発した人工知能であるAlexaと、Microsoftが開発した人工知能であるCortanaの2種類から選択できるようになるわけです。また、多くの自動車会社との協業も進んでおり、Cortanaがドライビングアシスタントとして搭載される予定になっています。

MR（Mixed Reality：複合現実）にも積極的に力を入れています。MRは、Microsoftが提唱する新しい概念であり、VR（Virtual Reality：仮想現実）ともAR（Augmented Reality：拡張現実）とも異なります。物理的な物質が存在する「物理的現実」と仮想的な感覚を人工的に刺激する「仮想現実」を融合した世界であり、ARを利用したゲーム「ポケモンGO」の3D版と言うとイメージが付きやすいかと思います。「ポケモンGO」の場合、現実世界に2Dのポケモン画像が合わさって表示されているだけですが、MRでこれを実現した場合、ポケモンの背後に回り込んで背中を見ることができます。

物理的には実現が難しい物体であっても、VRやARよりもよりリアリティのある世界を投影するための技術であり、今後さまざまな分野において応用されていくことが期待されています。

また、同社のクラウドサービスである「Microsoft Azure」についても、言及すべき重要なポイントです。過去の主力製品であったWindows OSやMicrosoft Officeは、クラウド上のサービスとしても提供されるようになりました。Microsoft Officeについては、ブラウザ版であれば無償で利用できるようになりました。

第11章 まとめ

　本章では、データベースの設計段階において役立つ知識と技術を紹介しました。
　とくに有用だと思うのが、ストアドプロシージャ内で発生した例外を呼び出し元に伝える方法についてです。
　まずは、ストアドプロシージャが正常終了か異常終了かを呼び出し元に返し、異常終了であれば、結果セットとしてERRORに関するシステム関数を参照してその値を返します。これで、呼び出し元のデータベースアプリケーション側においても、ストアドプロシージャが発生した例外に関する対処を取ることができます。各種エラー関数の内容を返す処理をストアドプロシージャ化しておくと便利です。
　以前、Visual C#で開発したデータベースアプリケーションにおいて、Transact-SQLで発生した例外をすべてCATCHステートメントで握りつぶす（なかったことにする）という恐ろしいソースコードを見たことがあります。しかも、このソースコードが記述されている箇所が、当該システムにおけるデータ操作に関する基本クラスなのです。実行したTransact-SQLにおいて、たとえテーブル名が間違っていたとしても、CATCHステートメントでそのエラーはなかったことになってしまうのです。
　そのようなつくりは、データベースアプリケーションにおいて論外です。そもそも、例外の発生を何もせずになかったことにする暴挙は、データベースアプリケーションでなくても、すべてのアプリケーションにおいてやってはいけません。
　ストアドプロシージャからの戻りについても、適切な方法で例外をキャッチし、妥当な例外処理を行いたいものです。
　そのほか、IDENTITY列で自動採番された直近の値を求める方法として、「@@identity」、「SCOPE_IDENTITY」、「IDENT_CURRENT」の3つを紹介しました。それぞれ特徴があるので、違いを理解し用途に応じて使い分ける必要があります。
　また、列の途中に列を追加したいことがあるかと思います。Transact-SQLのALTER TABLE ADDでは列は最後尾に追加されてしまいますが、SQL Server Management Studioを使えば、列の途中に列を追加することができます。

第 5 部

データベースアプリケーション開発編

第 12 章 ｜ C#による.NET FrameworkからのSQL Server接続

　第5部では、SQL Serverを利用したデータベースアプリケーションの開発に役立つ内容を紹介します。具体的には、Visual C#でSQL Serverに接続するサンプルプログラムとSQL Serverへの接続方法として、Microsoft社のデータベース接続の標準仕様であるODBCを利用したサンプルプログラムを紹介します。

　データベースアプリケーションを作成する際、ぜひとも念頭に置いておきたいのが、セキュリティです。パスワードによる認証が必要なシステムを構築する場合、そのパスワードはどこに保存しておくべきなのでしょうか。Visual C#で開発したデータベースアプリケーションの場合、パスワードを構築するためのアルゴリズムまで、すべて悪意をもった第三者に解読されてしまう危険性があることを、十分認識しておくべきでしょう。

第12章

C#による.NET Framework からの SQL Server 接続

本章の構成は、次のようになっています。

12-1　C#からSQL Serverに接続
12-2　パスワードをデータベースに保存
12-3　ODBC経由でSQL Serverデータベースに接続

　SQL Serverを利用したデータベースアプリケーションを開発するためのプログラミング言語の最有力候補は、おそらく.NET Frameworkをベースとしたプログラミング言語ではないでしょうか。
　12-1では、.NET Frameworkのプログラミング言語のなかでも最も人気の高い、Visual C#でのSQL Serverへの接続サンプルを紹介します。
　12-2では、Visual C#でデータベースアプリケーションを開発するうえでの注意点について、説明します。具体的には、パスワードによる認証が必要なログイン画面を構築する際、パスワードをどこにどのように保存しておけばよいのか、セキュリティ意識が甘いと、どのようなことが起こりえるのか、それらを例とともに説明します。
　12-3では、SQL Serverに対し、ODBCを経由して接続する方法についても説明します。ODBCとは、Microsoft社が提唱する、データベースに接続するための標準仕様です。SQL Serverのみならず、Oracle社のOracleデータベースや、Excel、テキストファイルといったデータベースではないファイルに対してもSQLによるデータ参照を可能とします。

12-1　C#からSQL Serverに接続

C#からSQL Serverに接続するには、Microsoft社の開発したADO.NETという技術を使用します。Excel VBAでデータベースに接続する際に使用する、ADOの.NET版です。ADO.NETによって提供される豊富なクラス群により、C#からSQL Serverへの接続は非常に容易です。

ADO.NETと関連するコンポーネントの使い方

　データベースアプリケーションにC#、データベースシステムにSQL Serverという組み合わせは、Windows OSで稼働するデータベースアプリケーションを開発する際に非常に多い組み合わせです。Windows OS、C#、SQL ServerはすべてMicrosoft社の製品であるため、親和性が高いのが特長です。

　次のコードは、「社員」テーブル（tbl_employees）から社員コード（Code）を元に社員名（Name）を取得するC#のプログラムです。

```
01: /// <summary>
02: /// 指定された社員コードに該当する社員名を返します。
03: /// </summary>
04: /// <param name="empCD">社員コード</param>
05: /// <returns>社員名</returns>
06: internal string getEmpName(int empCD)
07: {
08:     //DataTableを定義します。
09:     DataTable dt = new DataTable();
10:
11:     //データベースに接続し、社員コードに該当する社員名を取得します。
12:     using (SqlConnection cn = new SqlConnection())
13:     {
14:         //データベース接続文字列を定義します。
15:         string cs = "";
16:         cs += "Persist Security Info=False;";
17:         cs += "Server=" + ServerName + ";";
18:         cs += "Initial Catalog=" + DatabaseName + ";";
19:         cs += "User ID=" + UserID + ";";
```

第12章 C#による.NET FrameworkからのSQL Server接続

```
20:         cs += "Password=" + Password + ";";
21:
22:         //データベースに接続します。
23:         cn.ConnectionString = cs;
24:         cn.Open();
25:
26:         try
27:         {
28:             SqlCommand cmd = cn.CreateCommand();
29:
30:             cmd.CommandText = "";
31:             cmd.CommandText += " SELECT";
32:             cmd.CommandText += "   [Name]";
33:             cmd.CommandText += " FROM";
34:             cmd.CommandText += "   [tbl_employees]";
35:             cmd.CommandText += " WHERE";
36:             cmd.CommandText += "   [Code] = " + empCD.ToString();
37:
38:             dt.Load(cmd.ExecuteReader());
39:         }
40:         catch
41:         {
42:             throw;
43:         }
44:     }
45:
46:     //取得した社員名を戻り値として返します。
47:     try
48:     {
49:         return dt.Rows[0]["Name"].ToString();
50:     }
51: catch
52: {
53:     throw;
54: }
55: }
```

　C#からSQL Serverデータベースに接続する場合、ADO.NETという技術を利用します。Excel VBAのActiveXでデータベースに接続する際に利用するADOの.NET版です。

　上記のプログラムで、メソッドの先頭に定義したDataTableは、テーブルの内容やSELECTコマンドの結果セット等の二次元配列データを格納することが可能なオブジェクトです。SQL Serverに接続するための接続オブジェクトは、using句によって定義しています。この接続オブジェクトは、SqlConnectionというクラスを使用します。using句に

462

よって定義されたオブジェクトは、using句を抜ける際に必ず解放されることを約束します。つまりこの接続オブジェクトは、このメソッドが終了する際に必ず解放されます。

データベースの接続先は、データベース接続文字列にて指定します。SQL Serverに接続する際のデータベース接続文字列は、

・サーバー名
・データベース名
・ユーザーID
・ユーザーIDに該当するパスワード

を指定します。

データベース接続文字列は、データベース接続オブジェクトのConnectionStringプロパティに指定します。データベース接続文字列によって指定した当該データベースへの接続は、データベース接続オブジェクトのOpen()メソッドによって行われます。

データベース接続後、当該データベースに対してクエリを実行するためのSqlCommandオブジェクトをインスタンス化します。SqlCommandオブジェクトのCommandTextプロパティに実行するSQLを指定し、ExecuteReader()メソッドによってSQLを実行します。ExecuteReader()メソッドの戻り値は、DataTable.Load()メソッドのパラメータとして渡され、SELECTコマンドの結果セットはDataTableに反映されます。

DataTableには、Rowsプロパティによってレコード単位で結果セットが保存されていますので、その先頭行（Rows[0]）のName列の値を参照することで、社員名を取得します。

ところで、ActiveXのADOを利用した経験がある方には、ADO.NETの場合、ADOと違ってRecordset.MoveNext()によってレコードを1行ずつ参照する必要がなく、Rowsプロパティのパラメータにインデックスを指定するだけで目的とするレコードを取得できるのを羨ましいと思ったのではないでしょうか。

SQLインジェクションの危険性

SQLインジェクションとは、システム利用者が任意のSQLをデータベースに対して実行できてしまうプログラムのバグのことを言います。データの漏洩や改ざんの危険性がある、非常に危険なバグです。

システム利用者が任意のSQLをデータベースに対して実行できてしまうので、データベースに保存されているあらゆるデータが漏洩したり、改ざんされてしまう危険性が大い

第12章 C#による.NET Framework からのSQL Server 接続

にあります。

　では、SQLインジェクションがどのようなバグなのか、実際に見てみましょう。次のようなC#のプログラムがあります。「社員」テーブルに対し、コード入力テキスト (txtCode) と氏名入力テキスト (txtName) に入力された内容をそのまま「社員」テーブルに追加します。

```
//SQLを構築します。
string sSQL = "";
sSQL += " INSERT INTO [社員]";
sSQL += " (";
sSQL += "      [コード]";
sSQL += "    , [氏名]";
sSQL += " )";
sSQL += " VALUES";
sSQL += " (";
sSQL += "      '" + txtCode.Text + "'";
sSQL += "    , '" + txtName.Text + "'";
sSQL += " )";

//コマンドオブジェクトにSQLをセットします。
cmd.CommandText = sSQL;
```

　さて、このソースコードにはSQLインジェクションのバグがあります。問題は、ユーザーが入力したテキストを使用して、そのままSQLを構築しているところにあります。たとえば、ユーザーが氏名欄に次のような文字列を入力したとします。

```
'); DELETE FROM [社員]; --
```

　この入力された文字列を、上記のSQLに代入してみてください。構築されたSQLは、次のようになります。

```
INSERT INTO [社員] ([コード], [氏名]) VALUES ('0001', '');
DELETE FROM [社員]; --')
```

　コード欄には、とりあえず「0001」と入力されたことにしました。SQLを見ると、氏名欄には空文字列が代入されるINSERT命令が作成されており、さらにその後ろには「社員」テーブルの内容をすべて削除するDELETE命令が追記されています。氏名欄にシングル

464

クォーテーションが代入されたため、文字列の入力が完了したものとみなされ、その後ろに続くSQLがデータベースに解釈されてしまうのです。

　当然、このSQLを実行してしまうと、「社員」テーブルの内容はすべて削除されてしまいます。もちろん、ほかにもいろいろなSQLが同様の手段で実行できてしまうので、悪意を持ったシステム利用者によってデータベースを乗っ取られてしまいます。

　　『そもそも、システム利用者は「社員」テーブルなんていう存在を知らないんじゃないの？』

と思うかもしれません。では、そのシステムにデータベースから取得したデータを画面に表示する部分があり、その部分にSQLインジェクションのバグがあった場合はどうでしょうか？　データベースシステムには、データベースに存在するテーブルやビューなどのデータベースオブジェクトを一覧で取得するシステムテーブルが存在する場合があります。たとえば、SQL Serverのsys.objectsなどです。そのシステムテーブルにSELECT命令を実行するようなSQLが投入され、それが画面に表示されることによってすべてのデータベースオブジェクトが悪意を持ったシステム利用者に盗み出されてしまったとしたら、もはやすべてのデータは筒抜けとなってしまいます。さらに、管理者に気づかれないように一部のデータを改ざんしてしまうことだってできるのです。

　ここまで読んでいただいて、SQLインジェクションの危険性を十分理解できたかと思いますが、それではSQLインジェクションを防ぐにはどうすればよいのでしょうか？

　先ほどのプログラムはC#で作成しましたが、C#を含めて多くのプログラミング言語には、「プレースホルダ」という機能があります。プレースホルダとは、あらかじめ確保された領域のことで、前述のSQLにてプレースホルダを適用した場合、「コード」列と「氏名」列に文字列を代入する領域ををあらかじめ確保し、文字列がはみ出してSQLが実行されてしまうことを防ぎます。もし「氏名」欄にシングルクォーテーションが入力されたとしても、そのシングルクォーテーションを含めた文字列が「氏名」欄に入力された文字列としてデータベースに保存されます。

　プレースホルダを利用してプログラムを作成し直した場合、次のようになります。

```
//SQLを構築します。
string sSQL = "";
sSQL += " INSERT INTO [社員]";
sSQL += " (";
sSQL += "      [コード]";
```

第12章 C#による.NET FrameworkからのSQL Server接続

```
sSQL += "    , [氏名]";
sSQL += "  )";
sSQL += " VALUES";
sSQL += "  (";
sSQL += "      @CODE";
sSQL += "    , @NAME";
sSQL += "  )";

//コマンドオブジェクトにSQLをセットします。
cmd.CommandText = sSQL;

//パラメータに値をセットします。
command.Parameters.Add(new SqlParameter("@CODE", txtCode.Text));
command.Parameters.Add(new SqlParameter("@NAME", txtName.Text));
```

このプレースホルダーを用いた例であれば、SQLインジェクションを行うことができません。プレースホルダーが利用可能なプログラミング言語であれば、プレースホルダーを利用しない理由はありません。SQLインジェクション対策として、積極的に利用しましょう。

12-2 パスワードをデータベースに保存

たとえば、ログイン認証が必要なシステムの場合、ユーザーが入力したパスワードが正しいかどうかをチェックしなくてはなりません。正しいパスワードは、1ユーザーごとにデータベースに記憶しておく必要があります。本節では、その際に注意すべき点について説明します。

ILSpyによる逆コンパイル

　.NETアプリケーションは、逆コンパイルすることが可能です。逆コンパイルとは、コンパイルの逆の作業で、すなわちコンパイルされたアセンブリをソースコードに戻す作業のことを言います。また、逆コンパイルするプログラムのことを、逆コンパイラと言います。.NETアプリケーションの逆コンパイラとしては、「ILSpy」が有名です。「ILSpy」は、以下のWebサイトからダウンロードすることができます。

・SourceForge.net　ILSpy
　https://sourceforge.net/projects/sharpdevelop/files/ILSpy/

　試しに、「ILSpy」を使い、.NETアプリケーションの逆コンパイルを試してみてください。ソースコードが完全に丸見えになってしまうことがわかります。つまり、.NETアプリケーション側にパスワードを固定で定義しておいたり、パスワードを生成するロジックを組んでいた場合、逆コンパイルによってパスワードが解析されてしまう可能性が大いにあります。

　これを防ぐためには、逆コンパイルされてしまった場合でもソースコードが解読されにくい状態にしておくか（難読化）、パスワードそのものやパスワードの生成ロジックは、データベース側に持たせておいたほうが安全です。パスワードを生成するSQL Serverのスカラー値関数を作成しておくと便利です。

第12章　C#による.NET FrameworkからのSQL Server接続

アプリケーションの難読化

　前述のとおり、アプリケーションの難読化とは、ソースコードを解読しづらいようにする手法のことを言います。たとえば、.NETアプリケーションは逆コンパイルされてしまう可能性があるのはすでに述べましたが、もし仮に逆コンパイルされてしまったとしても、当該アプリケーションを難読化しておくことにより、人間には非常に解読しづらい状態にすることが可能です。

　難読化には、専用のツールを用います。.NETアプリケーションの難読化ツールには、Microsoft Docsで紹介されている「Dotfuscator」があります。パスワード解析による危険性の回避だけでなく、知的財産の保護の目的にも有用です。

・Dotfuscator Community Edition (CE)
https://docs.microsoft.com/ja-jp/visualstudio/ide/dotfuscator/

　「Dotfuscator」には、有償版もあります。有償版は、「Dotfuscator Professional Edition (PE)」という名称が付いています。Community Editionは、個人利用のみが条件となっていますが、Professional Editionは、商用アプリケーションおよび企業向けアプリケーションの開発に対応するフル機能版です。

データベース側にパスワードを保存

　さて、データベース側にパスワードを保存する場合、ユーザーが入力したパスワードを平文（暗号化していないデータ）のまま保存しておくのは危険です。もし、SQLインジェクションのバグによってパスワードが保存されているテーブルが閲覧されてしまった場合、ユーザーのなりすましによってシステムにログインされてしまいます。また、同じパスワードを使いまわしているユーザーに関しては、GmailやFacebookなどの別システムのアカウントさえも乗っ取られてしまう可能性さえあります。

　繰り返しますが、パスワードを平文のままデータベースに保存するのは、非常に危険です。データベースにパスワードを保存する場合は、暗号化して保存するようにしましょう。

　では、パスワードを暗号化して保存する方法について、説明します。暗号化のアルゴリズムとしては、さまざまなものがありますが、ここではMD5（Message Digest Algorithm 5）という方法で暗号化した場合の例を示します。

　まず、ユーザーが入力したパスワードを平文のままデータベースに保存した場合の例を

468

考えてみましょう。たとえば、ユーザー「ikarashi」がパスワード「xyz12345」と設定している場合、次のようにデータベースの「tbl_user」テーブルに保存されているとします。

■「tbl_user」テーブル

username	password
ikarashi	xyz12345

　ユーザー名とパスワードを入力してシステムにログインする場合、入力されたユーザー名とパスワードに該当するレコードがテーブルに存在するかどうかをSQLでチェックします。つまり、次のようなSQLを実行します。

```
SELECT    COUNT(*) AS cnt
FROM      tbl_user
WHERE     username = 'ikarashi'
AND       password = 'xyz12345';
```

　この実行結果にて、cntカラムが1以上であれば、入力されたユーザー名とパスワードに該当するユーザーが存在することを示し、つまり、ユーザー名とパスワードを知っているユーザーがシステムにログインすることを許可することを意味します。このSQLの例では、COUNT関数によってレコード件数を取得していますが、本来であれば同一ユーザー名がシステム上に複数存在することはないので（たとえば、GmailやYahoo!メールにて、すでに使用されているユーザーアカウントは登録できません）、結果は常に0か1が返ることになります。

　しかし、前述のとおり、この例ではパスワードが平文のままデータベースに保存されています。この状態は危険です。このパスワードは、暗号化した状態でデータベースに保存しておく必要があります。これを、MD5によるアルゴリズムで暗号化した結果をデータベースに保存するようにしましょう。文字列「xyz12345」をMD5によって暗号化した場合、「021fa240a024ef7b00be15c7056260d2」のような記憶しづらい数値とアルファベット（aからf）の羅列となります。

　この場合、データベースには次のようにパスワードが保存されます。

■ パスワードが暗号化された「tbl_user」テーブル

username	password
ikarashi	021fa240a024ef7b00be15c7056260d2

第12章　C#による.NET FrameworkからのSQL Server接続

　パスワードチェックを行う場合は、ユーザーが入力したパスワードを暗号化し、その内容をデータベースから比較する必要があります。MD5で暗号化したこの例の場合だと、次のようなクエリでパスワードのチェックを行います。

```
SELECT  COUNT(*) AS cnt
FROM    tbl_user
WHERE   username = 'ikarashi'
AND     password = HASHBYTES('MD5', 'xyz12345');
```

　HASHBYTES関数は、第2引数に指定された文字列を暗号化するための関数です。第1引数には、暗号化アルゴリズムを指定します。上記クエリの場合、「MD5」を指定することで、文字列をMD5で暗号化します。第1引数に指定可能な暗号化アルゴリズムの種類には、MD5以外にMD2、MD4、SHA、SHA1、SHA2_256、SHA2_512があります。

　ただし、この程度のセキュリティ対策では、まだまだ甘いと言えます。平文をそのままMD5で暗号した程度では、「パスワードがMD5で暗号化されていることを想定した攻撃」の場合、あまり意味がありません。たとえば、固定のユーザー名に対してパスワードを何度も変えながらシステムにアクセスし、最終的にユーザー名と合致するパスワードを見つけ出すような攻撃方法（総当たり攻撃）の場合、時間をかければパスワードは必ず見つけ出されてしまいます。つまり、パスワード生成ロジックも推測されやすいものだと使い物にならないということです。

　そのため、多くの場合、文字列を暗号化する際に「推測されにくい文字列」を平文に結び付けてから暗号化を行う方法がとられています。この「推測されにくい文字列」のことを、ソルト（Salt）と言います。ソルトとは、日本語では「塩」のことです。これは、平文に対して調味料のように文字列データを付け加えることから名付けられています。

　ソルトの具体的な例を見てみましょう。先ほどの例において、パスワードの暗号化をソルトを用いたものに変更してみます。前述のとおり、ソルトは「推測されにくい文字列」にする必要があるため、たとえば「gihyo」をMD5で暗号化したものをソルトにしましょう。次のようなクエリを実行します。

```
SELECT HASHBYTES('MD5', 'gihyo');
```

　実行結果がソルトになります。

470

12-2 パスワードをデータベースに保存

■実行結果

```
0xA3B551A869B04A3D14752970FBE9147F
```

実際にデータベースにパスワードを保存する際には、次のようになります。

```
SELECT HASHBYTES('MD5', 'xyz12345' + UPPER(master.dbo.fn_varbintohexstr
(HASHBYTES('MD5', 'gihyo'))));
```

■実行結果

```
0x0283BAE673A925BC1D1CFAF8B4A3230A
```

これで、パスワード生成ロジックも推測されにくいものとなりました。このパスワード生成ロジックをスカラー値関数にしておけば、利用も容易です。

例として、上記のパスワード生成ロジックをストアドファンクションにしてみましょう。

```
/*
**********************************************************************
 関数名:fn_create_hash
 概要  :引数に指定された文字列を暗号化して返します
 引数  :[@str]        ...暗号化する文字列
        [@salt_base]...saltのベースとなる文字列
 戻り値:暗号化したバイナリ
**********************************************************************
*/
CREATE FUNCTION fn_create_hash
(
    @str VARCHAR(20)         --暗号化する文字列
  , @salt_base VARCHAR(20)   --saltのベースとなる文字列
)
RETURNS VARCHAR(100)
AS
BEGIN

    /*
    暗号化アルゴリズムは、次のとおりです。

        MD5([暗号化する文字列] + salt)

    MD5()は、引数の文字列をMD5形式で暗号化する関数とします。
    salt値は、次のロジックで生成します。
```

471

第12章 C#による.NET FrameworkからのSQL Server接続

```
        HASHBYTES('MD5', 'gihyo')
    */

    RETURN UPPER(
        master.dbo.fn_varbintohexstr(
            HASHBYTES(
                'MD5', @str + UPPER(
                    master.dbo.fn_varbintohexstr(
                        HASHBYTES('MD5', @salt_base)
                    )
                )
            )
        )
    );
END
GO
```

　使い方は、データベースにパスワードを保存する場合、上記関数を用いてパスワードからハッシュ値を生成し、そのハッシュ値を保存します。パスワードの妥当性をチェックする場合は、入力されたパスワードからハッシュ値を生成し、そのハッシュ値とデータベースに保存されているハッシュ値を比較します。ハッシュ値が同じであれば、パスワードは正しいとみなします。

　このようにして、パスワードは原文のままデータベースには保存しないようにします。

第5部 データベースアプリケーション開発編

12-3 ODBC経由でSQL Serverデータベースに接続

12-3 ODBC経由でSQL Server データベースに接続

ODBCは、Microsoft社が提唱するデータベースに接続するための標準仕様です。ODBC を経由することで、SQL Serverだけでなく、Microsoft AccessやOracle社のOracleデータベースなどの他データベースへの接続、さらには、テキストファイルやExcelファイルに対しても、ODBC経由でSQLを実行できるようになります。

ODBCとは

ODBC（Open DataBase Connectivity）とは、Microsoft社が提唱するデータベースに接続するための標準仕様です。

Microsoft社の製品であるAccessやSQL Serverだけでなく、Oracle社のOracleデータベースやオープンソースのMySQLなど、ODBCを通じてさまざまなデータベースに接続することができます。また、データベースの違いはODBCが吸収するため、ユーザーはデータベースの種類を意識することなく、データベースを使用することができます。

ODBCでデータベースに接続するには、接続するデータベースの種類によってODBCドライバを追加インストールする必要があります。また、後述しますが、32ビット環境のWindows OSと64ビット環境のWindows OSでは、初期状態でインストールされているODBCドライバに違いがあります。たとえば、Microsoft AccessのMDBファイルにODBC経由で接続する場合、32ビット環境でアプリケーションを実行した場合は接続に成功しますが、64ビット環境でアプリケーションを実行した場合は、64ビット環境にはMicrosoft AccessのODBCドライバがインストールされていないため、接続に失敗します。

また、ODBCの歴史は古いですが、決して廃れている技術ではありません。クラウドのAzure SQL Databaseに対してODBCから接続を行うための接続文字列についても、Microsoft Azureポータルサイトで確認することができます。

ODBCの設定方法

それでは、ODBCに対してSQL Serverの設定を行う方法を説明します。設定には「ODBCデータソースアドミニストレータ」を使います。Windows 10の場合、Cortanaに「ODBC」

473

第12章 C#による.NET FrameworkからのSQL Server接続

と入力すると「ODBC データ ソース (64ビット)」か「ODBC Data Sources(32-bit)」が検索候補で表示されるので、該当するほうをクリックします。

1「ODBCデータソースアドミニストレータ」が起動したら、[追加] ボタンをクリックします。

■[追加]ボタンをクリック

2「データソースの新規作成」画面にて、データソースドライバの一覧から [SQL Server] を選択し、[完了] ボタンをクリックします。

■「SQL Server」を選択

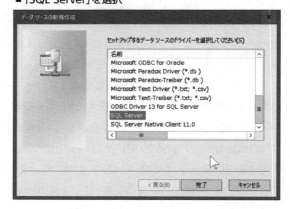

3「SQL Serverに接続するための新規データソースを作成する」画面にて、データソースの「名前」には後で判別しやすい任意の名前を入力し、「サーバー」にはSQL Serverのサーバー名を入力します。データソースの「説明」については、とくに入力する必要はありません。入力したら、[次へ] ボタンをクリックします。

■データソース名やサーバー名を入力

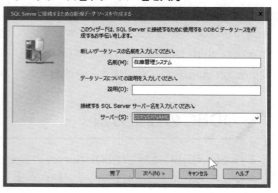

12-3 ODBC 経由で SQL Server データベースに接続

4 SQL Server に接続するための情報を正しく入力します。入力したら、[次へ] ボタンをクリックします。

■ SQL Server に接続するための情報を入力

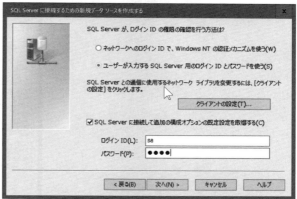

5 接続するデータベースの情報を入力します。入力したら、[次へ] ボタンをクリックします。

■ データベースの情報を入力

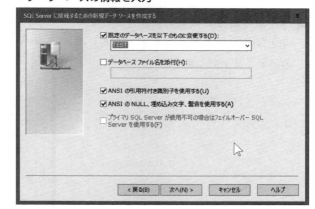

6 必要に応じて、そのほかの情報を入力します。入力したら [完了] ボタンをクリックします。

■ そのほかの情報を入力

475

7 右のような画面が表示されますので、[データソースのテスト]ボタンをクリックします。

■ [データソースのテスト]ボタンをクリック

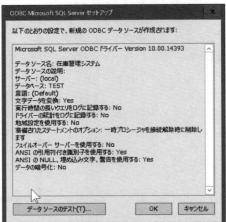

8 入力した接続情報が正しければ、右のような画面が表示されます。[OK]ボタンをクリックします。

■ 入力した接続情報の確認

9 「ODBC Microsoft SQL Serverセットアップ」画面にて[OK]ボタンをクリックします。「ODBCデータソースアドミニストレータ」画面に戻ったら、「ユーザーデータソース」の一覧に今ほど追加したデータソース名が表示されていれば完了です。

■ 追加したデータソース名が表示される

第**5**部
データベース
アプリケーション開発編

12-3 ODBC経由でSQL Serverデータベースに接続

C#による接続サンプル

では、Microsoft .NET製品のVisual C#からODBC経由でSQL Serverに接続するサンプルプログラムを紹介します。ボタンコントロール「button1」のクリックイベントにて、設定済みのODBCデータソースに接続し、「社員」テーブルからすべてのレコードの「氏名」をメッセージボックスに表示するだけのサンプルプログラムです。

まずは、名前空間にて、[System.Data.Odbc]を追加する必要があります。

```
using System.Data.Odbc;
```

実際のソースコード（C#）は、次のとおりです。

```
01: private void button1_Click(object sender, EventArgs e)
02: {
03:     //ODBCデータソース接続文字列を定義します。
04:     string sCn = "";
05:     sCn += "DSN=[ODBCデータソース名];";
06:     sCn += "uid=[ユーザーID];";
07:     sCn += "PWD=[パスワード];";
08:     sCn += "DATABASE=[データベース名]";
09:
10:     //OdbcConnectionをインスタンス化します。
11:     OdbcConnection cn = new OdbcConnection(sCn);
12:
13:     //ODBCデータソースを開きます。
14:     cn.Open();
15:
16:     try
17:     {
18:         //実行するSQLを定義します。
19:         string sSQL = "SELECT * FROM [社員]";
20:
21:
22:         //実行するコマンドを定義します。
23:         OdbcCommand cmd = new OdbcCommand(sSQL, cn);
24:
25:         //コマンドを実行し、結果セットを受け取ります。
26:         OdbcDataReader odr = cmd.ExecuteReader();
27:
28:         while (odr.Read() == true)
29:         {
```

477

第12章 C#による.NET FrameworkからのSQL Server接続

```
30:            //すべてのレコードの"氏名"を順番にメッセージ表示します。
31:            MessageBox.Show(odr["氏名"].ToString());
32:        }
33:
34:        //結果セットを閉じます。
35:        odr.Close();
36:    }
37:    finally
38:    {
39:        //ODBCデータソースを切断します。
40:        cn.Close();
41:    }
42: }
```

C#からSQL Serverにネイティブ接続（ODBC経由ではなく、直接データベースに接続する方法）する場合も、専用クラスライブラリを使用することで、かんたんに接続が可能です。ODBCを使うことがあるとしたら、前述のように、Microsoft Excelやテキストファイルといった、データベースシステム以外のファイルに対してSQLを実行してデータ抽出したい場合に使うほうが利便性が高いかもしれません。

478

第12章 まとめ

　本章では、Visual C#を利用してSQL Serverにネイティブ接続するサンプルプログラム、ODBC接続するサンプルプログラムを紹介しました。

　C#からSQL Serverに接続するにはADO.NETを使用するのが一般的です。ADO.NETは、ADOの.NET版で、たとえば結果セットのレコードをインデックスで指定して取得することができるようになるなどADOよりも使い勝手が向上しています。

　ODBC（Open DataBase Connectivity）はMicrosoft社が提唱するデータベースに接続するための標準仕様です。ODBCの歴史は古いですが、決して廃れている技術ではありません。Azure SQL Databaseでも使われています。

　本章でとくに意識していただきたいのが、データベースアプリケーションを開発するうえでのセキュリティ面における脅威とその対策です。

　プレースホルダによるパラメータの指定を怠ったため、SQLインジェクションを許してしまい、大事な顧客データを漏洩させてしまうことになるかもしれません。その際、原文のままお客様の大事なパスワードを保存しておいた手抜きの設計によりパスワードが漏洩してしまえば、顧客信頼度を完全に失墜させてしまうでしょう。また、.NETプログラミング言語は、ILSpyによる逆コンパイルが可能なので、パスワードを暗号化するアルゴリズムを解読されてしまうおそれがあります。

　.NET製品には上記の問題点がありますが、難読化という技術を用いてソースコードを非常に解読しづらくしておく技術を用いるほか、データベースにはパスワードを原文のまま保存せず、必ず暗号化して保存する必要があります。

　これらは、セキュリティに対する知識がないと対策すら立てることができません。

Appendix
SQL Serverのサービスが停止している場合の対処

　Windows 10では、年に2回大型のWindows Updateが実施されていますが、そのたびに、SQL Serverのサービスが自動実行されずに停止中のままになってしまう現象が発生するケースがあります。Windowsの「サービス」から、SQL Serverのサービスを手動で実行する必要があるのですが、クライアント／サーバー型システムを一式、顧客環境に提供している場合、その作業をユーザーに強いるのは難しいでしょう。さて、どうすればよいでしょうか。

Windows 10とSQL Serverサービスの起動問題

　Windows 10よりWindows OSのサポート体制が変更となりました。年2回、春と秋の大型Windows Updateを適用することで、常に最新のWindows OSを使用することができます。旧OSのサポート体制は、OS発売から10年でした。うち、最初の5年は機能拡張とセキュリティ対策を行うメインストリームサポート、次の5年はセキュリティ対策のみを行う延長サポートです。

　旧OSのサポート体制と比較すると、Windows 10のサポート体制のほうがすぐれているように感じますが、実際のところ、その年2回の大型Windows Updateのたびに数時間にも及んでコンピューターが使えなくなる場合もあり、その間の業務が完全に停止してしまった事例が多く聞かれます。現状では、Windows 10ユーザーの負担がかなり大きく、計画的にWindows Updateを適用しなければ、今後も会社業務の妨げとなる事態が発生してしまうでしょう。実際のところ、コンピューターが使えなくなる問題だけでなく、Windows Updateがバックグラウンドでダウンロードされているときに「コンピューターが非常に重い」といった現象も頻繁に発生しています。

　また、時間に関する損失だけでなく、コンピューターが不安定な状態になってしまう現象も問題となっています。プリンターやマウス、キーボードといった入出力デバイス

も、Windows Updateの適用後に認識されなくなってしまう現象が発生し、最悪の場合、USBインターフェイス自体がまったく認識しなくなるといった事例も耳にします。また、Windows Update直後は、よくSQL Serverのサービスが停止したままの状態になっていることが多いようです。しかも、せっかく変更したWindowsの設定も、勝手に元に戻されてしまうことがあります。

Windows 10には、コンピューターの電源を入れてからWindowsが起動するまでの時間を高速化する「高速スタートアップ」という機能があります。一見便利そうですが、要はシャットダウンの状態を記憶したまま待機する機能で、いわばWindowsがずっと起き続けている状態になっています。Windows OSには、少々理解不能な不安定な状況に陥ることが多々ありますが、「高速スタートアップ」ではWindowsがずっと再起動されていないため、その不安定な状況がシャットダウンしても改善されないことが多いのです。

それならばと、たとえ起動に時間がかかろうが「高速スタートアップ」の設定を解除しても、Windows Update後に勝手にまた「高速スタートアップ」状態に戻されてしまいます。自社システムを納品したエンドユーザーのWindows端末にて、この「高速スタートアップ」の設定を解除しておいたにも関わらず、Windows Update後に解除したはずの設定が勝手に復活してしまい、再度設定の解除をしてまわらなければなりません。後述しますが、実際、「高速スタートアップ」の設定だとSQL Serverサービスが起動しない場合があります。

Windows 10の大型Updateに関する不平不満をずらずらと述べましたが、ただ手をこまねいている必要はありません。ここでは、とくにSQL Serverサービスが停止してしまう状況について、その対処方法を検討していきましょう。

サービスの状態の確認と開始方法

まずは、SQL Serverのサービスが停止していた場合、手動で開始する方法を見てみましょう。SQL Serverのサービスの状態には、以下の5種類があります。

・実行中
・停止中
・開始中
・停止移動中
・開始移動中

| Appendix | SQL Serverのサービスが停止している場合の対処 |

　「実行中」の状態は、SQL Serverが動作している状態です。通常どおり、SQL Serverにアクセスしてデータ操作を行うことが可能な状態です。

　「停止中」の状態は、SQL Serverを使用することができない状態です。前述のとおり、大型Windows Updateによって、本来であればコンピューター起動時に自動的に起動するはずのSQL Serverサービスが起動せず、この「停止中」の状態のままとなってしまいます。

　「開始中」の状態は、「停止中」から「実行中」に状態が変化するまでの過程となる状態です。

　また、「停止移動中」の状態は「実行中」の状態を「停止中」に変更した際に状態が変化する過程の状態、「開始移動中」の状態は「停止中」の状態となっているサービスを開始した場合に状態が変化する過程の状態を表します。

　SQL Serverのサービスの状態を変更するには、Windowsのコントロールパネルを開き、「管理ツール」から「サービス」を選択します。詳しくは、1-3を参照してください。

プログラムからSQL Serverサービスの状態を変更

　前述のとおり、SQL Serverのサービスが停止するたびに手動でサービスを開始する方法だと、サーバー一式を含めたサービスを顧客に提供している場合においては、顧客ごとに対応が必要となり、非常に面倒な作業です。

　最近では、端末を遠隔で操作するTeamViewerのようなアプリケーションがあるので、顧客の端末を遠隔操作するケースがあります。そのようなアプリケーションがなかったころと比較すれば、各段に顧客の保守がやりやすくなりました。顧客に前述のWindowsの「サービス」を直接操作してもらう状況は、顧客のスキルレベルにもよりますが、少々危険であると言えます。そのため、ここでは、顧客でもかんたんにSQL Serverのサービスを再開できる方法を考えてみます。

　サービスの状態は、WMI（Windows Management Instrumentation）で取得できます。WMIは、Windows OSに関するシステム構成・設定などの情報を取得したり、変更したりするためのインターフェイスを提供します。WMIは、SQLによく似たWQL（WMI Query Language）というクエリ言語によって、Windows OSにアクセスします。Excel VBAからWMIを利用してSQL Serverサービスの状態を取得する方法は次のとおりです。

```
'**************************************************************
' 関数名:GetStatus()
' 概要   :SQL Server サービスの状態を文字列で取得します
' 引数   :[Service]...SQL Server サービスのオブジェクト
' 戻り値:SQL Server サービスの状態（文字列）
'**************************************************************
Public Function GetStatus(ByRef Service As Object) As String

    '戻り値を初期化します
    GetStatus = ""

    Set Service = Nothing

    'エラーが発生した場合は例外処理に移行します
    On Error GoTo Exception

    'SQL Serverサービスの状態を取得するためのWQLを定義します
    Dim WQL As String
    WQL = "SELECT * FROM Win32_Service WHERE Name = 'MSSQLSERVER'"

    '定義したWQLを実行します
    Dim ServiceList As Object
    Set ServiceList = CreateObject("WbemScripting.SWbemLocator").Connect
Server.ExecQuery(WQL)

    'SQL Serverサービスの状態を取得します
    For Each Service In ServiceList
        '戻り値をセットします
        GetStatus = Service.state
        Exit For
    Next

    Exit Function

Exception:
    'エラーが発生しても何もしません

End Function
```

　上記のGetStatus関数は、SQL Serverサービスの状態を文字列で返す関数です。引数
として、Object型でSQL Serverサービスのインスタンスを参照型で返します。つまり、
次のように使用します。

Appendix　**SQL Serverのサービスが停止している場合の対処**

```vb
'****************************************************
' 関数名:Main
' 概要   :起動時処理
' 引数   :なし
' 戻り値:なし
'****************************************************
Sub Main()

    'SQL Server サービスのインスタンスを定義します
    Dim Service As Object

    'SQL Server サービスの状態を取得します
    Dim s As String
    s = GetStatus(Service)

    'SQL Server サービスの状態を確認します
    Select Case UCase(s)
    '停止中
    Case STATUS_STOPPED
        'SQL Server サービスを起動します
        If (StartService(Service) = False) Then
            '起動に失敗した場合、ダイアログを表示してサービスが起動するまで待機します
            Call ShowDialog
        End If

    '開始移行中・停止移行中
    Case STATUS_START_PENDING, STATUS_STOP_PENDING
        'ダイアログを表示してサービスが起動するまで待機します
        Call ShowDialog

    '実行中 (もしくはそれ以外)
    Case Else
        '特に何もしない

    End Select

End Sub
```

　まず、SQL Serverサービスのインスタンスを格納する変数を定義します。次に、その変数を引数として、先ほどのGetStatus関数を実行します。この関数の戻り値は、次のとおりです。

```
'————————————————————————————————————————————
' 定数定義
'————————————————————————————————————————————
'サービスの状態
Public Const STATUS_RUNNING As String = "RUNNING"
Public Const STATUS_STOPPED As String = "STOPPED"
Public Const STATUS_START_PENDING As String = "START PENDING"
Public Const STATUS_STOP_PENDING As String = "STOP PENDING"
```

　上から順に、「実行中」「停止中」「開始移行中」「停止移行中」です。サンプルプログラムでは、停止中の場合、StartService関数を実行することで、SQL Serverサービスの開始を試みます。StartService関数のソースコードは、次のとおりです。

```
'*************************************************************
' 関数名:StartService
' 概要  :サービスを開始します
' 引数  :[Service]...開始するサービス
' 戻り値:サービスの開始に成功したらTrue、失敗したらFalse
'*************************************************************
Public Function StartService(ByRef Service As Object) As Boolean

    'サービスを起動します
    Dim lngRet As Long
    lngRet = Service.StartService()

    '戻り値が0なら成功、0以外なら失敗
    If (lngRet = 0) Then
        StartService = True
    Else
        StartService = False
    End If

End Function
```

　引数に、SQL ServerサービスのインスタンスをObject型で参照渡しで指定します。SQL Serverサービスのインスタンスにて、StartServiceメソッドを実行することで、当該サービスに対して実行をかけることができます。StartServiceメソッドは、実行に成功すると戻り値として0を、失敗すると0以外を返します。
　同様に、サービスを停止する場合は、StopServiceメソッドを実行します。

485

Appendix　SQL Serverのサービスが停止している場合の対処

```
'*****************************************************************
' 関数名:StopService
' 概要   :サービスを停止します
' 引数   :[Service]...停止するサービス
' 戻り値:サービスの停止に成功したらTrue、失敗したらFalse
'*****************************************************************
Public Function StopService(ByRef Service As Object) As Boolean

    'サービスを停止します
    Dim lngRet As Long
    lngRet = Service.StopService()

    '戻り値が0なら成功、0以外なら失敗
    If (lngRet = 0) Then
        StopService = True
    Else
        StopService = False
    End If

End Function
```

　紹介したサンプルコードは、「開始移行中」や「停止移行中」だった場合にShowDialogという関数を実行することにしていますが、このShowDialog関数に関しては、サービスの状態が「実行中」や「停止中」となるまで待機するなどといった処理となるでしょう。

　Windows 10の場合、起動直後にSQL Serverサービスの状態がなかなか「開始中」から「実行中」に移行しないことがあります。そのため、「開始中」から確実に「実行中」となるまで、待機してからデータベースに接続しにいく必要があります。そこで、このような待機処理が必要となるのです。

SQL Server サービスの状態を変更するための権限

　Windowsへログインする際のユーザーアカウントにSQL Serverのサービスの状態を変更する権限を持たない場合、SQL Serverのサービスを実行したり停止したりするには、別のユーザーアカウントでログインし直さなければなりません。

　企業において、一般社員が普段使用するユーザーアカウントには管理者権限のないユーザーを用いている場合もあるかと思われます。管理者権限を持つユーザーだと、勝手に不要なソフトウェアをインストールしてしまう可能性があるためです。セキュリティ面において前向きな企業の場合では、悪意のあるソフトウェアが端末にインストールされないよ

う、とくにその傾向があります。

　しかし、SQL Serverを利用したスタンドアロン（Stand Alone：1台の端末のみで構成するシステム）の場合、ログインユーザーにSQL Serverのサービスを実行する権限がなければ、上記のような原因によってSQL Serverのサービスが実行されなかった際、起動し直すことができません。そのような場合、前述の方法で、ソフトウェアにてSQL Serverのサービスを監視し、停止していたら実行をかける手法が適用できなくなってしまいます。どうすればよいでしょうか。

　答えはかんたんです。SQL Serverサービスの状態を変更可能なユーザーとして、普段使いのユーザーアカウントを追加すればよいのです。

　まずは、SQL Serverサービスの状態を変更できる権限を持つユーザーを確認する方法を見てみましょう。SQL Serverサービスに限らず、さまざまなサービスに関する権限を確認する方法は、コマンドプロンプトから以下のコマンドを実行することで可能です。

▍構文

```
sc sdshow ［サービス名］
```

　[サービス名]には、確認するサービスの名称を指定します。たとえば、SQL Serverの場合、「MSSQLSERVER」という文字列を指定します。

```
sc sdshow MSSQLSERVER
```

■実行結果

```
D:(A;;CCLCSWRPWPDTLOCRRC;;;SY)(A;;CCDCLCSWRPWPDTLOCRSDRCWDWO;;;BA)
(A;;CCLCSWLOCRRC;;;IU)(A;;CCLCSWLOCRRC;;;SU)
```

　上記のコマンド実行結果は、筆者の環境で実行した場合です。何やら、アルファベットの羅列が表示されています。英単語でもなさそうです。少々わかりづらいですが、これには次のような意味があります。

　まず、先頭の「D」は、「:」（コロン）以降に続く文字列がDACL（Discretionary Access Control List：随意アクセス制御リスト）であることを示しています。「D」のほかには、「S」から始まるものもあり、こちらはSACL（System Access Control List：システムアクセス制御リスト）であることを示します。

　DACLおよびSACLは、ACL（Access Control List）を2つに分類したものです。ACLは、

487

| Appendix | **SQL Server のサービスが停止している場合の対処** |

セキュリティ向上を目的とした、リソースに対するアクセス制御をおこなうための機能を指します。DACLは、オブジェクトに対するアクセスの許可／拒否を示す一覧のことを言い、SACLは、オブジェクトのアクセス時に発生する、成功／失敗のイベントを監査するか否かを示す一覧のことを言います。一般的に、ACLと言うと、DACLのことを指します。

続いて、カッコの次に続く「A」は、2つの「;」（セミコロン）以降に続く権限を示す文字列に対し、許可を与えることを意味します。反対に、権限を示す文字列に対し、アクセス権限を拒否する場合、「D」を指定します。「A」は「Accept」（肯定）、「D」は「Deny」（否定）の頭文字です。

権限を示す文字列は、2文字で1つの権限を示します。つまり、「CCLCSWRPWPDTLOCRRC」の部分は、先頭から2文字ずつ区切って「CC」「LC」「SW」「RP」「WP」「DT」「LO」「"CR」「RC」の9つの権限が許可されていることを示します。権限の意味は、次の表のとおりです。

■ **文字列と権限の対応**

文字列	権限またはアクセス許可
CC	QueryConf
DC	ChangeConf
LC	QueryStat
SW	EnumDeps
RP	Start
WP	Stop
DT	Pause
LO	Interrogate
CR	UserDefined

文字列	権限またはアクセス許可
GA	GenericAll
GX	GenericExecute
GW	GenericWrite
GR	GenericRead
SD	Del
RC	RCtl
WD	WDac
WO	WOwn

権限を示す文字列の後ろ、3つのセミコロンに続く2つのアルファベットは、ユーザーもしくはユーザーグループを示します。つまり「(A;;CCLCSWRPWPDTLOCRRC;;;SY)」という1つのカッコに対し、その意味は、「CC」「LC」「SW」「RP」「WP」「DT」「LO」「CR」「RC」という9つの権限を、ユーザー「SY」に対し、許可するという内容になります。ユーザーもしくはユーザーグループを示す文字列については、次ページの表をご覧ください。

■ 文字列とユーザーの種類の対応

文字列	ユーザーの種類
DA	Domain Admins
DG	Domain Guests
DU	Domain Users
ED	Enterprise Domain Controllers
DD	Domain Controllers
DC	Domain Computers
BA	ビルトイン（ローカル）のAdministrators
BG	ビルトイン（ローカル）のGuests
BU	ビルトイン（ローカル）のUsers
LA	ローカルのAdministratorアカウント
LG	ローカルのGuestアカウント
AO	Account Operators
BO	Backup Operators
PO	Print Operators
SO	Server Operators
AU	Authenticated Users
PS	Personal Self
CO	Creator Owner
CG	Creator Group
SY	Local System
PU	Power Users
WD	Everyone (World)
RE	Replicator
IU	対話型ログオンユーザー

文字列	ユーザーの種類
NU	Network Logon User
SU	Service Logon User
RC	制限されたコード
WR	書き込みが制限されたコード
AN	Anonymous Logon
SA	Schema Admins
CA	証明書サービスの管理者
RS	リモートアクセスサーバーグループ
EA	Enterprise Admins
PA	グループポリシーの管理者
RU	Windows 2000以前を許可するためのエイリアス
LS	Local Serviceアカウント（サービス用）
NS	Network Serviceアカウント（サービス用）
RD	Remote Desktop Users（ターミナルサービス用）
NO	Network Configuration Operators
MU	Performance Monitor Users
LU	Performance Log Users
IS	匿名のインターネットユーザー
CY	暗号化オペレータ
OW	所有者の権限のSID
RM	RMSサービス

※引用元：サービスの随意アクセス制御リストを作成する場合の推奨事項およびガイド
https://support.microsoft.com/ja-jp/help/914392/best-practices-and-guidance-for-writers-of-service-discretionary-acces

　では、このサービスの権限に、新たなユーザーを登録してみましょう。サービスの権限を変更するには、次のコマンドを実行します。

┃構文

```
sc sdset ［サービス名］［アクセス権限リスト文字列］
```

　たとえば、先ほどの筆者の環境にて、SQL Serverサービスの権限にPowerUsersグループに属するユーザーを追加してみましょう。追加する権限の内容は、LocalSystem("SY")と同じとします。これには、次のコマンドを実行します。

| Appendix | SQL Serverのサービスが停止している場合の対処 |

```
sc sdset MSSQLSERVER D:(A;;CCLCSWRPWPDTLOCRRC;;;SY)(A;;CCDCLCSWRPWPDTLOCRSDRCW
DWO;;;BA)(A;;CCLCSWLOCRRC;;;IU)(A;;CCLCSWLOCRRC;;;SU)(A;;CCLCSWRPWPDTLOCRRC;;;PU)
```

実行結果は次のようになります。

■実行結果

```
[SC] SetServiceObjectSecurity SUCCESS
```

※ Windows OSのバージョンの違いなどによって、実行結果が異なる場合があります

　「アクセスが拒否されました。」「[SC] OpenSCManager FAILED 5:」などと表示されて
権限の書き換えに失敗する場合、コマンドプロンプトを管理者として実行する必要があり
ます。コマンドプロンプトのショートカットを右クリックし、「管理者として実行」を選
択するか、cmd.exe（コマンドプロンプトの実体）をrunasコマンドで実行しましょう。
cmd.exeをrunasコマンドで実行する場合、次のコマンドを実行します。

```
runas /user:administrator cmd
```

すると、次のように表示されます。

■実行結果

```
administrator のパスワードを入力してください:
```


　「:」の後ろに、Administratorのパスワードを入力します。入力した文字は表示されな
いので注意してください。正しいパスワードを入力し、Enterキーを押すと、別ウィンド
ウで管理者モードで起動されたコマンドプロンプトが表示されます。
　これで、SQL Serverサービスの権限を書き換えることができるようになりました。
WindowsログインユーザーにAdministrator権限がなくても、わざわざログインユーザー
を切り替えることもなく、SQL Serverサービスを起動できるようになります。
　しかし、コマンドが若干複雑です。これも、プログラムで自動化してしまいましょう。
SQL Serverサービスのアクセス権限に対し、PowerUsersグループに属しているログイン
ユーザーに対し、LocalSystemグループとまったく同じ権限を付与するVBScriptを作成
しました。紙面の都合上、ソースコードの掲載はいたしませんが、本書のサポートページ
からダウンロードすることができます。

索引

記号

--	269
#	194
##	194
*	252
/* ～ */	269
@@error	270
@@identity	434
@@spid	194

A~N

ADO	324
ADO.NET	324, 461
ALL	163
ALTER FUNCTION コマンド	292
ALTER PROCEDURE コマンド	284
ALTER TABLE コマンド	82
ALTER TRIGGER コマンド	302
AS句	85
AVG 関数	163
Azure Data Studio	33
Azure SQL Database	128
bcp	119
BREAK キーワード	274
C# からストアドプロシージャを実行	324
CAST 関数	152
CATCH ブロック	270, 439
CEILING 関数	160
CHARINDEX 関数	148
CHECK 制約	62
COALESCE 関数	221
CONTINUE キーワード	275

CONVERT 関数	153, 176
CONVERT 関数の変換方法のパラメータ	176
COUNT 関数	171
CREATE FUNCTION コマンド	289
CREATE PROCEDURE コマンド	279
CREATE TABLE コマンド	81
CREATE TRIGGER コマンド	296
CROSS JOIN	242
CTE	321
DATALENGTH 関数	148
DATETIME 型	396
dbo	24
DCL	228
DDL	227
DDL トリガー	304
DECLARE ステートメント	266
DecryptByPassPhrase 関数	96
DEFAULT 制約	60
DELETE コマンド	85
DENSE_RANK 関数	167
DISTINCT	163
DML	227
DROP FUNCTION コマンド	293
DROP PROCEDURE コマンド	287
DROP TABLE コマンド	82
DROP TRIGGER コマンド	303
EncryptByPassPhrase 関数	95
EOMONTH 関数	406
EXECUTE コマンド	281
EXEC コマンド	282
EXIT 演算子	382
FETCH ステートメント	310

索引

FLOOR 関数	160
FROM 句が存在しない SELECT ステートメント	222
GROUP BY 句	216
HAVING 句	217
IDENT_CURRENT	435
IDENTITY 列	365
IF ステートメント	273
ILSpy	467
INSERT SELECT コマンド	231
INSERT コマンド	84, 229
IN 演算子	382
ldf ファイル	75
LEFT 関数	141
LEN 関数	147
LOWER 関数	144
LTRIM 関数	145
MD5	468
mdf ファイル	75
Microsoft Azure	130
NOT NULL 制約	59
NTILE 関数	167
NULL	51
NULL でない最初の項目を返す	221

O~W

ODBC	473
ORDER BY 句	165
OVER 句	168
PRINT ステートメント	50, 267
RANK 関数	167
REPLACE 関数	141
RIGHT 関数	142
ROLLUP オプション	218
ROUND 関数	159
ROW_NUMBER 関数	167

RTRIM 関数	145
sa	24
SCOPE_IDENTITY	435
SELECT INTO コマンド	190
SELECT コマンド	85
SELECT コマンの実行結果で INSERT コマンドを実行	230
SET NOCOUNT ON	330
SET ステートメント	266
SQL Server	11
―のインストール	67
―のエディション	14
―のサービス	26
―のサービスが停止している場合の 対処	480
―のサービス名	29
―のセキュリティ管理	86
―のバージョン	11
―のプロセス	445
―のライセンスモデル	18
SQL Server Data Tools	33
SQL Server Management Studio	31
―のインストール	70
―の使い方	72
SQL Server Profiler	32
SQL Server 構成マネージャ	32, 124
SQL Server 認証	22, 86
sqlcmd	115
SQL インジェクション	463
SUBSTRING 関数	143
sys.columns	192
sys.databases	188
sys.objects	185
sys.sysdepends	189
sysprocess	445
Transact-SQL	256

TRIM関数 ………………………… 146	加算代入演算子 ………………… 315
TRUNCATEコマンド ……………… 234	カラム ……………………………… 38
TRYステートメント ………… 270, 439	完全バックアップ ………………… 99
Unicode文字列 …………………… 47	完全復旧モデル …………………… 99
UNION ALL演算子 ……………… 386	既定のインスタンス ……………… 20
UNION演算子 …………………… 385	共通テーブル式 ………………… 321
UPDATEコマンド ………………… 85	切り上げ ………………………… 160
UPPER関数 ……………………… 143	切り捨て ………………………… 160
useコマンド ……………………… 79	クエリでテーブルを操作 ………… 81
WHERE句 ………………………… 85	クエリの実行 ……………………… 79
WHILEステートメント …………… 274	組み立てSQL …………………… 314
Windows認証 ………………… 22, 86	クラウド ………………………… 128
WITH ROLLUPオプション ……… 218	繰り返し ………………………… 274
	グローバルセッションの
ア行	テンポラリテーブル …………… 194
値渡し …………………………… 283	月初日付の求め方 ……………… 403
アタッチ ………………………… 359	月末日付の求め方 ……………… 403
アプリケーションの難読化 ……… 468	権限の付与とはく奪 ……………… 93
アプリケーションロール ………… 91	件数の取得 ……………………… 171
暗号化 …………………………… 95	交差結合 ………………………… 240
一括ログ復旧モデル ……………… 99	構造化プログラミング ………… 272
インスタンス …………………… 20	互換性レベル …………………… 104
インデックス ………………… 62, 383	固定サーバーロール ……………… 88
インポート ……………………… 110	固定データベースロール ………… 90
エクスポート ………… 110, 115, 119	コマンドプロンプト ………… 115, 119
エラーに関するシステム関数 …… 271	コメント ………………………… 269
演算時のデータ型の優先順位 …… 51	混合モード …………………… 22, 87
	コントロールパネル ……………… 26
カ行	
カーソル ………………………… 307	**サ行**
ーからデータを取得 …………… 310	サーバーレベルのロール ………… 88
ーの定義 ……………………… 309	サービス ………………………… 26
概数 ……………………………… 48	再帰呼び出し …………………… 322
外部キー ………………………… 56	サブクエリ ……………………… 201
外部キー制約 …………………… 56	差分バックアップ ………………… 99
拡張SQL ………………………… 256	サロゲートペア文字 …………… 372

493

索引

参照渡し	283
自己結合	243
四捨五入	159
システムオブジェクト	43
システム関数	44
システムストアドプロシージャ	44
システムデータベース	43
システムテーブル	44
システムビュー	44
自動採番	365
自動採番された値を取得	433
主キー	55
主キー制約	56
祝日の求め方	410
順位の取得	166
順次実行	272
春分の日と秋分の日の求め方	407
上位10件を表示	210
照合順序	378
消費税率	391
真数	47
信頼関係接続	86
数値型	47
スカラー値関数	42, 293
スキーマ	343
ストアドファンクション	42, 289
ストアドプロシージャ	40, 279
－の戻り値	282
すべてのレコードを高速削除	234
正規化	63
セッションID	194
ソルト	470

タ行

第三・第四水準漢字	372
代入演算子	315

タスクマネージャ	30
単純復旧モデル	98
抽出結果の最終行に集計行を付加	218
直積	387
次の10件を表示	212
データ型	45
データ制御言語	228
データ操作言語	227
データ定義言語	227
データの入力・更新・削除	76, 84
データベースアプリケーションからの SQL接続	460
データベースオブジェクト	37
－の存在を確認	185
データベースそのものの存在を確認	188
データベースに画像を保存	238
データベースの公開	123
データベースの作成	74
データベースの従属関係	189
データベースファイル	75
データベースレベルのロール	90
データをグループ化して抽出	215
テーブル	38
－のコピー	190
－の削除	82
－の作成	75, 81
－の表示	77, 85
－の列定義をコピー	191
－の列名を取得	192
テーブル値関数	42, 293
テーブル変数	332
デタッチ	359
テンポラリテーブル	194
－とテーブル変数の使い分け	334
動的SQL	314
トランザクションログバックアップ	99

トランザクションログファイル	75
トリガー	42, 296

ナ行

名前付きインスタンス	21
任意の日付の求め方	399
ネイティブ接続	478

ハ行

廃止される予定のデータ型	47
バイナリ文字列	47
パスワードをデータベースに保存	468
バックアップ	98, 101
パフォーマンスチューニング	382
パフォーマンスの監視	109
パラメータ	40
範囲日付が重複する期間の取得	180
引数	40
非信頼関係接続	86
日付型	48
日付の配列を作成	421
日付を文字列に変換	175
ビッグデータ	275
ビュー	39
ファイアウォール	125
復旧モデル	98
浮動小数点	48, 52
プライマリーキー	55
分岐	273
平均値	163
変数の定義	266
変数への代入	266

マ行

ミラーリング	106
メジアン（中央値）	165

モード（最頻値）	165
文字列	45
－から一部の文字を取得	141
－から特定の文字を検索	148
－内の大文字・小文字を相互変換	143
－の左右の空白を削除	145
－の置換	141
－の長さを取得	147
－を数値に変換	152
－を日付に変換	178
文字列型	46
戻り値	42, 282

ヤ行

ユーザー	21, 87
ユニークキー	57

ラ行

リストア	98, 103
リレーショナルデータベース	39
リンクサーバー	351
例外処理	270, 439
レコード	38
－の存在を確認	220
列の途中に列を追加	450
ローカルセッションのテンポラリテーブル	194
ロール	87
ロールバック	101
ロールフォワード	101
ログの監視	108

■著者略歴

五十嵐 貴之（いからし たかゆき）

1975年2月生まれ。新潟県長岡市（旧越路町）出身。東京情報大学経営情報学部情報学科卒業。Vectorから20万回以上ダウンロードされている「かんたん画像サイズ変更」などのフリーソフトの開発者。2019年1月にAndroidのPlayストアに登録した「顔診断 - 年齢」アプリが、2019年9月時点でもうすぐ1万回ダウンロードに達する。2019年5月より、東京情報大学校友会信越ブロック支部長に就任。

本文デザイン／DTP ■ マップス
カバーデザイン ■ 小川 純（オガワデザイン）
担当 ■ 田中 秀春（技術評論社）

お問い合わせについて

本書の内容に関するご質問は、下記の宛先までFAXまたは書面にてお送りいただくか、弊社Webサイトの質問フォームよりお送りください。お電話によるご質問、および本書に記載されている内容以外のご質問には、一切お答えできません。あらかじめご了承ください。

　住所　〒162-0846 東京都新宿区市谷左内町21-13
　　　　株式会社技術評論社 書籍編集部
　　　　「SQL Server　Transact-SQLプログラミング　実践開発ガイド」係
　Fax　03-3513-6167
　Web　https://book.gihyo.jp/116

なお、ご質問の際に記載いただいた個人情報は質問の返答以外の目的には使用いたしません。また、質問の返答後は速やかに破棄させていただきます。

SQL Server　Transact-SQLプログラミング
実践開発ガイド

2019年10月22日　初版　第1刷　発行
2023年11月14日　初版　第2刷　発行

著　者　五十嵐 貴之
発行者　片岡 巌
発行所　株式会社技術評論社
　　　　東京都新宿区市谷左内町21-13
　　　　電話　03-3513-6150　販売促進部
　　　　　　　03-3513-6160　書籍編集部
印刷／製本　図書印刷株式会社

定価はカバーに表示してあります。
本書の一部または全部を著作権法の定める範囲を超え、無断で複写、複製、転載、あるいはファイルに落とすことを禁じます。

©2019 五十嵐 貴之

造本には細心の注意を払っておりますが、万一、乱丁（ページの乱れ）や落丁（ページの抜け）がございましたら、弊社販売促進部へお送りください。送料弊社負担でお取り替えいたします。

ISBN978-4-297-10835-9　C3055
Printed in Japan